SCHLACHTSCHIFFE
UND WAFFENSYSTEME IM SEEKRIEG

CHRIS BISHOP

SCHLACHTSCHIFFE
UND WAFFENSYSTEME IM SEEKRIEG

MIT
AUSKLAPPBAREN ILLUSTRATIONEN
KAMPFTAKTISCHEN ABBILDUNGEN
TECHNISCHEN BESCHREIBUNGEN

EDITION
ZEITGESCHICHTE

Alle Rechte vorbehalten
Originaltitel: *Sea Warfare*
Copyright © by De Agostini UK Ltd (1999) und
Aerospace Publishing Ltd (1999)
Aus dem Englischen von Caroline Klima
Produktionsbetreuung: Print Company Verlagsges.m.b.H., Wien
Copyright © der deutschsprachigen Ausgabe 2001 by Tosa Verlag, Wien
Printed in Singapore

Inhalt

SCHNELLBOOTE

Bewaffnung und Ausstattung 9
Einsätze und Stationierung 16
Im Kampf 26
Taktik 30

JÄGER DES OZEANS

Bewaffnung und Ausstattung 33
Einsätze und Stationierung 40
Im Kampf 50
Taktik 54

BALLISTISCHE RAKETENUNTERSEEBOOTE

Bewaffnung und Ausstattung 57
Einsätze und Stationierung 64
Im Kampf 74
Taktik 78

FLUGZEUGTRÄGER

Bewaffnung und Ausstattung 81
Einsätze und Stationierung 88
Im Kampf 98
Taktik 102

AMPHIBISCHER ANGRIFF

Bewaffnung und Ausstattung 105
Einsätze und Stationierung 112
Im Kampf 122
Taktik 126

LEICHTE TRÄGER

Bewaffnung und Ausstattung 129
Einsätze und Stationierung 136
Im Kampf 146
Taktik 150

ZUM KAMPF!

Bewaffnung und Ausstattung 153
Einsätze und Stationierung 160
Im Kampf 167
Taktik 170

Einleitung

Seit dem Ende des 2. Weltkriegs hat sich die Zerstörungskraft von Kriegsschiffen dramatisch erhöht. Die großen Kanonen wurden durch seegestützte Flugzeuge ersetzt, die mit Bomben und Torpedos bewaffnet sind, obwohl auch die 16-Zoll-Geschütze der Iowa und der Missouri, beides Schlachtschiffe der US Navy, 1991 im Golfkrieg zum Einsatz kamen. Die scheinbare Überlegenheit von luftgestützten Antischiffsraketen, vor allem, wenn sie von kleinen, schnellen Jagdflugzeugen aus abgefeuert wurden, erwies sich als eine Art Illusion. Weit davon entfernt, durch diese »Moskito«-Flieger von den Ozeanen vertrieben zu werden, florieren die großen Fregatten und Zerstörer noch immer. Die Flugmannschaften der riesigen, atomgetriebenen Flugzeugträger bezeichnen den Start der kompletten Raketenbatterien als »den großen Godzilla machen«, und das nicht ohne Grund. An der Operation Desert Fox gegen den Irak im Dezember 1998 waren über 300 Tomahawk Marschflugkörper beteiligt, die meisten davon starteten von Schiffen aus.

Die Feuerkraft seegestützter Flugzeuge umfasst Langstrecken-Luft-Luft-Raketen, wie die AIM-120 AMRAAM, lasergesteuerte Bomben, Raketen und Streubomben. Die meisten Fregatten und größeren Schiffe sind heute mit Antischiffsraketen bestückt, zusätzlich zu eventuellen Spezialwaffen für ihre Mission, und seegestützte Helikopter dienen als Begleiter mit mittlerer Reichweite für Angriffe mit Langstreckenraketen ebenso wie mit leichten Raketen für Angriffe auf »weiche« Ziele, wie etwa kleine Gefährte. Seit dem Ende des Kalten Krieges passen sich die großen Marinestreitkräfte den äußerst unterschiedlichen Anforderungen der Kriegsführung in Küstenregionen an, mit größerer Betonung des Landangriffs. Gleichzeitig sind solche Unternehmungen der Bedrohung durch ballistische Kurzstreckenraketen wie der »Scud« ausgesetzt. Daher wird derzeit eine völlig neue Generation von taktischen ballistischen Abwehrraketen entwickelt. Der Seekrieg der Zukunft wird weitaus zerstörerischer sein als alles bisher Dagewesene.

Links: Die John C. Stenis befördert neun seegestützte Geschwader - spezialisiert auf Angriff, elektronische Überwachung und U-Boot-Abwehr - und besitzt eine Mannschaft, die 6054 Offiziere und Besatzungsmitglieder umfasst.

Ein Schnellboot der deutschen Marine, Type 143A Gepard. Jedes Schiff ist mit vier Aerospatiale MM38 Exocet Boden-Boden-Raketen ausgerüstet.

BEWAFFNUNG UND AUSSTATTUNG

SCHNELLBOOTE

Schnelle Raketenboote rasen durch das Meer, rasch zuschlagende Angreifer in der Seekriegsführung.

Seit Beginn des Jahrhunderts kombinierten schnelle Angriffsboote atemberaubende Leistungsfähigkeit mit schwerer Bewaffnung. Hier neigt sich das US Navy-Tragflügelboot Taurus (PHM 3) der »Pegasus«-Klasse vor Seattle, Washington, in eine Wende. Sie ist eines der fortschrittlichsten Boote der Welt. Sie ist mit einer 76-mm-Kanone und acht Harpoon Antischiffsraketen bestückt und hat damit eine Feuerkraft, die auch einem fünfmal so großen Schiff gut anstehen würde.

Die Inseln, einige davon baumbestanden, andere wenig mehr als felsige Klippen, die aus dem Meer ragten, lagen wie von Riesenhand verstreut im Ozean. Dazwischen bildeten enge, tückisch seichte Kanäle ein Labyrinth versteckter Wasserwege.
Einige Meilen vor der Küste, im tiefen Wasser, zieht ein großer Kreuzer selbstsicher seine Bahn. Er ist vollgepackt mit der neuesten elektronischen Aufspürausrüstung und strotzt vor Raketenwerfern. Doch wirkungsvoll zwischen den Inseln verborgen hat ein kleines Schiff, das nur ein hundertstel so groß wie der Kreuzer ist, eine seiner SS-N-2 »Styx«-Rakete abgefeuert. Sie fliegt sehr tief über der Wasseroberfläche und hat ihr Ziel bereits längst erfasst, lange bevor sie selbst entdeckt wird und die Besatzung des Kreuzers ihre eigenen Abwehrmaßnahmen aktivieren kann. In der Zwischenzeit hat der kleine Angreifer, sobald der Marschflugkörper abgefeuert war, abgedreht und sich mit 40 Knoten auf einen Kurs begeben, der ihn an ein anderes Versteck zwischen den Inseln führte.

Das Ende der *Eilat*

Die Sowjets bauten in den 60ern das erste Raketenschiff durch Aufsetzen von Raketenwerfern auf ein modifiziertes Torpedoboot. Das sollte den Seekrieg für immer verändern.

21. Oktober 1967. Die Besatzung des israelischen Zerstörers *Eilat* war voller Selbstvertrauen. Vier Monate zuvor hatten die Streitkräfte Israels die Araber im Sechstagekrieg vernichtend geschlagen, und nun kreuzte der Stolz der israelischen Marine 20 Kilometer vor Port Said. Dieses Selbstvertrauen war ein Fehler. Zwei seltsam aussehende, kleine Boote bewegten sich im Hafen. Ohne Vorwarnung feuerten sie aus zwei großen, am Heck montieren Gehäusen Raketen ab. Gezielt auf das israelische Schiff draußen im Mittelmeer gingen sie auf Kurs. Minuten später explodierten drei der vier Raketen und versenkten die *Eilat*. Die von den Sowjets gebauten Raketenboote der »Komar«-Klasse der ägyptischen Marine hatten soeben die erste erfolgreiche Auseinandersetzung mit Schiff-Schiff-Raketen absolviert, und veränderten damit den Seekrieg für alle Zeiten.

SCHNELLBOOTE - Zum Nachschlagen

235 »Osa«-Klasse

 FRÜHERE UDSSR

Die UdSSR leistete Pionierarbeit bei kleinen, mit mächtigen Antischiffsraketen bewaffneten Schnellbooten. Nach Erfahrungen mit der »Komar«-Klasse, die auf dem Rumpf der Motortorpedoboote der »P6«-Klasse basierte, setzten sie ihre Bemühungen 1961 mit einem größeren Schiffstyp fort, der sowohl bessere Seetüchtigkeit bot als auch eine Basisbewaffnung von vier anstelle von zwei SS-N-2 »Styx«-Raketen. Die Klasse »Osa I« besaß bei voller Beladung eine Verdrängung von 215 Tonnen, eine Raketenbewaffnung von vier SS-N-2A in vier großen geschlossenen Behältern (wobei die beiden am Bug untergebrachten in einem Winkel von 12 Grad nach oben feuerten, die am Heck in einem Winkel von 15 Grad, über die vorderen hinweg) und drei M503A-Dieselmotoren mit je 3000 kW, die drei Wellen bis zu einer Geschwindigkeit von 38 Knoten (70,5 km/h) antrieben. Die Klasse »Osa II« wies einige kleine, aber bedeutsame Modifikationen auf; vor allem besaß sie leistungsfähigere Raketen, fasste mehr Treibstoff und wurde von stärkeren und zugleich weitaus zuverlässigeren Motoren angetrieben, die auch weniger Sprit verbrauchten. Lokal produzierte Versionen waren die chinesische »Huangfen«-Klasse, die finnische »Tuima«-Klasse und die nordkoreanische »Sohu«-Klasse.

Beschreibung
»Osa II«-Klasse
Typ: mit Lenkraketen bestücktes Küstenschiff für Angriff und Patrouille
Verdrängung: 230 Tonnen voll beladen
Bewaffnung: vier 30 mm-Kanonen in Zwillingsstellung, vier SS-N-2B/C »Styx«-Antischiffsraketen und (in manchen Schiffen) ein vierfacher Raketenwerfer für SA-N-5 »Grail« oder SA-N-8 »Gremlin« SAMs
Antrieb: drei Dieselmotoren M504 mit 3725 kW (4995 PS), drei Wellen
Leistung: Höchstgeschwindigkeit 37 kt (68,5 km/h); Reichweite 1675 km
Abmessungen: Gesamtlänge 39 m; größte Breite 7,8 m
Besatzung: 30
Benutzer: Ägypten, Äthiopien, Algerien, Angola, Bulgarien, China, Finnland, Indien, Irak, Jemen, Jugoslawien, Kuba, Libyen, Nordkorea, Pakistan, Polen, Rumänien, Somalia, Syrien, UdSSR, Vietnam

Links: Zum Ende des 2. Weltkrieges besaß die Royal Navy eine große Flotte von Küstenschiffen. Innerhalb weniger Jahre, bis die Briten das Coastal Forces Battle Squadron in den 60er Jahren auflösten, war diese auf ein Nichts geschrumpft. Die letzten Überreste, ein paar unbewaffnete Boote wie die der »Cutlass«-Klasse, wurden als Ziele bei Übungen größerer Kriegsschiffe verwendet.

Unten: Die skandinavischen Länder waren immer schon Spezialisten für seichte Gewässer, von den Küstenkriegsschiffen des vorigen Jahrhunderts bis zu den neuesten High-Tech-Angriffsbooten. Die Boote der »Storm«-Klasse sind mit sechs Penguin-Antischiffsraketen, einer 76-mm- und einer 40-mm-Kanone bewaffnet. Sie bilden das Herz der norwegischen Schnellbootflotte.

Seit fast 100 Jahren stellen kleine, schnelle Boote, die in flachen Küstengewässern lauern, für große, weitaus mächtigere, traditionelle Kriegsschiffe eine Bedrohung dar, weil zweitere gezwungenermaßen langsamer sind, sowohl was die Geschwindigkeit, als auch was das Reaktionstempo betrifft. Im 2. Weltkrieg fungierten sie als MTBs (motor torpedo boat) und MGBs (motor gun boat), doch von beschränktem Wert, da sie direkte Sicht auf ihr Ziel benötigten, um ihre Torpedos oder ihre Geschütze abzufeuern, was sie für Gegenangriffe verwundbar machte. Außerdem sind MGBs für ihre Instabilität als Waffenplattform berüchtigt, weshalb sie ihrem Ziel sehr nahe kommen müssen.

Seit 1945 wurde die Leistung der Schnellboote durch die Einführung von Gasturbinen und weniger schwerer Dieselmotoren stark verbessert. Elektronische Zielerfassungssysteme, ECM (electronic countermeasures), Feuerleitsysteme und Lenkraketen machten sie zur gefährlichen Bedrohung für größere Schiffe. Mit ihrer aktuellen, hoch entwickelten Ausrüstung sind sie alles andere als billig, doch für einen Bruchteil der Kosten eines traditionellen Schlachtschiffes stellen sie eine äußerst attraktive Alternative, speziell für kleinere Marinenationen, dar.

Eilat zerstört

Die israelische Marine lernte den Wert von Angriffsschnellbooten am 21. Oktober 1967 auf ihre eigenen Kosten kennen, als der Zerstörer *Eilat* vor Port Said von einer sowjetisch produzierten »Styx«-Rakete versenkt wurde, die von einem ägyptischen 70-Tonner der »Komar«-

Die Ansicht des Profis:
Raketenbestückte Boote

»Sie können wirklich eine Bedrohung sein, wenn man sie lässt. Die meiste Zeit sehen wir sie nicht als Gefahr. Schließlich trainieren wir für Einsätze im Nordatlantik, und dort kann ein kleines Boot nichts ausrichten. Aber wir müssen sie ernst nehmen. Es könnte sein, dass wir in Afrika oder Südamerika Geiseln befreien müssen, und das ist ihr Revier. Die besten sind mit Radar und Feuerleitsystemen ausgestattet, und ihre Raketen sind genausogut wie alles, was wir haben. Der Vorteil eines großen Schiffes liegt in der Zahl der Abwehrmaßnahmen, die wir mitführen. Die meisten Raketenboote haben dafür keinen Platz. Aber auch so ist es kein Spaß, es mit einem halben Dutzend Boote in einem Archipel zu tun zu bekommen, wo sie feuern und sich dann hinter einer der Inseln verstecken können. Dort leisten sie die beste Arbeit.

Royal Navy Frigate Captain, Nordatlantik

236

»Nanuchka«-Klasse

FRÜHERE UDSSR

Die **Nanuchka I«-Klasse** wurde ab Mitte der 60er Jahre als fortgeschrittene, mit Lenkwaffen bestückte Korvette für den Einsatz in flachen Küstengewässern entwickelt. Ab 1969 wurde sie in Leningrad produziert, wobei die Produktion ab 1978 durch Zulieferungen aus der Werft in Petrovsk im Fernen Osten der Sowjetunion gesteigert wurde.
Obwohl sie für ihre Rolle vergleichsweise klein ist, ist der Rumpf der »Nanuchka«-Klasse ziemlich schnell und bietet Raum für eine leistungsfähige Offensiv- und Defensivelektronikgarnitur, ebenso für eine gut ausgewogene Bewaffnung, zu der Doppelzielkanonen und zwei dreiläufige Raketenwerfer für die mächtige SS-N-9 »Siren«-Antischiffsraketen gehören, die einen nuklearen oder einen großen HE (high explosive) Sprengkopf tragen können und eine Reichweite von 110 km haben. Varianten sind die **Nanuchka II«-Klasse** für den Export, die mit den älteren SS-N-2 »Styx«-Raketen und einer abgespeckten Elektronik ausgestattet ist, die **Nanuchka III«-Klasse**, deren Kanonenbestückung auf eine 76-mm- und eine 30-mm-Kanone modifiziert ist, und die **Nanuchka IV«-Klasse** als Abkömmling der »Nanuchka III«-Klasse, mit zwei sechsläufigen Raketenwerfern für neue Antischiffsraketen. Die »Nanuchka IV« war eine Versuchseinheit, die nie in Produktion ging.

Beschreibung
»Nanuchka I«-Klasse
Typ: mit Lenkraketen bestückte Korvette und Patrouillenboot
Verdrängung: 660 Tonnen voll beladen
Bewaffnung: zwei 57 mm-Kanonen in Zwillingsstellung, sechs SS-N-9 »Siren«-Antischiffsraketen und ein doppelter Raketenwerfer für SA-N-4 »Gecko« SAMs (Boden-Luft-Raketen)
Antrieb: sechs Dieselmotoren M504 mit 3750 kW (5030 PS), drei Wellen
Leistung: Höchstgeschwindigkeit 36 kt (67 km/h); Reichweite 8350 km
Abmessungen: Gesamtlänge 59,3 m; größte Breite 13 m
Besatzung: 60
Benutzer: Algerien, Indien, Libyen, Russland

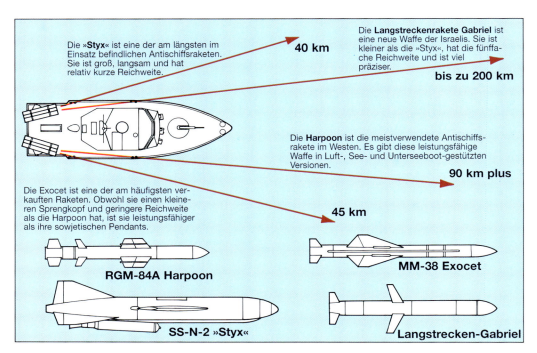

Die Entwicklung der Boden-Boden-Raketen hat die Kriegsführung zur See revolutioniert. Mit Raketen kann das kleinste Boot Waffen mitführen, die so mächtig sind wie die massiven Geschosse der Schlachtschiffe im 2. Weltkrieg, und Ziele können mit erstaunlicher Präzision aus einer Entfernung vernichtet werden, von der Waffenkonstrukteure vor einer Generation nicht mal zu träumen gewagt hätten.

Klasse aus abgefeuert worden war, das nicht einmal den Hafen verlassen hatte.

Einzig die Sowjets hatten nach dem 2. Weltkrieg eine große Anzahl von Schnellbooten in ihrem Bestand gehalten. Sie sollten die lange Küstenlinie gegen Invasionen verteidigen, vor allem an der Ostsee, dem Schwarzen Meer und der Barentsee im Westen, sowie der Bering- und der Okhotsksee im Pazifik. Von 1952 an wurden um die 500 P4- und P6-Schnellboote in Auftrag gegeben, und zwischen 1959 und 1961 wurden einige P6-Boote, die heute als »Komar«-Klasse bekannt sind, so umgebaut, dass sie »Styx«-Raketen aufnehmen konnten. Zur selben Zeit begannen die Sowjets, die ersten speziell zur Bestückung mit Raketen konzipierten Schnellboote zu bauen, die »Osa«-Klasse. Boote beider Klassen wurden an viele kleinere Nationen verkauft.

Raketenentwicklung

Die Versenkung der Eilat durch Raketen rief Bestürzung unter den westlichen Marinenationen hervor: Die US Navy trieb die Entwicklung der Harpoon voran, die Franzosen begannen mit der Forschung an der MM.38 Exocet, die Italiener machten sich - gemeinsam mit Frankreich - an die Arbeit an der Otomat, die Israelis beschleunigten ihr Gabriel-Programm und Norwegen stellte ähnliche Raketen unter der Bezeichnung Penguin her. Die Royal Navy be-

237 »Pegasus«-Klasse

USA

Das Hauptinteresse der US Navy liegt in »blue water«-Operationen, und so sind die einzigen Küstenschiffe in ihrem Bestand Minensuch- und Minenräumboote. In den späten 50er Jahren untersuchte man jedoch die Möglichkeiten schneller Tragflügelboote. Nach Versuchen mit der experimentellen »Highpoint« im Einsatz gegen U-Boote, konzentrierte man sich auf das mit Raketen bestückte Tragflügelboot als Nachfolger für die konventionelle »Asheville«-Klasse.

Das Ergebnis war die »Pegasus«-Klasse, die mit 30 Einheiten geplant, jedoch später auf sechs zusammengestrichen wurde. Diese Schiffe wurden durch zwei dieselbetriebene Wasserdüsenmotoren für langsame Tragflügeloperationen angetrieben, und zwei turbinengetriebenen Wasserdüsenmotoren für schnelle Tragflügelaktionen Die US Navy glaubte, dass diese Boote trotz ihrer leistungsfähigen Kanonen- und Raketenbewaffnung sowie ihren nützlichen Feuerleitsysteme ein zu hohes Maß an logistischer Unterstützung benötigten, um an vorderster Front in Gegenden wie dem Mittelmeer stationiert zu werden. Sie wurden in Florida stationiert, jedoch zu Beginn der 90er Jahre verschrottet.

Beschreibung
»Pegasus«-Klasse
Typ: mit Lenkraketen bestücktes Küstentragflügelboot für Angriff und Patrouille
Verdrängung: 230 Tonnen voll beladen
Bewaffnung: eine 76 mm-Kanone und acht RGM-84 Harpoon Antischiffsraketen
Antrieb: zwei MTU MB 831 TC81 Dieselmotoren als Basisantrieb und ein General Electric LM2500 Gasturbinenantrieb mit 13240 kW (18000 PS) für Tragflügeloperationen
Leistung: Höchstgeschwindigkeit 48 kt (89 km/h) auf Tragflächen; Reichweite 3140 km
Abmessungen: Gesamtlänge 44,3 m bei eingezogenen Flügeln und 40,5 m bei ausgeschwenkten Flügeln; größte Breite 14,5 m bei ausgeschwenkten Flügeln und 8,6 m bei eingezogenen Flügeln
Besatzung: 24
Benutzer: USA

238 »Spica«-Klasse

SCHWEDEN

Zwischen 1966 und 1968 stellte Schweden sechs Schnellboote der »Spika I«-Klasse mit Gasturbinenantrieb in Dienst. Diese waren ursprünglich mit eine einzelnen 57 mm-Kanone und sechs Rohren für funkferngesteuerte 533 mm-Torpedos bewaffnet; derzeit sind sie jedoch mit einer 57 mm-Kanone, zwei oder vier Röhren für funkferngesteuerte 533 mm-Torpedos und vier oder acht RBS15 Antischiffsraketen bestückt.

Zwischen 1973 und 1976 stellte die schwedische Marine weitere zwölf Schiffe der verbesserten Version, der Klasse »Spika II«, in Dienst. Sie tragen dieselbe Bewaffnung wie die überarbeiteten Schiffe der Klasse »Spika I«, verwenden jedoch das PEAB 9LV200 Feuerleitsystem (mitsamt Ericsson Sea Giraffe Luftsuchradar) anstelle des weniger leistungsfähigen Hollandse Signaalapparaten M22.

Die »Spika III«- oder »Stockholm«-Klasse umfasst zwei korvettenartige Flotillenführer als Schnellboote. Diese haben eine Verdrängung von 320 Tonnen bei voller Beladung, modernere und leistungsfähigere Elektronik sowie die gleiche Primärbewaffnung wie die »Spica II«-Klasse (eine 57 mm-Kanone, eine 40 mm-Kanone, zwei 533 mm-Rohre und acht RBS15 Raketen), jedoch vergrößert um eine Antiunterseebootgarnitur mit verstellbarem Tiefensonar und zwei Rohren für funkferngesteuerte 400 mm-Torpedos.

Beschreibung
»Spica II«-Klasse
Typ: mit Lenkraketen bestücktes Küstenschiff für Angriff und Patrouille
Verdrängung: 230 Tonnen voll beladen
Bewaffnung: eine 57 mm-Kanone, bis zu sechs Rohre für 533 mm-Antischiffstorpedos oder bis zu acht RBS15 Antischiffsraketen, oder eine Mischung aus Antischiffstorpedos und -raketen
Antrieb: drei Rolls-Royce Proteus Gasturbinen mit 3205 kW (4300 PS), drei Wellen
Leistung: Höchstgeschwindigkeit 40,5 kt (75 km/h); Reichweite nicht bekannt
Abmessungen: Gesamtlänge 43,6 m; größte Breite 7,1 m
Besatzung: 27
Benutzer: Malaysia und Schweden

saß keine eigenen Raketen und verlautbarte, dass sie Exocet kaufen würde, sobald diese Waffe geprüft war.

Die ersten Schnellboote, die mit Exocet bestückt waren, gehörten zur »Combattante II«-Klasse. Das war ein modifiziertes westdeutsches Design, von dem zwischen 1972 und 1975 20 Stück an die westdeutschen Ostseeflotte geliefert wurden. Der Bau dieser Boote in Cherbourg erlaubte den Deutschen, zwölf ihrer »Staar«-Klasse-Boote an die Israelis zu verkaufen, die sie sogleich mit Gabriels bestückten. Zur gleichen Zeit begann Israel mit dem Bau von Booten der »Reshef«-Klasse, von denen 1973 bis 1975 sechs in Dienst gestellt wurden, die vorerst nur mit Gabriel-, später auch mit Harpoon-Raketen ausgerüstet waren.

Einer der Mängel, mit dem die Isrealis fertig werden mussten, war das Faktum, dass die Gabriels eine Reichweite von nur 21000 Metern besaßen, gegenüber 50000 Metern der »Styx«. Sie lösten das Problem, indem sie die Boote mit verschiedensten ECMs ausstatteten, was den israelischen Booten erlaubte, sehr nahe zu kommen, ohne getroffen zu werden.

Frankreich exportierte viele, Patrouilleur Rapide genannte Raketenboote, die häufig auf modifizierten westdeutschen Designs beruhen. Dies ist die mit Exocets bestückte Korvette Herrera, PR-72P-Klasse, die in Villeneuve-la-Garonne für die peruanische Flotte gebaut wurde.

---

239 »Type 143«-Klasse

WESTDEUTSCHLAND

Die beiden Gruppen der Klasse »Type 143« waren die wichtigsten Angriffs- und Patrouillenboote im Dienst der westdeutschen Marine un dieselbe zugrundeliegende »Lürssen FPB/PG-57«-Klasse wird von vielen anderen Seestreitkräften in verschiedenen Formen eingesetzt, mit einer interessanten Vielfalt von Waffenbestückungen und elektronischer Ausrüstung. Deutschlands erste Charge von zehn Schiffen der »Type 143«-Klasse wurde 1976 und 1977 in Dienst gestellt, und zwar als Mehrzweckboote mit einer Bewaffnung von zwei 76 mm-Kanonen, vier MM.38 Exocet Antoschiffsraketen und zwei Rohren für funkferngesteuerte 533 mm-Torpedos. Diese Charge ist heute zur »Type 143B«-Klasse geworden, wobei die Heckkanone durch einen EX-31 Raketenwerfer für 24 RIM-116 RAM Boden-Luft-Raketen ersetzt wurde. Dieses Modell ist mit vier MTU 16V956 TB91 Dieselmotoren mit 4000 kW (5365 PS) ausgestattet, die vier Wellen bis zu einer Höchstgeschwindigkeit von über 40 Knoten und einer Reichweite von 2400 km antreiben. Da sie etwas weniger automatisiert ist, hat sie eine 40 Mann starke Besatzung. Die »Type 143A«-Klasse umfasst weitere zehn, grundlegend ähnliche Sciffe, die zwischen 1982 und 1984 in Dienst gestellt wurden, mit einem leicht unterschiedlichen und weniger starken Antrieb, der mit etwas geringerer Leistung mehr Reichweite erzielt.

Beschreibung
»Type 143A«-Klasse
Typ: mit Raketen bestücktes Küstenschiff für Angriff und Patrouille
Verdrängung: 391 Tonnen voll beladen
Bewaffnung: eine 76 mm-Kanone, vier MM.38 Exocet Antischiffsraketen und ein EX-31 Raketenwerfer für RIM-116 RAM Boden-Luft-Raketen
Antrieb: vier Dieselmotoren MTU 16V956 SB80 mit 3350 kW (4495 PS), vier Wellen
Leistung: Höchstgeschwindigkeit 40 kt (74 km/h); Reichweite 4825 km
Abmessungen: Gesamtlänge 57,7 m; größte Breite 7,6 m
Besatzung: 34
Benutzer: Chile, Ghana, Griechenland, Indonesien, Kuwait, Marokko, Nigeria, Spanien, Türkei, Westdeutschland

---

240 »Province«-Klasse

GROSSBRITANNIEN

Die verschiedenen Staaten am persischen Golf gehören zu den bedeutendsten Betreibern von Schnellbooten der Welt, die sowohl für defensive als auch offensive Verwendung in dieser Region ideal geeignet sind, wo das Meer eng begrenzt ist und zahlreiche ökonomisch wichtige potenzielle Ziele liegen. Das typische dort in Dienst gestellte Boot ist die vierfach angetriebene »Province«-Klasse von Oman, das seine ersten drei Boote 1982, 1983 und 1984 von Großbritannien erhielt. Oman zeigte sich von deren Leistungsfähigkeit im Einsatz so beeindruckt, dass es eine vierte Einheit zur Lieferung 1989 in Auftrag gab. Im Vergleich mit kleineren Schnellbooten hat dieses relativ große Boot nicht nur eine etwas umfassendere Bewaffnung, sondern auch verbesserte Sensoren und Elektronik, zu der ein Sicherheitsoptronikkommandogerät und ein leistungsfähiges ESM-System gehören, das mit einem Abfang- und Störelement ausgestattet ist, das von Düppelstreifen- und Leuchtsignalwerfern unterstützt wird. Kenya bestellte 1984 zwei im Grunde sehr ähnliche Schiffe der »Nyayo«-Klasse zur Lieferung 1987. Diese sehen eine Raketenbestückung mit vier Otomat Mk 2 Antischiffsraketen vor, unterstützt von einer 76 mm-Kanone, zwei 40 mm- AA-Kanonen in Zwillingsstellung und zwei 20 mm-Kanonen, die einzeln montiert sind. Der Antrieb ist derselbe wie bei den Booten von Oman.

Beschreibung
»Province«-Klasse
Typ: mit Lenkraketen bestücktes Küstenschiff für Angriff und Patrouille
Verdrängung: 395 Tonnen voll beladen
Bewaffnung: eine 76 mm-Kanone, zwei 40 mm-Kanonen in Zwillingsstellung und sechs oder acht MM.40 Exocet Antischiffsraketen
Antrieb: vier Paxman Valenta 18RP-200 Dieselmotoren mit 3392 kW (4450 PS), vier Wellen
Leistung: Höchstgeschwindigkeit 40 kt (74 km/h); Reichweite 3700 km
Abmessungen: Gesamtlänge 56,7 m; größte Breite 8,2 m
Besatzung: 54
Benutzer: Kenya, Oman

Ein modernes 200-Tonnen-Schnellboot hat dieselbe Feuerkraft wie eine Breitseite von einem 50000-Tonnen-Schlachtschiff aus dem 2. Weltkrieg.

Die Entwicklung der offensiven Schnellboote

Das Ergebnis zweier Schlachten im Oktober 1973 war, dass 13 israelische Schnellboote der »Reshef«- und der »Sa'ar«-Klasse, auf denen 63 Gabriels verteilt waren, ohne eigenen Schaden große Verluste unter den 27 syrischen und ägyptischen Schiffen der »Komar«- und der »Osa«-Klasse, die mit insgesamt 85 »Styx«-Raketen bestückt waren, anrichteten. Indem sie eine Kombination aus aktiven und passiven Abwehrmaßnahmen einsetzten, konnten sich die israelischen Schnellboote bis auf unter 20000 Meter nähern, während sie den zwölf »Styx«-Raketen auswichen oder sie vernichteten, und waren so innerhalb der Gabriel-Reichweite in der Lage, acht feindliche Schiffe zu zerstören.

Dieser Vorfall, bei dem zu ersten Mal raketenbestückte Schnellboote im Kampf getestet worden waren, rief reges Interesse der großen westlichen Marinenationen an ihnen hervor. Es wurden Anstrengungen unternommen, Tragflügelboote zu entwickeln, wobei die Sowjets mit ihrer »Sarancha«-Klasse führend waren. Die USA, Italien und Westdeutschland, planten, bei einem Tragflächenbootprogramm der NATO zusammenzuarbeiten, doch schließlich wurden die Kosten für zu hoch befunden.

Die USA machten alleine weiter und bauten sechs PMHs (Patrol Missile Hydrofoil = raketenbestücktes Patrouillentragflächenboot) der »Pegasus«-Klasse, die in Key West, Florida, in Dienst gestellt wurden. Der Vorteil von Tragflügelbooten besteht darin, dass sie sich mit größeren Geschwindigkeiten fortbewegen können, ohne das hohe Risiko des Kenterns in rauher See, wie das bei Booten mit konventionellem Rumpf der Fall wäre.

Daraufhin setzte auch Italien die Entwicklung von Tragflügelbooten fort, und zwar mit der »Sparviero«-Klasse, die auf einem kleinen, relativ billigen Prototyp von Boeing, der *Tucumari*, beruhte. Diese waren mit zwei Otomat-Raketen bestückt. Im Nahen Osten baute Israel drei Flagstaff-2-Tragflügelboote nach Grumman-Design, die »Shimrit«-Klasse. Heute erwägt man neue Entwürfe.

Derzeit sind bei den Seestreitkräften in aller Welt mehr Schnellboote im Dienst als jeder andere Typ von Kriegsschiffen. Die höchste Anzahl befand sich einmal in der chinesischen Flotte. Die »Shanghai«-Klasse mit 150-Tonnen wurde in großer Stückzahl gebaut und an Albanien, Rumänien, Bangladesh, Pakistan und Vietnam verkauft. Doch sie waren nicht mit Raketen bestückt, und wurden durch »Hai-Daus« ersetzt, die mit der chinesischen Version der »Styx« bewaffnet sind. Es gibt auch die »Huchuan«-Klasse von Torpedo-Tragflügelbooten, die zu den ersten einsatzfähigen Tragflügelbooten gehörten, als sie 1966 in Dienst gestellt wurden.

Schnellboote heute

Derzeit hat die russische Marine um die 100 Schnellboot im Dienst, die meisten davon als Raketenträger, was die Russen als *raketny kater* bezeichnen. Viele sind durch größere Schiffe, Raketenkorvetten, ersetzt worden; die Russen sollen nur einen Typ von Schnellboot und kleinere Patrouillenboote bauen.

Alle raketenbestückten Schnellboote sind vollgepackt mit elektronischer Ausrüstung und tragen auch Kanonen, die sowohl in der Bodenkampf- als auch in der Flugabwehrrolle eingesetzt werden können. Im Baltikum, rund um das Nordkap und bis hinunter zur westpazifischen Küste haben sie sich von unschätzbarem Wert erwiesen. Seit dem Zusammenbruch der russischen Militärmacht sind jedoch viele der von den Sowjets gebauten Schiffe abgewrackt und wurden mangels Ersatzteilen auch nicht mehr gewartet.

Ein Küstenschiff der »Dabur«-Klasse der israelischen Marine patrouilliert im östlichen Mittelmeer. Sie bilden die Basis für die raketenbestückte »Dvora«-Klasse, werden aber häufiger gegen Unterseeboote eingesetzt. Sie sind mit Wasserbomben und zwei Rohren für die amerikanischen Mk 46 ASW-Torpedos bewaffnet.

1904 Asashio

Torpedoboote waren ein Produkt des späten 19. Jahrhunderts. Viele Marinenationen brachen in Panik aus, angesichts der Vorstellung von kleinen, wenigen Booten, die sich anpirschen, um ihre überladenen Schlachtschiffe zu zerstören. Als Resultat entwickelten sie Torpedobootzerstörer. Diese waren größer, konnten Torpedoboote einholen und diese mit Kanonen zerstören. Bald erkannte man jedoch, dass diese neuen Schiffe selbst die Aufgabe der Torpedoboote übernehmen konnten. Die japanische *Asashio* war ein von den Briten gebautes Schiff mit 365 Tonnen, das mit einem Paar Torpedos bewaffnet war. Es waren Schiffe wie dieses, die den *coup de grace* gegen die russische Kriegsflotte in Tushima 1905 durchführten und das Flaggschiff *Kniaz Suvorov* zusammen mit mehreren anderen Schiffen versenkten.

1944 PT-Boot

Die Größe des amerikanischen PT-Bootes wurde dadurch bestimmt, dass es vier 533 mm-Torpedos aufnehmen musste. Das Elco mit 80 Fuß war eine Weiterentwicklung eines biritschen Designs, das in den 30er Jahren an die US Navy geliefert worden war. Es diente im Pazifik und im Mittelmeer. Auf den Salomoninseln und den Philippinen waren Nahkämpfe kurz und blutig, mit heftigem Beschuss aus leichten automatischen Waffen. In späteren Phasen des Kriegs im Pazifik waren die Japaner gezwungen, Nachschub in kleinen Küstenschiffen und Lastenkähnen zu transportieren. Als Ergebnis dessen trugen viele PT-Boote bizarre Tarnbemalung und tauschten einige oder alle ihre Torpedos gegen Kanonen oder Raketen oder sogar 81-mm-Mörser ein.

Torpedoboote mussten immer schon schnell sein. Vor dem 1. Weltkrieg wogen diese Schiffe 300 Tonnen und mehr, weil sie Dampfmaschinen aufnehmen mussten, die stark genug waren, um effektiv zu sein. Durch die Erfindung von effizienten Benzin- und Dieselmotoren konnten die Schiffe im 2. Weltkrieg weitaus kleiner und schneller sein, trugen jedoch ähnliche Bewaffnung. Nach dem Krieg wurden Schnellboote wieder größer. Die rasche Entwicklung von Waffen und Waffensystemen und die Ersetzung von Torpedos durch Raketen erforderte Platz auf den Booten, um die verschiedenen Radar- und elektronischen Systeme für die hochtechnologisierte Kriegsführung unterzubringen.

 ## 1939 S-160

Deutsche Schnellboote wurden aus Holz auf legierten Rahmen gebaut und besaßen einen runden Kiel. Das erlaubte zwar geringere Höchstgeschwindigkeiten als britische Designs mit spitzem Rumpf, doch das deutsche Boot konnte seine Höchstgeschwindigkeit auch noch bei einem Seegang beibehalten, bei dem es anderen Schiffen nicht mehr möglich war. Auf späteren Modellen befand sich ein bewaffneter Gefechtsturm, als Reaktion auf die zunehmend mächtigere Kanonenbestückung ihrer britischen Gegner. Obwohl sie bis auf 35 Meter Länge angewachsen waren und mehr als 100 Tonnen verdrängten, konnten ihre drei Dieselmaschinen sie bis auf 40 Knoten beschleunigen. Das geringe Betriebsgeräusch und das niedere Profil der deutschen Schnellboote war ein beachtlicher Vorteil im nächtlichen Gewühl vor der Kanalküste. Sobald die britischen Schiffe jedoch mit Radar ausgestattet wurden, neigte sich die Waagschale jedoch schnell zu ihren Gunsten.

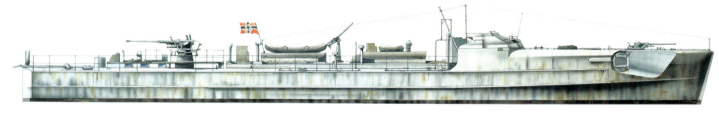

 ## 1960 »Komar«-Klasse

Die Raketenboote der »Komar«-Klasse wurden zwischen 1959 und 1961 gebaut. Sie läuteten eine völlig neue Ära der Seekriegsführung ein. Der 80-Tonner »Komar« basierte auf dem Rumpf des P6 Torpedobootes. Als ausgesprochener RKA (*raketny kater* oder Raketenwerfer), konnte das 27 Meter lange Schnellboot 40 Knoten erreichen. Auf der »Komar« wurden der Welt die SS-N-2 »Styx«-Antischiffsraketen präsentiert, und es war diese Kombination, die das israelische Flaggschiff *Eilat* 1967 versenkte.

 ## 1973 »Reshef«-Klasse

Die Lektion, die Israel 1967 lernen musste, wurde auf ihre eigene, hochentwickelte Flotte von Raketenbooten angewandt. Die Boote der »Reshef«-Klasse mit 450 Tonnen waren gute Hochseeschiffe, wobei zwei von Haifa aus an das Rote Meer über Gibraltar und das Kap der Guten Hoffnung geliefert worden waren. Zusätzlich zu acht Harpoon und vier Gabriel Raketen war sie mit einem Paar 76-mm-Kanonen bestückt, obwohl das vordere Geschütz durch das amerikanische Phalanx 20-mm-Gatling-Kanonen-Nahkampfsystem ersetzt wurde.

EINSÄTZE UND STATIONIERUNG

STICH EINER BIENE
Die Geschichte der Schnellboote

Ein schwedisches Raketenschiff der »Spica«-Klasse feuert eine RBS15-Rakete ab. Die Entwicklung der seegestützten Boden-Boden-Rakete verlieh modernen Schnellbooten eine Kampfkraft, die noch vor einer Generation undenkbar war.

Seit dem Beginn dieses Jahrhunderts ist ein Merkmal an Schnellbooten unverändert geblieben. Um erfolgreich zu sein, unabhängig von der Art der Waffe, muss man soviel Feuerkraft wie möglich auf eine möglichst schnelle und manövrierfähige Plattform packen.

Im 1. Weltkrieg demonstrierten Italiener und Briten den Wert von Küstenbooten. Beide setzten ihre Schiffe einzeln oder in kleinen Gruppen ein, um aus den Vorteilen Beweglichkeit, Überraschung und Planung Kapital zu schlagen. Die Italiener entwickelten kluge Taktiken für ihre kleinen, schnellen Boote, um die österreichische Flotte in gut geschützten Häfen anzugreifen. Die Briten hingegen lernten angesichts des schlechten Wetters in der Nordsee und der Ostesee größere und stärkere Schiffe schätzen und gaben etwas Geschwindigkeit zu Gunsten der Seetüchtigkeit auf. Von Anfang an bestimmte der Kampf zwischen Geschwindigkeit, Feuerkraft und Ausdauer das Design kleiner Kriegsschiffe.

In der Zwischenkriegszeit legte sich das Interesse an Küstenbooten, doch im 2. Weltkrieg entwickelten alle Großmächte Schnellboote. Die Bandbreite reichte von den kleinen, wendigen MAS-Booten Italiens über die schnellen, gefährlichen PT-Boote und MTBs der USA und Großbritanniens bis zu den großen britischen Fairmile »D«-Booten und den deutschen S-Booten.

In den Nachkriegsjahren sank das Interesse der westlichen Nationen wieder. Die Sowjets hingegen stellten eine Küstenstreitmacht auf und führten auch die nächste Neuerung ein. Der Einbau von Antischiffsraketen erhöhte die Feuerkraft kleiner Boote enorm, ohne die Leistung allzu stark zu beeinträchtigen. Das führte zum neuerlichen Aufleben des Interesses an Schnellbooten bei kleineren Seemächten.

Nur wenige Marinen können sich hochseetüchtige Kriegsschiffe leisten, aber da die meisten Nationen nur ihre Küsten schützen wollen, ist ein Raketenzerstörer oder eine Fregatte oft etwas mehr als ei-

»Province«-Klasse Patrouillenschnellboot Sultanat Oman

Der Persische Golf ist eine ideale Gegend zum Einsatz von Schnellbooten. Es gibt selten rauhe See, potenzielle Feinde liegen in kurzer Reichweite und das Gebiet ist durch den Verkauf von Öl reich genug, um stets die neuesten Waffensysteme zu erwerben. Die Streitkräfte des Sultanats Oman sind klein, aber ausgezeichnet ausgerüstet. Die Hauptstreitmacht der Königlichen Marine von Oman bilden vier 400-Tonner der »Province«-Klasse, gebaut von Vosper Thornycroft in Großbritannien.

Radar
Schiffe der »Province«-Klasse sind entweder mit einem Plessey AWS-4 Suchradar oder einem Racal/Decca TM1226C Navigationsradar ausgestattet, wobei beide in der Lage sind, Ziele in einer Entfernung von 50 nautischen Meilen (93 Kilometer) zu entdecken.

Einsatzzentrale
Diese nimmt etwa die Hälfte der Deckaufbauten des Schiffs ein und befindet sich unter der Brücke. Vor hier aus trägt das Schiff seine Kämpfe aus, wo Maschinensteuerung, Radarschirme, Navigationsinstrumente, Funk und Feuerleitsystem bei der Hand sind.

Hauptkanone
Der italienische OTO 76/62-Kompaktgeschützturm ist eine der erfolgreichsten Seewaffen in moderner Zeit. Er ist bei 40 Kriegsmarinen im Dienst und kann ein 6,3 kg schweres Geschoß bis zu 8 km weit feuern. Seine Maximalfrequenz beträgt 85 Schuss pro Minute.

Feuerleitsystem
Die letzten drei »Province«-Schiffe sind mit dem schwedischen Philips 307 Feuerleitsystem ausgestattet. Dieses kombiniert ein Suchradar mit einem Verfolgungsradar, und besitzt Vorrichtungen für die Integration eines optronischen Laser/Infrarot-Systems und eines Luftsuchradars. Dies erlaubt die gleichzeitige Ausrichtung von Kanonen und Raketen.

Besatzung
Obwohl Schiffe der »Province«-Klasse für Schnellboote ziemlich groß sind, bleibt nur noch relativ wenig Platz, wenn die volle Besatzung von 40 Mann an Bord ist. Die Mannschaftsquartiere befinden sich im Rumpf unter der Einsatzzentrale, ebenso die Kombüse, die Messe und die Lagerräume. Es gibt auch Unterbringungsmöglichkeiten für 19 Passagiere.

Konstruktion
Wie alle Schnellboote ist die »Province«-Klasse relativ leicht gebaut. Da Schnelligkeit ein wichtiges Kriterium ist, kommt schwere Bauweise nicht in Frage. Das ist jedoch nicht wirklich ein Nachteil, weil ein Schnellboot durch Abtauchen und Durchschlängeln überlebt, nicht durch Austragen von Kämpfen.

1. Weltkrieg

In den 70er Jahren des vorigen Jahrhundertes versetzte die Entwicklung des »Lokomotivtorpedos« - abgeschossen von schnellen, dampfbetriebenen Torpedobooten mit Stahlrumpf - die Seemächte in aller Welt in Panik. Jeder dachte, dass diese maritimen Moskitos zwischen die Linien an der Front schwärmen und ungestraft Kriegsschiffe in die Luft sprengen könnten. Auch wenn die schnelle Entwicklung des Zerstörers (ursprünglich »Torpedobootzerstörer«) die kleinen Angreifer weniger effektiv machte, behielten sie ihre Rolle im Krieg. Die britischen Küstenmotorboote (CMBs) machten sich an mehreren Kriegsschauplätzen des 1. Weltkriegs ausgezeichnet, und eines versenkte während der antibolschewistischen Intervention 1919 den sowjetischen Kreuzer *Oleg* in der Ostsee. Noch erfolgreicher waren die Italiener in der Adria, wo sie durch den aggressiven Einsatz kleiner Boote mehrere österreichische Kriegsschiffe versenkten, darnter das Schlachtschiff *Svent Istvan*.

Links: Italienische MAS-Boote ähnelten in gewisser Weise den britischen Küstenmotorbooten (CMB = Coastal Motor Boat). Der abgestufte Rumpf war so konstruiert, dass er das Boot über das Wasser gleiten ließ. Nachdem die meisten Einsätze in relativ geschützten Gewässer stattfanden, mussten diese Boote keine besondere Hochseetauglichkeit besitzen. Die Italiener setzten sie beherzt ein und unternahmen wagemutige Vorstöße in das Herz der Ankerplätze der österreichischen Flotte in der nördlichen Adria und entlang der dalmatinischen Küste.

Oben: CMBs hatten eine »V«-Form, die zu einer Stufe in der Mitte des Rumpfes führte. Bei höheren Geschwindigkeiten hob sich der Bug aus dem Wasser und der Rumpf glitt auf dem flachen Heckteil des Rumpfes hinter der Stufe.

Rechts: Dieses CMB befindet sich im Einsatz gegen die Bolschewiken 1919. Man ließ Torpedos einfach aus der Rinne am Heck gleiten und sah dann zu, dass sich das Boot möglichst schnell entfernte.

2. Weltkrieg

Die britischen Erfahrungen mit CMBs wurden in der Zwischenkriegszeit fast ganz vergessen, doch als sich der 2. Weltkrieg ankündigte, mussten die Küstenstreitkräfte rasch aufgerüstet werden. Die Deutschen hatten schon seit 1930 mit dem Konzept des Schnellbootes experimentiert und hatten bis 1939 bereits eine brauchbare Streitmacht von potenten, dieselbetriebenen Motortorpedobooten aufgebaut, die von der Firma Lürssen entwickelt worden waren. Diese S-Boote (die Briten nannten sie »E-Boats«) stießen in der Nordsee und im Ärmelkanal mit britischen Motortorpedobooten (MTBs) und Motorkanonenbooten (MGBs) zusammen, doch trotz der häufigen Kontakte hielt sich die Anzahl der von Küstenbooten versenkten Schiffen in Grenzen. Dasselbe galt für den Pazifik, wo japanische Torpedoboote nur wenig erreichten, obwohl die US Navy bei den Salomon Inseln und bei den Philippinen mit ihren PT-Booten mehr Erfolg hatten. Nur im Mittelmeer, wo eine Einheit der Alliierten die deutsche Küstenschifffahrt aufrieb, erzielten solche Boote echte Erfolge. Die Sowjets hatten Motortorpedoboote sehr früh bereits ernst genommen und produzierten in den späten 20er Jahren die ersten Boote. Ihr Design stammte von A. N. Tupolev und war äußerst fortschrittlich, mit Aluminiumrumpf und vielen Fabrikationsmerkmalen aus dem Flugzeugbau. Im 2. Weltkrieg stellte sich jedoch heraus, dass ihr Wert als Kampfschiffe nicht sehr groß war.

Symbol des Nationalstolzes. Schnellboote können mit kleinerer Besatzung die Küstenabwehr übernehmen. Deshalb sind sie weltweit im Einsatz und auch ein wichtiger Exportartikel.
Aber es gibt Anzeichen, dass dieser Markt schrumpft. In der Praxis sind Schnellboote wenig seetüchtig, ihre Waffensysteme werden nutzlos und sie sind durch Luftangriffe gefährdet. 1991 zerstörten drei mit Sea Scud-Raketen bestückte Lynx-Hubschrauber der Royal Navy fast die gesamte irakische Marine.
Für Luftabwehr sind kleine Schiffe ungeeignet, daher wird der Rumpf ständig vergrößert, um Raketenabwehrsysteme an Bord unterzubringen. Schnellboote werden nur noch wenige gebaut, doch die Nachfrage nach Korvetten steigt ständig.

Oben: Deutsche Schnellboote oder S-Boote hatten eine runde Rumpfsektion. Bei guten Bedingungen war diese viel langsamer als eine keilförmiger Rumpf, aber in den rauen Gewässern der Nordsee war sie weitaus nützlicher.

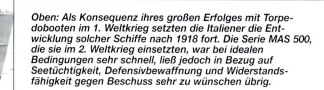

Oben: S-Boote, von den Briten »E-boats« genannt, waren eine derartige Bedrohung, dass die Küstengewässer im Ärmelkanal und der unteren Nordsee als »E-boat Alley« (»S-Boot-Gasse«) bekannt wurden.

Links: Das amerikanische Interesse an Küstenschiffen nahm in den 30er Jahren rasch zu, als der Krieg in Europa ausbrach. Es wurden über 600 PT-Boote gebaut, 200 davon im hier gezeigten Higgins-Design mit 78 Fuß. Obwohl sie mit Torpedos ausgerüstet waren, wurden sie gegen Kriegsende am häufigsten als Kanonenboote gegen japanische Küstenschiffe eingesetzt.

Oben: Als Konsequenz ihres großen Erfolgs mit Torpedobooten im 1. Weltkrieg setzten die Italiener die Entwicklung solcher Schiffe nach 1918 fort. Die Serie MAS 500, die sie im 2. Weltkrieg einsetzten, war bei idealen Bedingungen sehr schnell, ließ jedoch in Bezug auf Seetüchtigkeit, Defensivbewaffnung und Widerstandsfähigkeit gegen Beschuss sehr zu wünschen übrig.

Links: Britische Motorboote trugen zum Wiedererwachen des Interesses der Royal Navy an der Küstenschifffahrt in den 30er Jahren bei. Das Design verkaufte sich im Ausland sehr gut; diese 70-Fuß-MGBs waren ursprünglich als MA/SBs (gegen Unterseeboote) für die Franzosen konzipiert. Sie wurden von der Navy übernommen.

Exocet
Die von den Franzosen entwickelte Exocet ist einer der erfolgreichsten Maschflugkörper der ersten Generation. Die ursprüngliche MM-38-Rakete wurde weiter verbessert, sodass die neueste MM-40 eine von 42 km auf 70 km gesteigerte Reichweite und einen effektiveren radargesteuerten Sprengkopf besitzt.

Raketenwerfer
Die *Dhofar*, die erste Schiff dieser Klasse, war mit zwei dreifachen Raketenwerfern für die neuesten MM-40 Exocet Raketen ausgerüstet. Bei den anderen drei wurde die Feuerkraft um 33 Prozent erhöht, indem sie mit vierfachen Werfern bestückt wurden.

Leistung
Obwohl sie bei voller Beladung 400 Tonnen verdrängt, können die starken Maschinen ein Schnellboot der »Province«-Klasse mit 40 Knoten (74 km/h) das Wasser durchpflügen lassen. Mit 46 Tonnen Dieseltreibstoff in den voll beladenen Tanks hat dieses Modell eine Reichweite von 4825 Kilometern.

Zwillingskanonen 40 mm
Der Zwillingsgefechtsturm am Heck wird von der italienischen Firma Breda hergestellt und beinhaltet zwei hocheffektive schwedische Bofors L/70 40-mm-Kanonen. Sie sind in der Lage, mit einer kombinierten Schussfrequenz von 600 Schuss pro Minute zu feuern. Der Gefechtsturm wird von einer Kabine unter Deck gleich hinter den Lagerräumen aus bedient.

Motoren
Boote der »Province«-Klasse werden von vier 18-Zylinder-Dieselmotoren Type Paxman Valenta 18RP-200 betrieben, die mit einer Gesamtleistung von 13570 kW (17800 PS) vier Wellen antreiben. Zwei elektrische Hilfsmotoren mit insgesamt 200 PS sind für den Notfall vorgesehen und werden für langsame Manöver verwendet.

EINSÄTZE UND STATIONIERUNG

Oben: Die Sowjets besaßen einst die größte Torpedobootflotte der Welt, doch die einzigen derart ausgestatteten Boote sind heute jene der »Pauk«-Klasse. Sie sind Küstenschiffe zur U-Bootabwehr, und mit leichten ASW-Waffen bestückt.

Links: Obwohl Torpedos größtenteils von Raketen abgelöst worden sind, sind einige Schiffe nach wie vor als Torpedoboote ausgerüstet. die norwegische »Hauk«-Klasse trägt zwei 533-mm-Torpedorohre und sechs Penguin-Raketen.

Torpedoboote nach '45

Ende des 2. Weltkrieges reduzierten die britische und die amerikanische Marine ihre Küstenstreitkräfte. Es wurden einige neue Boote entworfen, die aber kaum mehr als Experimente darstellten. Im Gegensatz dazu baute die sowjetische Marine, die nach wie vor eine große Küstenstreitmacht war, eine umfangreiche Flotte aus Torpedobooten auf. Zuerst beruhte sie auf amerikanischen PT-Booten, die während des Krieges erbeutet worden waren, doch 1956 trat erstmals das P6 auf, das mit zwei 533-mm-Torpedos und vier 25-mm-Luftabwehrgeschützen bestückt war. Noch fortschrittlichere Torpedoboote folgten nach und kulminierten schließlich in den 70er Jahren mit der »Shershen«-Klasse (180 Tonnen) und der »Turya«-Tragflügelbootklasse (220 Tonnen). Mittlerweile wurden sie infolge der Verkleinerung der russischen Flotte außer Dienst gestellt.
Skandinavien stellt heute die letzte verbleibende Bastion moderner Torpedoboote dar. Die schwedischen Schnellboote der »Spica II«-Klasse und die Korvetten der »Stockholm«-Klasse sind, wie die Schnellboote der Königlichen Norwegischen Marine, sowohl mit ferngesteuerten Torpedos als auch mit Marschflugkörpern bewaffnet.

Oben: In den 50er und 60er Jahren wurden in der UdSSR, in China und in Nordkorea mehr als 600 »P6«-Torpedomotorboote gebaut. Sie sollen aus amerikanischen PT-Booten, die im 2. Weltkrieg verliehen und verpachtet worden waren, entwickelt worden sein. 250 davon wurden an sowjetische Vasallenstaaten geliefert. Dieses kubanische Beispiel wurde 1970 fotografiert.

Raketenboote

Als der veraltete israelische Zerstörer *Eilat* 1967 durch vier »Styx«-Raketen versenkt wurde, die von zwei von den Sowjets gelieferten Raketenbooten der »Komar«-Klasse der ägyptische Marine abgefeuert worden waren, brach in den Verteidigungsministerien in aller Welt Panik aus. Genauso wie sie es 100 Jahre zuvor bei der Entwicklung des Torpedos getan hatten, überschätzten sie die Bedrohung, die von der neuen Waffe ausging. Was die Sowjets getan hatten, war, Raketen auf einer Variante des P6-Torpedobootes zu montieren. Als indische Boote der »Osa«-Klasse 1971 den pakistanischen Zerstörer *Khaibar* versenkten, wurde der Irrtum verstärkt. Erst 1973, bei der ersten Schlacht zwischen Schnellbooten, als die Israelis eine Streitmacht syrischer »Osas« vernichtend schlugen, erkannte man, dass die sowjetischen Raketenboote nicht unschlagbar waren. Die westlichen Nationen hatten das Potential des Raketenbootes nur langsam erkannt, doch mit der Versenkung der *Eilat* änderte sich alles. Entwürfe für westliche Raketenboote vermehrten sich schnell; sie wurden rund um neue Raketen wie Exocet, Harpoon, Gabriel und Otomat arrangiert, die selbst eben erst dabei waren, den Zeichentisch zu verlassen. Heute halten viele Nationen Raketenschnellboote, deren Größe von der winzigen israelischen »Dvora«-Klasse mit 47 Tonnen bis zur sowjetischen »Nanuchka«-Klasse reicht, die bei einer Verdrängung von 660 Tonnen wahrscheinlich angemessener als »Korvette« bezeichnet werden müsste.

Oben: Nachdem sie das erste Opfer eines erfolgreichen Raketenangriffs eines Schnellbootes gewesen sind, ist die israelische Marine heute einer der Hauptbetreiber solcher Modelle. Mit 47 Tonnen gehört die Dvora zu den leichtesten Schiffe, die effektive Antischiffsraketen befördern können.

Links: Die israelische Gabriel-Rakete ist in see- und luftgestützten Versionen erhältlich. Sie erwies sich bei den Schnellbootkämpfen im Yom Kippur-Krieg 1973 als weitaus effektiver als die von den Sowjets erzeugten Raketen.

Rechts: Mit zunehmender Entwicklung der Schnellboote benötigten sie mehr und mehr Bewaffnung und elektronische Systeme, um den Seekampf zu überleben. Die Dogan ist ein von den Westdeutschen gebautes, 57 Meter langes Patrouillenschnellboot der türkischen Marine. Seine primären Offensivwaffen sind acht Harpoon Antischiffsraketen, doch sie ist auch mit einer OTO-Melara 76-mm-Kanone am Bug und einem Oerlikon 35-mm-Flugabwehrgefechtsturm am Heck bestückt. Mit 436 Tonnen bei voller Last haben solche Schiffe etwa dieselbe Größe wie dampfgetriebene Torpedoboote vor dem 1. Weltkrieg, sind jedoch unendlich leistungsfähiger.

Unten: Die »Shershen«-Klasse mit der sowjetischen Bezeichnung torpednyy kater, oder Torpedoschneider, war die letzte konventionelle Klasse an Torpedobooten, die von den Sowjets gebaut wurde. Zwischen 1963 und 1974 wurden 80 fertiggestellt, wovon die meisten an andere Kriegsmarinen gingen. Diese schnellen Boote sollen für die Mannschaft sehr laut und heiß sein.

Hightech-Raketenboote

Trotz vielversprechender Anlagen erwiesen sich Tragflügelboote als Enttäuschung, weil sie zu komplex, zu teuer und zu unzuverlässig waren. Die US Navy experimentierte in den 60er und 70er Jahren mit verschiedenen Designs, doch abgesehen von den sechs Booten der »Pegasus«-Klasse machte die Entwicklung kaum Fortschritte. Italien und Israel sind die einzigen westlichen Nationen, die außerdem noch mit Tragflügelbooten operieren. Die Briten hatten zwischen 1979 und 1982 ohne überzeugenden Erfolg experimentiert. Im Gegensatz dazu machten die Sowjetunion und China intensiven Gebrauch von Tragflügelbooten, obwohl die chinesischen Boote eigentlich »Halbtragflügelboote« sind, weil sie zwar am Bug Tragflächen haben, aber einen konventionellen Rumpf. Doch nicht nur Tragflügeldesigns werden für Schnellboote in Erwägung gezogen. Luftkissenboote wirken vielversprechend, obwohl auch sie das Problem haben, sehr komplex, teuer und unzuverlässig zu sein. Die US Navy hat eine Reihe von Experimenten zu Booten mit Oberflächeneffekt in Auftrag gegeben; das sind katamaranähnliche Boote mit starren Seitenwänden, die sich auf einem Luftkissen fortbewegen. Die Hersteller von Luftkissenbooten haben ihre Gefährte als Hochgeschwindigkeitsboote zur Küstenabwehr präsentiert, wobei die Bewaffnung von Maschinengewehren bis zu Raketen reichen kann. Doch bis jetzt haben die hohen Kosten noch jede Marine vom Ankauf abgehalten.

Links: Das sowjetische »Komar«-Design war für Schnellboote bahnbrechend und löste eine Revolution in der Seekriegsführung aus. Es besteht einfach aus dem Rumpf eines P6-Torpedobootes, dem zwei Raketenwerfer für SS-N-2 »Styx«-Raketen hinzugefügt wurden. Erstmals 1960 gesichtet wurden sie an mehrere sowjetische Verbündete verkauft. Einige sind noch im Dienst.

Links: Die US Küstenwache hatte drei SES (Surface Effect Ship) Patrouillenboote im Dienst. Diese Mitteldinge aus Luftkissenfahrzeug und Katamaran bietet viele Vorteile: sie sind schneller als Boote mit konventionellem Rumpf und stabiler als echte Luftkissenboote.

Unten: Tragflügelboote erwiesen sich als Raketenboote nicht als erfolgreich. Die Italiener hatten sechs kleine »Sparvieros« im Einsatz, die US Navy betrieb sechs mit Harpoons bestückte Schiffe der »Pegasus«-Klasse, doch beide Modelle wurden ausgemustert.

IM KAMPF

Die 80 Fuß lange Elco PT-333 der US Navy zieht auf dem Weg zu ihrem Patrouillengebiet eine charakteristische Schneise durch das Wasser. Alliierte Schnellboote wie dieses waren im Mittelmeer erfolgreicher als an jedem anderen Kriegsschauplatz.

MITTELMEER-KAMPF

Der 2. Weltkrieg im Mittelmeer war eine der blutigsten kriegerischen Auseinandersetzungen auf See in der gesamten Geschichte, und in einem kleinen Winkel führten Küstenschiffe ihren ganz privaten Krieg.

Der Convoy schlich durch die warme mediterrane Nacht - ein halbes Dutzend schwer bewaffnete, flache Lastkähne, mit Nachschubgütern für die Truppen im Süden beladen. Links die italienische Küste in der Dunkelheit, rechts zwei Zerstörer als Geleit. Hinter ihnen lagen die Minenfelder. Die deutschen Marinesoldaten waren wachsam, denn sie waren auf einer wichtigen und gefährlichen Mission. Nur das Dröhnen ihrer eigenen Dieselmotoren durchbrach die Stille. Alles schien in Ordnung zu sein. Doch es war gar nichts in Ordnung. Einige Kilometer weiter im Süden starrten erfahrene amerikanische Augen auf ihre Radarschirme. Die Beobachter hatten längst Kurs, Geschwindigkeit und Zusammensetzung des Convoys berechnet. Die Informationen waren bereits an die mächtige Streitkraft der Alliierten weitergeleitet worden; britische und amerikanische Schnellboote waren dabei, die Falle zuschnappen zu lassen. Italien war nicht länger im Krieg. Die Alliierten waren in Anzio gelandet und die deutsche Armee kämpfte in den Bergen bei Monte Cassino um ihr Leben. Diese Soldaten über die gebirgige Länge Italiens zu versorgen, wäre eine monumentale Aufgabe gewesen, die von Partisanenüberfällen und Bombenangriffen der Briten und Amerikaner unterbrochen worden wäre. Nachschub auf dem Seeweg war viel effektiver. Ganz nahe entlang der Küsten war der Convoy durch schwere Küstenkanonen geschützt, und Minenfelder am äußeren Rand der Route sollten marodierende Zerstören abhalten. Schnellboote waren das geeignetste Mittel im Bestand der Alliierten, um mit diesem Problem fertig zu werden. Kleine, schnelle, hart zuschlagende Torpedo- und Kano-

Unter den Schiffen in Bastia befinden sich auch britische Fairmile »D« MGBs. Dieser nur 80 Kilometer von der italienischen Küste entfernte korsische Hafen war Hauptstützpunkt der britischen und amerikanischen Schnellbootgeschwader.

Oben (kleines Bild): Die Landungsbootkanone wurde als Feuerschutz bei amphibischen Landungen entwickelt. Die mit zwei 120-mm-Kanonen bestückten, langsamen Schiffe waren das Herz des Kampfgeschwaders.

Ein PT-Boot mit Zebrastreifen steuert nach einem Einsatz seinen Liegeplatz an. Diese amerikanischen Gefährte mit Radar- und Funkausrüstung wurden verwendet, um die nächtlichen Angriffe der Kampfgeschwader zu koordinieren.

nenboote waren durch die Minenfelder weniger gefährdet als Zerstörer und konnten dem Convoy großen Schaden zufügen.

Aber die Deutschen lernten schnell. Bald beförderten sie den Nachschub in bewaffneten Fliegerabwehrleichtern, dieselbetriebenen Lastkähnen mit geringem Tiefgang, die sich ganz nah an der Küste halten konnten. Bald waren die amerikanischen PT-Boote sowie die britischen MTBs (Motor Torpedo Boats) und MGBs (Motor Gun Boats) deklassiert, vor allem, als die Deutschen ihre Flak-Leichter als Verstärkung für ihre regulären Geleitzerstörer und S-Boote einsetzten. Das waren schwer bewaffnete Flak-Leichter, die eine große Anzahl automatischer Waffen und die äußerst effektive 88-mm-Luft- und Panzerabwehrkanone mitführte. Ein einziger Schuß einer »Acht-Acht« konnte ein PT-Boot zu Sperrholz machen.

Alliierte Gegenwehr

Mehr und mehr deutsche Convoys kamen durch. Captain J. F. Stevens, Kommandant der Alliierten Küstenstreitmacht, berichtete: »Es besteht kein Zweifel, dass es überaus schwierig ist, den Nachschub des Feindes auf See zu unterbrechen. Er hat seine Geleitzüge so verstärkt und seine Frachte so stark bewaffnet, dass unsere Küstenschiffe weitaus härterem Metall gegenüberstehen.«

Captain Stevens musste zusehen, wie seine »mosquito«-Boote von Zerstörern des Feindes zu Belästigern des Feindes wurden.

Zum Glück lag die Antwort auf die deutsche Feuerkraft nicht fern. Im März 1944 formierte Commander Robert Allen von der Royal Navy das Kampfgeschwader der Küstenstreitmacht. In Bastia auf Korsika stationiert war es die bei weitem erfolgreichste Kleinbooteinheit des Krieges.

Das Herz dieser Einheit waren die drei Landungskanonenboote (LCG) der Royal Navy. Das waren gewöhnliche Landungsboote, die mit zwei 119-mm-Zerstörerkanonen und unzähligen kleineren Waffen ausgestattet waren. Mit den besten Kanonenschützen der Royal Navy bemannt konnten sie die mächtigen deutschen Flak-Leichter weitgehend ausschalten. Vor deutschen Zerstörern und S-Booten wurden sie durch MTBs und MGBs der Royal Navy geschützt. Die Koordination übernahmen PT-Boote der US Navy, die Radar einsetzten, um den Feind zu orten und die eigenen Boote im Auge zu behalten.

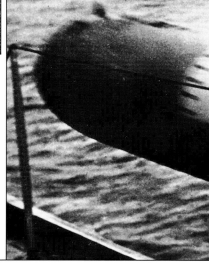

Rechts: Der Nachschub für den verzweifelten Kampf der deutschen Soldaten bei Cassino kam über das Meer. Das Hauptziel des Kampfverbandes war, zwischen die kleinen Lastkähne zu gelangen, die die Küste entlang Nachschub für Kesselrings Armeen brachten.

Unten: Die Kampfgeschwader konnten mit ihrem reichhaltigen Waffenarsenal nahezu jedes Ziel angreifen. Die meisten Boote trugen eine Vielfalt an leichten Waffen, wie die hier gezeigte 20-mm-Kanone und die Maschinengewehre Kaliber 0.5 an Bord eines PT-Bootes der US Navy.

IM KAMPF

Das Kampfgeschwader wurde Ende März erstmals gefordert. Obwohl die LCGs so langsam waren, dass sie einen feindlichen Convoy niemals einholen konnten, konnte man sie an der geplanten Fahrtroute des Convoy postieren. Am Abend des 27. März erhielten sie vor San Vincenzo eine Nachricht von Lieutenant Edwin DuBose im PT-212. Er war gemeinsam mit PT 214 vorausgefahren und hatte am Radar einen südwärts fahrenden Convoy entdeckt. Sechs Flak-Leichter wurden von zwei Zerstörern eskortiert. Commander Allen konnte nicht schießen, ohne dass seine langsamen Landungsboote zu Zielscheiben für die Zerstörer wurden. Er musste auf einen Torpedoangriff von DuBose warten.

Links: Die Fairmile »D« MTBs der Royal Navy führten vier Torpedos, zwei 50-mm-Geschütze, drei 20-mm-Kanonen und acht Maschinengewehre Kaliber 0.5 und 0.303 mit.

Unten: Frühe Torpedoboote feuerten ihre Waffen aus Rohren ab, wie hier gezeigt, doch als Lufttorpedos verfügbar wurden, feuerte man sie ab, indem man sie einfach seitlich über Bord rollte.

Die PT-Boote setzten aus etwa 360 Meter drei Torpedos auf die deutschen Begleitschiffe ab und wendeten ab. Die PT-214 wurde von einem 37-mm-Geschoß getroffen, das einen Matrosen verletzte. Ein Zerstörer könnte von einem Torpedo getroffen worden sein, aber der Feind floh so rasch nach Norden, das das nicht überprüft werden konnte.

Sobald das Geleit außer Sicht war, verlor Commander Allen keine Zeit. Die erste Salve von Leuchtkugelgeschossen erhellte die Szene; die Flak-Leichter schossen wild in die Luft, da sie glaubten, sie wären von Flugzeugen abgeworfen worden. Der Aufschlag der ersten vier 119-mm-Geschosse muss ein großer Schock für sie gewesen sein. Innerhalb weniger Minuten standen vier Leichter in Flammen und die anderen zwei versuchten, zu entrinnen, aber ohne Erfolg.

»Nach der Größe der Explosion zu schließen,« berichtete Commander Allen, »transportierten zwei Leichter Treibstoff, zwei Munition, und einer beides. Der sechste sank, ohne zu explodieren.«

Einen Monat später waren fast dieselben Teilnehmer zwischen den Inseln vor der toskanischen Küste an einem Kampf beteiligt. Und wieder hatte Commander Allen seine Einheit den südwärts fahrenden Convoy in den Weg gestellt hat und wieder hatten die amerikanischen PT-Boote den Feind entdeckt. Diesmal hatten sie allerdings

Unten: Hauptgegner für das Kampfgeschwader waren die deutschen S-Boote, deren niedrige Silhouette man im Durcheinander eines nächtlichen Gefechts nur schwer ausmachen konnte.

auch Kontakt mit einem zweiten, nordwärts fahrenden Einheit gehabt. Commander Allen entschloss sich, gegen den südlichen Convoy vorzugehen, aber erst, wenn der nördliche sich entfernt hatte.

Auch diesmal zerschmetterten die grossen Kanonen die Deutsche Formation. Zwei Flak-Leichter waren fast sofort zerstört, zusammen mit einem hochseetauglichen Schlepper. Ein drittes fuhr Richtung Strand, wo es von MGBs gefunden und sofort zerstört wurde. Drei Flak-Leichter, die den Convoy begleitet hatten, waren nun beleuchtet, und zwei davon wurden von den ersten Salven der LCGs getroffen. Der Dritte eröffnete das Feuer mit allem, was er hatte, und 20-mm-, 40-mm- und 88-mm-Geschosse drohten die langsamen LCGs zu erreichen. Bevor er jedoch ernsthaften Schaden anrichten konnte, wurde er getroffen und zog sich in den Rauch zurück, verfolgt von Lieutenant Eldredges PT-209 und anderen Kanonenbooten. Ein einziger Torpedo genügte, um dem beschädigten Flak-Leichter den Rest zu geben.

Erfolg besiegelt

Abseits der Kampfszene beschlossen die PT-Boote der Spähergruppe, den nordwärts ziehenden Convoy auszuschalten. Nach langsamer, lautloser Annäherung initiierten sie einen Torpedoangriff auf den Feind, der sich als Geleitzug von mindestens drei Flak-Leichtern erwies. Einer wurde getroffen, doch die anderen nahmen die PT-Boote beim Abdrehen unter argen Beschuss. Die PT-Boote gingen sofort auf volles Tempo und legten einen Rauchteppich, in dessen Schutz sie entkamen.

Als die Kampfeinheit nach Korsika zurückkam, erhielten sie Nachricht von feindlicher Aktivität rund um die Insel Capraia. Die PT-Boote wurden als Späher ausgeschickt, wurden aber sofort von den feindlichen Zerstörern entdeckt, und S-Boote legten Minen aus. Indem sie eine erbeutete Identifikationsleuchtrakete abgeschossen, konnten die PT-Booten nahe genug herankommen, um anzugreifen. Sie beschädigten einen Zerstörer so arg, dass er aufgegeben werden musste. Auf dem Rückzug gerieten die kleinen Boote unter einen deutschen Feuersturm, entkamen aber unverletzt.

Trotz der Schäden, die diese Kampfeinheit in dieser Nacht angerichtet hat, gab es weder Schäden an Booten noch Verletzte. In den nächsten zwei oder drei Monaten machte diese alliierte Kooperation die Küstenroute zum Alptraum der Deutschen. Und sie bewies, dass Schnellboote unter den richtigen Umständen hoch effektive Waffen darstellen können.

TAKTIK

Links: Sowjetische Raketenschnellboote der Klasse »Osa II« aus der Schwarzmeerflotte bleiben auf Hochgeschwindigkeitskurs, während sie Angriffe auf Verbände trainieren. Auch wenn die sowjetische Kriegsmarine heute mehr denn je eine Hochseeflotte ist, besitzt sie eine beachtliche Streitkraft aus Küstenkriegsschiffen.

RAKETEN-
ANGRIFF DER RUSSEN

Von der Halbinsel Kola bis nach Wladiwostok waren die Raketenschnellboote der russischen Seestreitkräfte der wichtigste Teil der weltweit größten Streitmacht an Küstenkriegsschiffen.

Die sowjetische Marine war viele Jahre lang kaum mehr als eine Küstenstreitmacht. Sie war kaum hochseetauglich, und begnügte sich mit Operationen in der Ostsee und im Schwarzen Meer, sowie rund um die wichtigsten Marinestützpunkte im Norden und im Fernen Osten.
Die erste Expansion der russischen Marine nach dem 2. Weltkrieg konzentrierte sich auf Entwicklung und Taktik von Unterseebooten und Torpedoschiffen. Diese Erweiterung unter dem Befehl von Admiral Gorshkov brachte eine hochseetüchtige Marine hervor, doch die Küstenstreitkräfte blieben ein wichtiger Faktor. Die Russen waren Pioniere bei der Entwicklung von Antischiffsraketen, und es war nur logisch, diese Waffen auf Küstenschnellbooten zu montieren. Im Gegensatz zu Gewehren haben Raketen keinen Rückschlag und können relativ einfach am leichten Rumpf eines kleinen Angriffsbootes angebracht werden.
Als der veraltete israelische Zerstörer *Eilat* 1967 durch vier »Styx«-Raketen versenkt wurde, die von zwei Booten der »Komar«-Klasse der ägyptischen Marine abgefeuert worden waren, wurde klar, dass David Goliath neuerlich besiegt hatte. Kleine Kriegsschiffe konnten nun stärkere Schiffe herauszufordern. Obwohl sie nicht in der Lage waren, lange Zeit oder in grosser Entfernung vom Heimathafen zu patrollieren, hatten die Sowjets gezeigt, dass Küstenstreitkräfte in ihrer eigenen Domäne eine ernstzunehmende Bedrohung darstellten.
Die Basiseinheit der sowjetischen Marine im Küstenbereich war die Brigade. Sie bestand für gewöhnlich aus drei oder vier Raketenbootgeschwadern. Jedes Geschwader hatte drei Paare von Booten, die zusammenblieben, auch wenn sie zur Überholung oder Reparatur im Dock lagen. Ursprünglich umfassten Brigaden Torpedo- und Raketenboote, aber in den 80er Jahren ging die Zahl der Torpedoboote zurück.
Eine typische Brigade bestand aus einem Geschwader großer Raketenkorvetten der »Nanuchka« oder »Tarantula«-Klasse, die als Kommandoschiffe für kleinere Boote fungierten, begleitet von zwei oder drei Geschwadern von Booten der »Osa«- oder »Matka«-Klasse. Die verschiedenen Arten der mitgeführten Raketen und die unterschiedlichen Fähigkeiten jedes Typs stellten Verteidiger vor größere Probleme als ein Angriff von Booten, die alle mit denselben Raketen bestückt waren.

Oben: Die »Osa«-Klasse wurde in den 60er Jahren in Dienst gestellt und war einst die zahlreichste Schnellbootklasse der Welt. Bei der russischen Flotte sind keine mehr aktiv; eine große Zahl wurde in China produziert, und 190 davon an andere Kriegsmarinen verkauft.

Oben, kleines Bild: Mit nahezu 70 Tonnen Verdrängung sind Schiffe der »Nanuchka«-Klasse fast schon kleine Fregatten, doch wie die »Osas« werden sie von der sowjetischen Kriegsmarine als ausgesprochene malyy raketnyy korabi (kleine Raketenboote) eingesetzt.

Phase eins: Verdeckte Annäherung

Raketenboote sind im Verhältnis zu ihrer Grösse sehr leistungsfähig, aber nicht sehr ausdauernd. Sie erhalten ihren Auftrag noch im Hafen und verlassen diesen im Schutz der Nacht, um ein bestimmtes Ziel anzugreifen. Das könnte ein feindliches Kriegsschiff oder ein Küstenconvoy sein. Was auch die Mission ist, die Annäherung erfolgt so unauffällig wie möglich, mit größtmöglicher Geschwindigkeit. Küstenschiffe sind im Vergleich zu größeren Schiffen klein und zerbrechlich. Ihre Aufgabe ist, den Gegner zu treffen und dann möglichst schnell zu flüchten, und nicht, es auszufechten wie ein Fliegengewicht gegen einen olympischen Schwergewichtsboxer. Eine Waffe, die einen Zerstörer außer Gefecht setzt, würde ein Schnellboot zerschmettern. Je länger es sich der Entdeckung durch den Feind entziehen kann, desto größer ist die Chance, dass es der Feind ist, der den Schaden abkriegt.

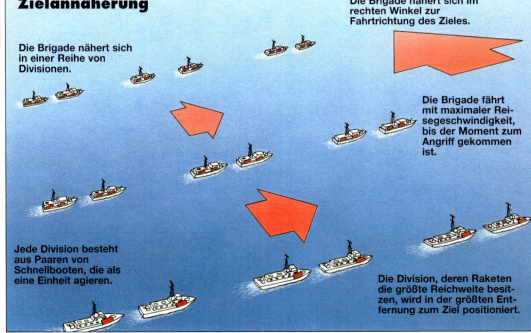

Zielannäherung

Die Brigade nähert sich in einer Reihe von Divisionen.

Die Brigade nähert sich im rechten Winkel zur Fahrtrichtung des Zieles.

Die Brigade fährt mit maximaler Reisegeschwindigkeit, bis der Moment zum Angriff gekommen ist.

Jede Division besteht aus Paaren von Schnellbooten, die als eine Einheit agieren.

Die Division, deren Raketen die größte Reichweite besitzen, wird in der größten Entfernung zum Ziel positioniert.

Phase zwei: Taktische Stationierung

Sobald das Ziel lokalisiert und positiv identifiziert ist, begeben sich die Boote so rasch wie möglich in die bestmöglichen Angriffspositionen, wobei sie die maximale Reisegeschwindigkeit beibehalten. In früheren Zeiten wären Torpedoboote die Anführer gewesen, deren Aufgabe es war, jedes Handelsschiff in einem Convoy anzugreifen und die begleitenden Kriegsschiffe den Raketenbooten zu überlassen, deren Waffen die vierfache Reichweite besaßen. Heutzutage sind alle Schiffe Ziele für Raketen. Die Boote bewegen sich geschwaderweise in Reihenformation, wobei jedes Geschwader Abstand zu seinen Nachbarn hält. Die Angriffsposition wird so gewählt, dass jedes Geschwader schießen kann, ohne die anderen zu gefährden.

TAKTIK

Phase drei: Zielanfahrt

Sobald sie in Angriffsposition sind, wenden die Geschwader in Richtung Ziel und beschleunigen dann auf maximale Geschwindigkeit. An diesem Punkt begibt sich jedes Geschwader entweder in »V«-Formation links oder rechts des Geschwaderführers oder in Linie nebeneinander. Kontrolle und Koordination hat der Brigadeführer inne, der sich für gewöhnlich an Bord eines der größeren Boote in Korvettengröße befindet. Die Länge der Zielanfahrt hängt ab von der Reichweite der Raketen, die von den verschiedenen Booten mitgeführt werden. Jene Boote, die mit den alten SS-N-2B »Styx« bestückt sind, müssen sich bis auf 20 Kilometer annähern, während die mit SS-N-9- oder SS-N-22-Raketen bewaffneten von über 100 Kilometer Distanz angreifen können.

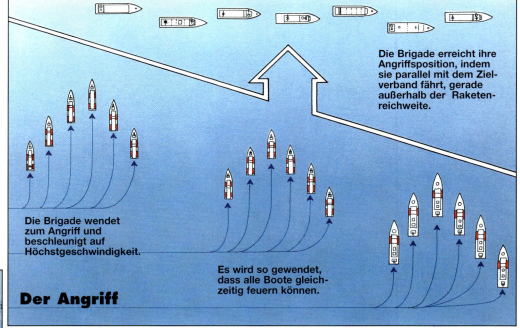

Links: Sowjetische Raketen sind tendenziell viel größer als ihre amerikanischen Pendants. Deshalb waren auch die Raketenrohre an Bord eines Raketenschnellbootes, etwa aus der »Osa II«-Klasse viel auffälliger als auf ähnlichen, anderswo hergestellten Booten. Zwei vierfache Harpoon-Raketenwerfer benötigen genausoviel Platz wie zwei SS-N-2 »Styx«-Raketenwerfer. Westliche Marschflugkörper sind auch schneller und elektronisch besser ausgerüstet. Die sowjetischen Modelle punkten jedoch bei der Größe der Sprengköpfe. Eine »Styx« trägt zweimal soviel Sprengkraft wie eine Harpoon und dreimal soviel wie eine Exocet.

Phase vier: Der Angriff

Die Angriffsboote feuern ihre Raketen ab, während die ihre Höchstgeschwindigkeit beibehalten. Eine Brigade, die aus einem Geschwader von Korvetten der »Nanuchka«-Klasse und drei Geschwader von Raketenbooten der »Osa«-Klasse besteht, kann 36 SS-N-9-Langstreckenraketen und 72 der älteren SS-N-2 »Styx« abschiessen. Die genaue Anzahl der abgefeuerten Raketen hängt von der Art des Zieles ab. Nach sowjetischer Lehrmeinung braucht man sieben oder acht Raketen, um ein großes Kriegsschiff außer Gefecht zu setzen. Vier braucht man für einen Zerstörer, während zwei beziehungsweise vier Raketen für ein Geleitschiff oder ein schnelles Patrouillenboot ausreichen. Ein oder zwei Raketen genügen für einen kleinen Transporter oder ein langsames, wehrloses Landungsboot. Die komplette Sequenz sollte nicht länger als 10 bis 15 Sekunden dauern.

Unten: Eine »Styx« schießt aus ihrem Abschussrohr an Bord einer »Osa I«. Während ihrer 30jährigen Dienstzeit wurde die Rakete mehrmals aufgerüstet.

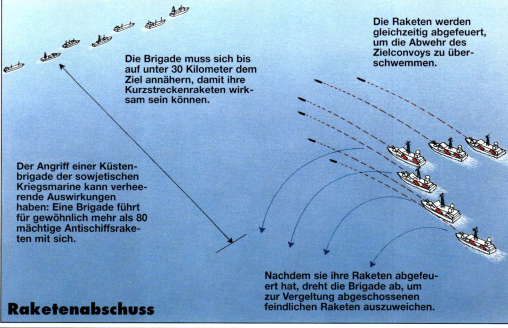

Phase fünf: Rückzug

Schnelle Flucht ist von oberster Priorität. Sobald die Raketen abgefeuert sind, ziehen sich die Boote zurück. Die automatische Reaktion eines Kriegsschiffes auf einen Raketenangriff ist, selbst Raketen abzuschiessen, also sollten die angreifenden Boote am besten ganz woanders sein. Alles, was die Zielerfassung von Vergeltungsraketen stören kann, könnte hilfreich sein, und bei dieser Art von Kampf ist die Qualität der elektronischen Abwehrmaßnahmen (ECM) sehr wichtig. 1973 wurden vier syrische Boote der »Osa«-Klasse von zwei israelischen Booten der »Reshef«-Klasse versenkt. Die Syrer schossen zuerst, und ihre Raketen hatten die doppelte Reichweite der israelischen Waffen, doch entscheidend waren überlegene taktische Manöver der Israelis und deren bessere ECM.

BEWAFFNUNG UND AUSSTATTUNG

JÄGER DES OZEANS

Marineflugzeuge sind die besten Verteidiger der Flotte. Sie patrollieren hunderte Kilometer von ihren Flugzeugträgern entfernt, für jede Gefahr bereit.

Du sitzt in einem stahlblauen, zweiflossigen Jäger mit dem modernsten Cockpit des amerikanischen Militärs, und beobachtest drei Bildschirme - auf einmal. Während du fliegst, verändern sich diese Schirme. Sie liefern dir ständig neue Informationen - Machanzahl, Neigungswinkel, Flughöhe, Kurs, Betriebsdaten. Sie managen das Flugzeug für dich, damit du deine Hände während des Fluges durchwegs an Gashebel und Steuerknüppel lassen kannst.

Welches Flugzeug fliegst du? Kein Zweifel - eine F/A-18 Hornet.
Wenn man weiß, wie, ist es einfach, die Informationen auf den Schirmen im Auge zu behalten. Heute ist der »top gun« (»bestes Geschütz«) der US Navy beschäftigt. Er ist zugleich Jäger und Angriffspilot, wenn er eine Hornet fliegt. Daher muss er zum Fenster hinausblicken, um andere visuell zu identifizieren und sicherzustellen, dass er das richtige Ziel verfolgt. Es könnten Verbündete in seiner Abschusslinie sein.

Eingehüllt in den Dampf vom Katapult eines Flugzeugträgers wird eine McDonnell Douglas F/A-18 Hornet für den Start vorbereitet. Die Hornet ist typisch für eine Generation von seegestützten Jagdflugzeugen, die genauso gut, und in manchen Belangen sogar besser sind als ihre landgestützten Pendants.

Grumman Hellcat

Wenn man von einer Waffe behaupten kann, sie habe das Blatt im 2. Weltkrieg zuungunsten der Japaner gewendet, dann ist es die Grumman F6F Hellcat. Bis zu ihrem Kriegseintritt Mitte 1943 hatten die Japaner auf dem Kriegsschauplatz die Luftüberlegenheit inne, obwohl die Alliierten mutige Vorstöße dagegen unternahmen. Eiligst durch Planung und Entwicklung geschleust ging die seegestützte F6F hastig in Massenproduktion. Sie schlug sofort Breschen in die Reihen der feindlichen Luftgeschwader, wobei sie von landgestützten Hellcat, die das Marinecorps begleiteten, unterstützt wurden. Dieses Flugzeug gab die Lufthoheit über dem Pazifik nicht mehr auf, bis der Krieg gewonnen war, und dominierte in buchstäblich jedem Gefecht, von seiner Indienststellung an bis zum Kriegsende. Zum Schluss wies seine Abschuss-Verlust-Rate ein Verhältnis von umwerfenden 19:1 aus, und es zeichnete für 4947 von 6477 Abschüssen der US Navy insgesamt verantwortlich. Dem Erfolg der F6F lagen Steigfähigkeit, Sechsfachgeschütze, gute Geschwindigkeit und vor allem ihre immense Stärke zu Grunde.

Staffel großer, bulliger Hellcats stiegen von den Decks der Flugzeugträger der US Navy auf, um den Pazifik in den letzten Jahren des 2. Weltkriegs zu dominieren.

Die Grumman F-14 Tomcat aus der Fliegerstaffel VF-102 »Diamondbacks« der US Navy schießt vom Deck eines Superflugzeugträgers in den Himmel. Die Kombination von starkem Radar und Langstreckenraketen verleiht der Tomcat eine einzigartige Reichweite, an die kein anderer Jäger der Welt herankommt.

Aus diesem Grund gibt es »Kopfüber-Display« (HUD), das den Datenfluss von den Schirmen vereinfacht. Es zeigt dem Piloten alles was er wissen muss wenn sich die Hornet auf ein Ziel in der Luft oder auf der Erde einstellt.
Du kannst die Geschwindigkeit einer F/A-18 tatsächlich auf Null drosseln. Die Anzeige im HUD geht von langsamen 48 Knoten bis auf Mach 1,8. Diese Bandbreite macht sie zum idealen Erdkampfunterstützungsflugzeug für die Marines und zugleich zum extrem manövrierfähigen Jäger in großen Flughöhen für die Navy. Heute bildet die Hornet die Speerspitze der Trägerstreitmacht der USA – ein vielseitiges Paket, bestehend aus einem Piloten, zwei Moto-

MARINEJÄGER - Zum Nachschlagen

363
Grumman F-14 Tomcat

 USA

Diese enorm leistungsfähige Flottenverteidigungsjäger wurde als Alternative zur gescheiterten F-111B Seeversion des General Dynamics F-111 Mehrzweckkampfflugzeugs entwickelt, bei dem Grumman der Hauptvertragspartner gewesen war. Die F-14 flog erstmals im Dezember 1970 und profitierte von den Erfahrungen des Unternehmens mit der F111B, was Merkmale wie Schwenkflügelmechanismus, Motoren und Waffensysteme (AWG-9 Radar-und Feuerleitsystem und beigeordnete AIM-54 Phoenix Langstrecken-Luft-Luft-Raketen/AAMs) betraf.
Die **F-14 Tomcat** wurde ab 1972 als erstes »look down/shoot down«-Jagdflugzeug der Welt in Dienst gestellt und ist zurecht noch immer der leistungsfähigste Abfangjäger der Welt. Die Tomcat wurde mit voller Offensivfähigkeit entworfen, doch diese ist völlig ungenutzt. Zusätzlich zu ihrer 20-mm-Kanone für den Nahkampf besteht die Hauptbewaffnung aus sechs Phoenixen oder, weiter verbreitet, vier Phoenixen an Unterrumpfstationen und zwei AIM-7 Sparrow Mittelstrecken und zwei AIM-9 Sidewinder KurzstreckenAAMs an den Stationen am Flügelansatz.
Das Modell wurde auf **F-16D**-Standard mit General Electric F110-GE4400 Turbofan-Motoren mit 9480 kg Schub aufgerüstet, um ihm mehr Flexibilität und Zuverlässigkeit zu verleihen. Ebenso wurde die digitale Elektronik und andere Ausstattungen entscheidend verbessert. 1998/99 betrug die Zahl der einsatzfähigen Flugzeuge nur noch 251 Stück (zehn Staffeln).

Beschreibung
Grumman F-14A Tomcat
Typ: seegestütztes zweisitziges Flottenverteidigungsjagdflugzeug
Antrieb: zwei Turbofan-Triebwerke mit 9840 kg Schub, Pratt & Whitney TF30-P-414A
Flugleistung: Höchstgeschwindigkeit 2517 km/h; Reichweite 3220 km
Abmessungen: Spannweite 19,55 m Breite und 11,65 m Pfeilung; Länge 19,1 m
Gewicht: leer: 18191 kg; maximales Startgewicht 33724 kg
Bewaffnung: eine 20-mm-Kanone und bis zu 6577 kg abwerfbare Ladung

Der klassische trägergestützte Jäger der 60er Jahre war die F-4 Phantom II; hier wird eine Maschine von der USS Franklin D. Roosevelt aus in Richtung Vietnam gestartet.

Die meisten starten von grossen Flugzeugträgerdecks mittels Dampfkatapulten. Andere, wie die britische Harrier und die sowjetische Yak-38 »Forger« sind Senkrechtstarter, die von viel kleineren Decks ohne Katapult starten können. Senkrechtstart schien für Marinejäger logisch zu sein, seitdem es möglich wurde, genügend Auftriebskraft zu erzeugen, um ein Jagdflugzeug in die Luft steigen zu lassen. Nach vielen Jahren der Forschung trat die Sea Harrier ihren Dienst bei der Royal Navy 1979 an. Damals konnte man sich kaum vorstellen, dass der berühmte britische »jump jet« jemals einen ernst gemeinten Schuss abfeuern würde, aber 1982 entwickelte sich der Falkland Krieg.

ren, elektronischen Geräten, Treibstofftanks und furchterregendem Waffenarsenal. Bis weit in das 21. Jahrhundert hinein wird sie ein intergraler Bestandteil der trägergestützten Fliegerstaffel sein, aufgerüstet auf F/A-18D- und F/A-18F Super Hornet-Standard.

Hornet und Tomcat im Team

Wenn die Hornet den neuesten Stachel der Navy darstellt, dann repräsentiert die Tomcat ihre gut geschärften Krallen. Dieser mächtige schwenkflügelige Raufbold hat seit den Tagen des Vietnamkrieges die US Flotte beschützt. Die Tomcat wurde als Jagdflugzeug entwickelt und kann Feinde weit draussen abfangen oder im Nahkampf mit ihnen fertigwerden.
Als die F/A-18 ihren Erstflug absolvierte, warb der Hersteller mit dem folgenden Slogan: »Mach Platz, Phantom.« Es war eine stolze Übertreibung. Ein Nachfolger der Phantom musste wirklich ausgezeichnet sein, denn die F-4 war Weltklasse. Die F/A-18 gehört zwar einer ganz anderen Klasse an als die F-4, aber man hört von den Leuten, die sie in der heutigen, risikoreichen Umgebung eines Flugzeugträgers fliegen, kaum Beschwerden. Viele Piloten meinen sogar, sie sei einer der am leichtesten zu fliegenden Jäger.
Hornet und Tomcat sind die jüngsten Nachfolger in einer langen Linie von Marinejägern, zugleich Kriegsgewinner und Friedenswächter. Wildcat, Hellcat und Corsair waren im 2. Weltkrieg Amerikas »große Drei«. Dann kam die Panther für den Kriegseinsatz in Korea, gefolgt von Cougar, Skyray, Cutlass, Demon, Tiger und Crusader, wobei sich die letztgenannten die Kampfeinsätze im Vietnamkrieg mit den Phantoms der US Navy teilten.
Moderne Marinejäger gibt es in allen Formen und Grössen. Die meisten können Flottenschutz übernehmen, Streitkräfte unterstützen und Bodenangriffe fliegen - die drei Hauptaufgaben - und alles gleichermaßen gut.

Die Ansicht des Profis
Die F-14 Tomcat

»In einer F-14-Staffel des US Navy zu sein ist einzigartig, der Gipfel der Marineluftfahrt. Die Hauptaufgabe der Tomcat ist die Luftabwehr, was bedeutet, den Flugzeugträger und die Begleitschiffe vor Bedrohungen aus der Luft zu schützen. Die F-14 wurde konzipiert, um Raketen abzuschießen, doch es zeigte sich, dass sie auch die Plattformen treffen kann, von denen sie abgefeuert wurden. »Es war ein Nebenprodukt der variablen Flügelgeometrie, dass die F-14 zum exzellenten Nahkämpfer wurde. Sie bewährt sich nicht nur als Abfangjäger, sondern ist im Nahkampf ebenso gut wie die F-16, und allem, was aus der F-15-Serie unterwegs ist, weit überlegen. »Sie war auch vor zehn, 15 Jahren gut, aber die heutige F-14D, die Super Tomcat, ist die beste der Welt, ein toller Abfangjäger, ein ausgezeichneter Flottenverteidigungsjäger und ein hervorragendes Waffensystem, das die ganze Bandbreite umfasst. »Das haben wir im Mittelmeer vor Libyen bewiesen. Wir waren rund um die Uhr auf Patrouillenflug. Nachdem sie beim ersten Angriff auf ihre Boote gesehen hatten, was eine Tomcat anrichten kann, hatten die Libyer großen Respekt vor ihr.«

F-14 Tomcat-Pilot, Fighter Squadron 101
»The Grim Reapers«, US Navy

---

364   GROSSBRITANNIEN/USA

McDonnel Douglas AV-8B Harrier II

Die **AV-8B** wurde im Jänner 1984 beim US Marine Corps in Dienst gestellt, als Ergebnis eines weitreichenden Harrier-Entwicklungsprogrammes, das zuletzt zur GR Mk 5-Version für die RAF führte. Vom früheren AV-8A-Modell unterschied sich die B-Variante durch größere Tragflächen, für Materialmischungen aus Kohlenstofffasern benutzt wurden, mit Erweiterungen an der Vorderkante und mehreren Unterflügelstationen, aufgerüstete Pegasus-Motoren und eine erhöhte Pilotenkanzel.
Das Standardmodell AV-8B wurde 1984 weiter verbessert, zu einer Nachtangriffsversion mit in der Nase untergebrachtem FLIR (Forward Looking Infra Red), besseren Überkopf- und Frontaldisplays und Nachtsichtgeräten für den Piloten. Die Motorleistung wurde weiter erhöht, sodass die Marines mit der Harrier nun tatsächlich 24 Stunden einsatzfähig sind. Das bedeutet, während viele moderne Abwehrsysteme einem angreifenden Piloten keine zweite Chance geben müssen, ein Ziel bei Tageslicht zu treffen, sind 70 Prozent davon bei Nacht nutzlos, weil sie auf optischer Feuerkontrolle beruhen. Was sie nicht sehen, können sie nicht treffen - und hier kommt die nachtfähige Harrier zum Zug.
Damit sich die Piloten rasch von konventionellen Kampfflugzeugen auf die V/STOL-Harrier einstellen konnten, gab das USMC 27 zweisitzige TAV-8B in Auftrag. Ob seeoder landgestützt, trägt die AV-8B eine Vielfalt an Sprenglast mit sich, um ihre Aufgabe als Luftunterstützer zu erfüllen. Dazu zählen Sidewinder und Maverick Raketen, Lenkbomben, Raketenbehälter und Kanonen.

Beschreibung
McDonnell Douglas AV-8B Harrier II
Typ: einsitziger V/STOL Nahkampfunterstützungsjäger
Antrieb: ein Rolls-Royce F402-RR-48 Vektorschub-Turbojet-Triebwerk mit 11113 kg Schub
Flugleistung: Höchstgeschwindigkeit 1063 km/h auf Meeresniveau
Abmessungen: Spannweite 9,26 m; Länge 14,14 m; Höhe 3,59 m
Gewicht: leer: 5935 kg; maximales Startgewicht 14061 kg
Bewaffnung: zwei Unterrumpfgehäuse mit einer 25-mm-Kanone (Backbord) und 300 Schuss (Steuerbord); bis zu 3865 kg externe AAMs (Luft-Luft-Raketen), Bomben und Raketenbehälter an sechs Stationen

Zwei F-14 können soviele Ziele gleichzeitig angreifen wie eine komplette Fliegerstaffel aus dem 2. Weltkrieg.

Mit nur 20 Flugzeugen bezwang die Royal Navy die numerisch überlegene argentinische Luftwaffe: sie setzte sich gegen viel schnellere Flugzeuge durch und bombardierte erfolgreich gut gesicherte Bodenziele. Mittels der ausgezeichneten AIM-9L Sidewinder-Raketen und Kanonen bewies diese Ministreitkraft aus Sea Harriers, dass es nicht immer zahlenmäßige Überlegenheit ist, die im Kampf zählt.

Die Harrier II (AV-88) dient bei Geschwadern des US Marine Corps und wird dazu benützt, feindliche Verteidigung aufzubrechen, bevor die Truppen am Strand landen. Auch Spanien und Indien benützen Harriers von Bord aus.

Britische Marinejäger

Großbritannien und die USA waren seit den 20er Jahren Pioniere auf dem Gebiet des Flugwesens auf Flugzeugträgern, die seither immer neue Sicherheitsmaßnahmen und leistungssteigernde Merkmale hinzugefügt haben. Das kleinere Militärbudget der Briten hat die Royal Navy gezwungen, einen anderen Weg einzuschlagen als die Amerikaner mit ihren großen Schiffen. Die selben Einschränkungen gelten natürlich auch für die Zahl der Jagdflugzeuge, die die britische Flotte erhalten kann.

Die neueste Harrier F/A.2 setzt die Traditionen fort, die Jagdflugzeuge früherer Generationen begründet haben, wie etwa Seafire und Sea Hurricane, die im 2. Weltkrieg eingesetzt waren, und die Sea Fury, die in Korea diente.

Links: Die britische Sea Harrier galt als armseliger Marinejäger, bis zum Falklandkrieg, in dem sie sich als grimmiger Nahkämpfer erwies, der es mit konventionellen Hochleistungsdüsenjägern aufnehmen und sie besiegen konnte.

Rechts: Auch Marinejäger der Zukunft werden sämtliche Neuerungen der Luftfahrttechnologie aufweisen, die für landgestützte Flugzeuge entwickelt wurden. Tatsächlich wird man in manchen Fällen, wie dem der französischen Rafale, den gleichen Jäger in land- und seegestützten Versionen bauen.

---

365 McDonnell Douglas F/A-18 Hornet

 USA

Die **F/A-18 Hornet** flog erstmals im November 1978, nachdem sie rasch aus der Northrop YF-17 entwickelt worden war, die beim Leichtgewichtsjägerwettkampf der US Air Force 1974 gegen die General Dynamics YF-16 verloren hatte. Sie ist ein äußerst leistungsfähiger Nachfolger der McDonnell Douglas F-4 Phantom II und der Vought A-7 Corsair II, in der Rolle als Mehrzweckjäger mit Angriffsaufgaben, wie auch durch ihre einzigartige Bezeichnung nach »F/A« ausgewiesen wird.

Dieses Modell wurde ab 1983 in Dienst gestellt, und ist aerodynamisch eher für Wendigkeit und gute Handhabung bei allen Flugbedingungen optimiert, als für Spitzenleistungen. Sie weist eine Fülle von fortschrittlicher Elektronik auf, sodass der Pilot schwierige Aufgaben ohne die Hilfe eines Beisitzers übernehmen kann. Zusätzlich zu ihrer internen 20-mm-Kanone besitzt die Hornet zwei Raketenschienen an den Flügelspitzen und sieben Stationen für ihre äußerst vielfältige Last an Offensivwaffen. Die ursprüngliche **F/A-18A** wurde durch die **F/A-18B**, einem kampffähiger Umschulungstrainer, ergänzt, gefolgt von der verbesserten einsitzigen **F/A-18C** und der zweisitzigen **F/A-18D**, wobei die letztere mit der Nachtangriffsfähigkeit ausgestattet ist, die bei allen nach 1989 produzierten Flugzeugen beiderlei Typs integriert ist. Bei vier weiteren Nationen stehen auch landgestützte Modelle im Dienst, während die **RF-18D** ein seegestütztes Aufklärungsmodell darstellt, das für die US Navy und das US Marine Corps entwickelt wird.

Beschreibung
McDonnell Douglas F/A-18C Hornet
Typ: einsitziger see- und landgestützter Mehrzweckjäger und Angriffskampfflugzeug
Antrieb: zwei Turbofan-Triebwerke mit 7257 kg Schub, General Electric F404-GE-400
Flugleistung: Höchstgeschwindigkeit 1913+ km/h; Reichweite 3702 km
Abmessungen: Spannweite 11,43 m; Länge 17,07 m
Gewicht: leer: 10455 kg; maximales Startgewicht 22328 kg
Bewaffnung: eine 20-mm-Kanone und bis zu 7711 kg abwerfbare Ladung

---

366 Sea Harrier F/A.2

 GROSSBRITANNIEN

Um die Leistungsfähigkeit der **Sea Harrier** an die Erfordernisse der Luftabwehr in den 90er Jahren und darüberhinaus anzupassen, wurde der ursprüngliche Auftrag Anfang 1990 erneuert. Parallel zur Aufrüstung in der Mitte der Lebensspanne der gesamten Harrierflotte umfasste dieser Auftrag zehn Stück **FRS Mk 2**, von denen die ersten Vorproduktionsmodelle ihren Jungfernflug am 19. September 1988 absolvierten. Als die Royal Navy das Hughes AIM-120 AMRAAM-Waffensystem auswählte, war klar, dass die Sea Harrier ein weitaus fortgeschritteneres Radar als das Blue Fox brauchte, mit dem die FRS Mk 1 ausgestattet war. Das führte zur Entwicklung der Blue Vixen Mehrfachmodus Puls/Dopplereinheit, das, gekoppelt mit dem AMRAAM-System, der Sea Harrier die Fähigkeit gibt, außerhalb der Sichtweite zu zielen und multiple Ziele anzugreifen. Insgesamt besitzt das Blue Vixen-Gerät elf verschiedene Einstellungen für Luft-Luft- oder Luft-Boden-Angriff. Um das neue Radarsystem in einen kleinen und bereits weniger als geräumigen Flugrahmen zu integrieren, mussten einige Änderungen am Rumpf vorgenommen werden. Die auffälligste ist am Heckstück, das die FRS 2 um 350 mm verlängert, eine bulligere Nase, um den Radarscanner unterzubringen, und 300 mm lange Flügelverlängerungen, um die zentralen Auftriebswerte aufrechtzuerhalten. Die ersten AMRAAM-Abschüsse sollen planmäßig in diesem Jahr in den USA stattfinden. Bis dahin werden die Tests der Prototypen fortgesetzt, wobei ein vollständiges Duplikat des Cockpitdisplays in einer HS 125-600B sehr hilfreich ist.

Beschreibung
British Aerospace Sea Harrier F/A.2
Typ: einsitziger Luftüberlegenheitsjäger und Angriffskampfflugzeug
Antrieb: ein Rolls-Royce Pegasus 106 Triebwerk mit 9752 kg Schub
Flugleistung: Höchstgeschwindigkeit 640 Knoten (1185 km/h) in geringer Höhe; Dienstgipfelhöhe 15600 m; maximaler Kampfradius 750 km
Abmessungen: Spannweite 8,31 m; Länge 14,1 m; Höhe 3,71 m
Gewicht: leer: 6374 kg; maximales Startgewicht 11880 kg
Bewaffnung: volle Geschütz- und Raketenkapazität der FRS Mk 1 mit Option auf bis zu vier AIM-120A AMRAAM Luft-Luft-Raketen oder zwei davon plus zwei Kanonengehäuse

BEWAFFNUNG UND AUSSTATTUNG

Verstellbare Flügel gaben der Scimitar und der zweimotorigen Sea Vixen bessere Leistungsfähigkeit, und die mächtige Phantom war der letzte Jäger aus der Ära der Flugzeugträger der Royal Navy. Sie endete, als der letzte britische Flugzeugträger, die HMS *Ark Royal*, 1980 abgewrackt wurde.

Die Harrier kündigte einen ganz neuen Zugang zur Luftfahrt auf See an. Die neue Generation kleiner britischer Trägerschiffe kann mit einer vollen Besetzung aus Sea Harriers eine sehr schlagkräftige Truppe aufnehmen, die mit Hilfe der einzigartigen »Schischanze« im Bug starten kann.

Durch diese »Schischanze« kann ein voll beladener Jäger Treibstoff sparen und mehr Ladung mitführen, da er in den ersten Sekunden des Fluges mehr Auftrieb hat. Ein senkrechter Start wäre zwar schneller, beschränkt aber die Raketen- und Bombenladung. Nach abgeschlossener Mission landet die Harrier allerdings meistens »direkt«, das heißt senkrecht.

Heutzutage unterhalten nur noch wenige Nationen Flugzeugträger. Frankreich tut es, mit Super Etendard Jagdbombern und Rafars; auch Spanien, Russland, Thailand und Indien haben ein seegestütztes Jägerelement in ihrer Marine. In den 80er Jahren trieben die Russen ihre Seestreitmacht mit dem Stapellauf des Superflugzeugträgers *Admiral Kutznetsov*, früher bekannt

---

367
Sukhoi Su-27K »Flanker«

FRÜHERE UDSSR

Die maritime Su-27 (die von der NATO das Suffix »K« erhielt, nachdem sie zuvor als »Flanker-B«-Variante 2 bekannt war) ähnelt in ihrer Konfiguration der landgestützten, außergewöhnlichen Su-27 »Flanker-B«. Sie besitzt bewegliche Vorflügel, schwenkbare Tragflächen, ein doppelt bereiftes Bugfahrgestell und ein Fangkabel. Der lange Heckkonus der landgestützten Modelle wurde weggelassen, um zu verhindern, dass das Heck bei Flugzeugträgereinsätzen mit hohem Angriffswinkel streift.

Das Schiff, auf dem die ersten »Flanker«-Geschwader stationiert werden sollen, ist die *Admiral Kuznetsov*, der erste einer neuen Generation von russischen »Superflugzeugträgern« aus der 60000-Tonnen-Klasse. Die Su-27 hat bereits erfolgreich Starts und Landungen auf diesem Schiff unternommen, wobei die exakte Kunst der Einsätze auf Flugzeugträgern durch einen neuen maritimen Trainer gesteigert wird, der auf der zweisitzigen Su-27UB basiert. Bei dieser Maschine wurde der vordere Rumpf drastisch modifiziert, um zwei Sitze nebeneinander unterzubringen. Amerikanische Geheimdienstquellen berichten, dass der Trainer der Air Force voll kampffähig ist, doch es muss erst bestätigt werden, ob das auch für die maritime Version gilt. Versuchsflugzeuge wurden bisher nur mit eingeschränkter Bewaffnung gesichtet.

Die *Admiral Kuznetsov* besitzt eine »Schisprung«-Bugrampe, und hier machen sich die Vorflügel der Su-27 bezahlt. Sie ermöglichen ihr langsame Anflüge mit 220-240 km/h, und einen Start von der Rampe mit langsamen 140-160 km/h.

Beschreibung
Sukhoi Su-27K »Flanker«
Typ: ein-/zweisitziger Luftüberlegenheitsjäger und Angriffskampfflugzeug
Antrieb: zwei Lyul'ka AL-31F Turbofan-Triebwerke mit 11113 kg Schub, mit Nachbrenner.
Flugleistung: Höchstgeschwindigkeit Mach 2,2 in großer Höhe, Mach 1,1 auf Meeresniveau; Dienstgipfelhöhe 18000 km; Kampfradius 1283,46 km
Abmessungen: Spannweite 14,72 m; Länge 21,94 m; Höhe 5,94 m
Gewicht: leer 22000 kg; maximales Startgewicht 30000 kg
Bewaffnung: eine 30-mm-Kanone im Steuerbordflügel; bis zu 10 AAMs (Luft-Luft-Raketen), einschließlich zweier AA-9 oder AA-10 und vier AA-8 oder AA-11.

368
Yakovlev Yak-38 »Forger«

FRÜHERE UDSSR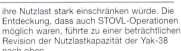

Die Yak-38 »Forger« flog erstmals zu Beginn der 70er Jahre, und wurde beginnend mit 1976 bei der sowjetischen Marine in Dienst gestellt, als zweites einsatzfähiges STOVL-Kampfflugzeug (Short Take Off Vertical Landing = Kurz- und Senkrechtstarter) der Welt im aktiven Dienst. Dieses Modell hatte einen zusammengesetzten Antrieb aus einem Lyul'ka Turbojet-Triebwerk (das seine Abgase durch zwei Schubvektordüsen unter dem hinteren Rumpf ausstieß) und zwei Koliesoc Auftriebsturbojets (vertikal am vorderen Rumpf montiert) für direkten Auftrieb. Das hieß, dass die Auftriebsmotoren außer für Start und Landung totes Gewicht darstellten, und bis 1984 waren westliche Experten davon überzeugt, dass die Yak-38 nur zu VTOL-Einsätzen fähig war, was ihre Nutzlast stark einschränken würde. Die Entdeckung, dass auch STOVL-Operationen möglich waren, führte zu einer beträchtlichen Revision der Nutzlastkapazität der Yak-38 nach oben.

Die Yak-38 hatte keine eingebaute Kanonenbewaffnung und trug ihre komplette Waffenlast an vier Stationen (je zwei unter jedem Flügel). Diese umfasste Luft-Luft- und Luft-Boden-Waffen verschiedenster Art, doch aus Mangel an hochentwickelter Elektronik konnte die Yak-38 nur relativ einfache Waffen mitführen.

Die beiden Varianten der Yak-38 waren die einsitzige »Forger A« und der »Forger-B«-Umschulungstrainer, dessen Rumpf auf 17,68 Meter verlängert wurde, um den Einbau eines zweiten Cockpits zu ermöglichen.

Beschreibung
Yakovlev Yak-38 »Forger-A«
Typ: seegestütztes einsitziges Mehrzweckkampfflugzeug
Antrieb: ein Lyul'ka AL-21F-1 Turbojet-Triebwerk mit 8160 kg Schub und zwei Koliesov ZM Turbojet-Triebwerke mit 3750 kg Schub
Flugleistung: Höchstgeschwindigkeit 1110 km/h; Reichweite 740 km
Abmessungen: Spannweite 7,32 m; Länge 15,5 m
Gewicht: leer 7385 kg; maximales Startgewicht 13000 kg
Bewaffnung: bis zu 3600 kg abwerfbare Ladung

Die Su-27 kann auf Überschallgeschwindigkeit beschleunigen und dabei 5 g aushalten.

Oben: Die Sowjets entschieden sich spät für eine seegestützte Luftwaffe. Der erste maritime Jäger, die Yak-38 »Forger«, hatte als Senkrechtstarter eigene Auftriebsmotoren und war weit weniger flexibel als die Sea Harrier.

Unten: Jäger auf See einzusetzen birgt einzigartige Probleme. Obwohl Flugzeugträger riesig sind, ist, wenn man erst 80 Flugzeuge auf einer Fläche untergebracht hat, auf die an Land acht passen würden, kein Platz für Partys mehr.

Die Grumman »Ironworks«

Die Grumman Engineering Company erhielt 1931 von der US Navy den ersten Auftrag zum Bau von Flugzeugen. Damit begann eine Zusammenarbeit zwischen Hersteller und Militärdienst, die bis zum heutigen Tage anhält. Von Anfang an waren die Erzeugnisse des Unternehmens auf Long Island gekennzeichnet von ihrer enormen Kraft, und das in solchem Ausmaß, dass der Hersteller inoffiziell »Ironworks« (»Eisenwerke«) genannt wurde. Vom originalen zweisitzigen Jäger FF-1 setzte sich die Kette der seegestützten Jagdflugzeuge von Grumman nahezu ohne Unterbrechung fort. Den Klassikern F4F Wildcat und F6F Hellcat aus den Kriegszeiten folgten die F8F Bearcat, die von den Franzosen in Vietnam verwendet wurde, und die F9F Panther und Cougar, die über Korea zum Einsatz kamen. Der wichtigste trägergestützte Jäger der Gegenwart ist die Grumman F-14 Tomcat, während die Grumman A-6 Intruder das wichtigste Angriffsflugzeug der US Navy darstellt.

1948 Grumman F9F Panther

Grumman F9F Panther und die daraus entwickelte Schwenkflügelversion Cougar bildeten die Hauptstütze der trägergestützten Fliegerstaffeln in den frühen 50er Jahren, obwohl sie am erfolgreichsten bei Bodenangriffen waren. Die hier abgebildete Maschine diente in Korea beim Marine Jägergeschwader 311; hier trägt sie das mitternachtsblaue Farbschema, das bis 1955 Standard war.

1970 Grumman F-14 Tomcat

Die Tomcat wurde 1975 in den Geschwaderdienst gestellt und überwachte den amerikanischen Rückzug aus Vietnam in diesem Jahr. Die hier abgebildete F-14A trägt die Farben des US-Navy Jägergeschwaders 1 »The Wolfpack«.

als *Tbilisi*, kräftig voran, doch ihr Schwesterschiff *Vasyag* wurde nie fertig gestellt.
Es war nicht das erste Mal, dass die Russen die Westmächte überraschten, als sie die senkrechtstartende Yak-38 »Forger« der Öffentlichkeit vorstellten. Sie hatte drei Triebwerke anstelle des einen Vektortriebwerks der Harrier und war grösser. Ihre zwei Auftriebsdüsen strahlten direkt nach unten und hoben dadurch das Flugzeug vom Boden ab. Weitere Entwicklungen waren geplant, doch der Zusammenbruch des Kommunismus machte die Träume von einer Flotte großer Flugzeugträger zunichte.
Neben dem Falklandkrieg gab es noch einige »heisse« Operationen mit Flugzeugträgern, die meisten davon mit Beteiligung der amerikanischen Flotte. Jäger waren dabei an vorderster Front; am dramatischsten war die massive Konzentration von Flugzeugträgern 1990-91, als die Invasion des Irak in Kuwait zum Golfkrieg führte. Die Flugzeugträger der US Navy hatten den Auftrag, die Einmischung des Iran zu verhindern und sollten »Scuds abschießen«.
Während des Kalten Krieges fingen seegestützte Jäger neugierige Aufklärungsflugzeuge der »anderen Seite« ab und beobachteten Feindbewegungen. Die Piloten schossen bei solchen Missionen nur Fotos und hielten die Begegnung freundlich. Sie wussten, dass es ein gutes Training war, die »Bears« hinweg zu eskortieren. Solange der Friede in Gefahr ist, sind Flugzeugträger allzeit zum Kampf bereit.

1935
Grumman F3F

Die aus der F2F entwickelte F3F flog erstmals 1935 und wurde im April 1936 an Bord der USS *Ranger* in Dienst gestellt. Dieses Modell diente auch beim US Marine Corps, wobei das abgebildete Beispiel in den späten 30er Jahren beim Marine Jägergeschwader 1 in Quantico, Virginia, eingesetzt war.

Unten: Die F3F war mit zwei Maschinengewehren Kaliber 0.3 bewaffnet und hatte eine Höchstgeschwindigkeit von 425 km/h.

1942
Grumman F6F Hellcat

Hellcats wird die Zerstörung von 4947 japanischen Flugzeugen in den letzten beiden Jahren des 2. Weltkriegs zugeschrieben. Dieses Exemplar diente beim Fliegergeschwader VF-27 an Bord der USS *Princeton*, bevor diese 1944 versenkt wurde.

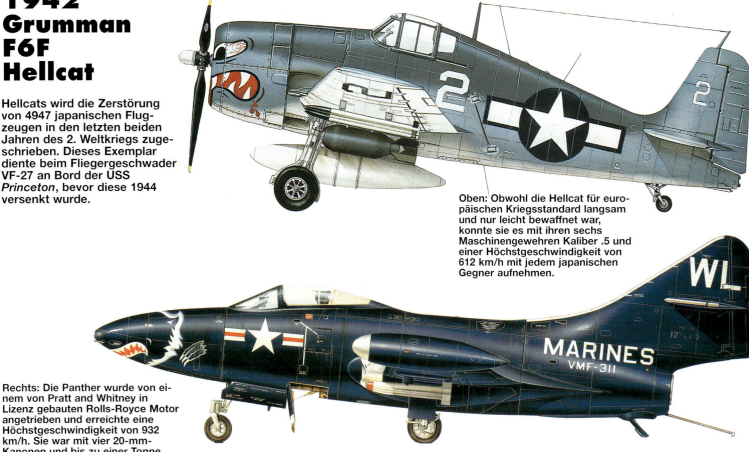

Oben: Obwohl die Hellcat für europäischen Kriegsstandard langsam und nur leicht bewaffnet war, konnte sie es mit ihren sechs Maschinengewehren Kaliber .5 und einer Höchstgeschwindigkeit von 612 km/h mit jedem japanischen Gegner aufnehmen.

Rechts: Die Panther wurde von einem von Pratt and Whitney in Lizenz gebauten Rolls-Royce Motor angetrieben und erreichte eine Höchstgeschwindigkeit von 932 km/h. Sie war mit vier 20-mm-Kanonen und bis zu einer Tonne Sprengladungen bestückt.

Unten: Die F-14 Tomcat kann in großer Höhe Mach 2,34 (2517 km/h) erreichen und ist mit einem Cocktail aus Luft-Luft-Waffen bestückt - von einer 20-mm-Kanone bis zu den erstaunlichen Phoenix-Raketen mit ihrer Reichweite von 200 Kilometern.

EINSÄTZE UND STATIONIERUNG

TOMCAT
Der Spitzenschütze

Mit heute fast 25 Jahren ist die Grumman F-14A nach wie vor der leistungsfähigste trägergestützte Abfangjäger im Dienst, und die Besatzungen der Tomcats sehen sich selbst als die besten in einer Eliteeinheit.

Eine Grumman F-14 Tomcat auf einem Superflugzeugträger der US-Navy ist startklar. Die Tomcat steht seit 1975 in Dienst und ersetzte die McDonnell Douglas F-4 Phantom als Hauptjäger der US Navy.

Die F-14 Tomcat ist kein »Truthahn«, auch wenn dieser Spitzname oft verwendet wird. Sie ist eine schlanke, gefährliche Kampfmaschine, und bei ihrer Einführung war sie der teuerste Abfangjäger, den die Welt je gesehen hatte. Die hohen Kosten resultieren hauptsächlich aus den AIM-54 Phoenix-Raketen und dem Hughes AWG-9 Feuerleitsystem.

Die Phoenix-Raketen, die pro Stück lockere 2 Millionen Dollar kosten, haben eine Reichweite von über 160 Kilometern und ihr eigenes Radar, um das Ziel automatisch anzusteuern. Das heißt, die F-14 kann die Raketen »abfeuern und vergessen« und muss das Ziel nicht weiter verfolgen. Das starke AWG-9 kann bis zu 24 Ziele orten und sechs gleichzeitig angreifen.

Grumman F-14 Tomcat-Jäger

Obwohl sie nicht routinemäßig Offensivwaffen mit sich führt, stellt Grummans mächtige Tomcat die Verkörperung der maritimen Luftstreitmacht dar. Obwohl sie bereits im September 1974 in Dienst gestellt wurde, ist sie noch immer der potenteste trägergestützte Jäger der Welt, gesegnet mit einem außerordentlichen Waffensystem, das multiple Ziel in allen Höhen über enorme Distanzen hinweg orten und verfolgen kann. Ihre Luft-Luft-Waffen beinhalten eine einzigartige Mischung aus Fähigkeiten, wobei sie das Spektrum von Kanonen, die mit Hochfrequenz feuern, für den Nahkampf bis zu den großen und teuren AIM-54 Phoenix-Raketen abdecken, die ein Ziel in über 160 Kilometern Entfernung treffen können. Gleichermaßen kann das Flugzeug selbst höchst unterschiedliche Jägereinsätze erfüllen. Seine hohe Geschwindigkeit, Hochleistungsradar und die zweiköpfige Besatzung machen sie zu einem Abfangjäger, der jedem landgestützten Design Konkurrenz macht, während sie sich mit vorgeschwenkten Flügeln und heruntergelassenen Klappen in einen ausgezeichneten Nahkämpfer verwandelt. Die Frage, womit man sie ersetzen kann, ist eine der Hauptsorgen der US Navy. Hauptkandidat ist das »stealth«-Flugzeug (Tarnkappenflugzeug) ATF, das gegenwärtig für die US Air Force entwickelt wird. Es gibt allerdings verschiedene fortgeschrittene Versionen, die die Tomcat vielleicht noch das nächste Jahrhundert im Dienst sehen lassen.

Schleudersitz
Beide Insassen benützen Martin-Baker Mk GRU.7A-Schleudersitze, die zu Zieleinsätzen fähig sind.

Geschütz
Die Tomcat ist mit einer einzelnen General Electric M61A1 20-mm-Kanone mit insgesamt 675 Schuss Munition ausgestattet. Das Geschütz ist eine nützlich Nahkampfwaffe, die die Sidewinder ergänzt und erhöhte Widerstandskraft im Kampf verleiht. Im Allgemeinen wird der Pilot der Tomcat bestrebt sein, sein Opfer aus viel größerer Entfernung auszuschalten, doch die Kanone ist ein sinnvolles »Ass« im Ärmel.

Pilot
Vor der Einführung der einsitzigen Mehrzweck-Hornet war die Eroberung des Vordersitzes in einer Tomcat der gefragteste Job für einen maritimen Flieger. Sogar heute noch verspotten viele Üiloten die Hornet als »Schlammspritzer«, und nur wenige schaffen es bis zu der glorreichen F-14 und der beliebten Abfangjägerrolle.

RIO
Der Mann am Rücksitz wird in der Sprache der US Navy als RIO (Radar Intercept Officer = Radarabfangoffizier) bezeichnet. Seine Aufgaben beinhalten die Navigation, die Bedienung des Waffensystems, den Abschuss der Langstreckenraketen, und Kontrolle der Abfangmission, sowie die Beisteuerung von einem weiteren Augenpaar im Kampf.

AIM-9L Sidewinder
Für Kurzstreckenmanöver und Nahkämpfe verwendet die Tomcat AIM-9L Sidewinder. Diese werden an Aufhängungen an der Seite der Hauptunterflügelstationen montiert. Die tödliche »Nine-Lima« hat sich bereits mehrfach im Kampf bewährt, im Nahen Osten, im Falklandkrieg, über dem Golf von Sidra und im Golfkrieg 1991.

Formationslichter
Große Streifen an verschiedenen Teilen des Flugzeugs glühen nachts intensiv. Sie arbeiten mit Niederspannung und helfen dem Piloten beim nächtlichen Formationsflug.

Infrarotsensor
Unter dem ALQ-126 Täusch- und Störsender ist ein kardanisch aufgehängter Infrarotsensor montiert. Dieser passive Sensor kann nicht, wie Radar, vom Ziel georte werden und ist empfindlich genug, um ohne Radar eine erfolgreiche Abfangmission durchzuführen. Alternativ kann ein Northrop TCS eingebaut werden, das dem Piloten ein vergrößertes Bild vom Ziel liefert, was positive Identifikation von außerhalb der normalen visuellen Reichweite ermöglicht, sogar bei schlechten Lichtverhältnissen.

Bugfahrgestellt
Das steuerbare Bugfahrgestell mit Zwillingsreifen wird in diesem Laderaum untergebracht. Es ist stark genug, um das ganze Flugzeug durch das Katapult zu ziehen. Das Katapult würde die F-14 auch dann mit Fluggeschwindigkeit vom Flugdeck in die Luft schleudern, wenn ihre Bremsen angezogen wären.

Radar
Die Kombination aus Hughes AWG-9 Radar- und Feuerleitsystem mit der AIM-54 Phoenix Rakete macht die Tomcat zum einzigartigen Jäger. Mit seinen vielen Modi und einer beeindruckenden Leistung ist das AWG-9 nach wie vor eines der besten Jägerradars der Welt, das auch bei schwierigsten Bedingungen erfolgreich gegen multiple, bewegliche Ziele eingesetzt werden kann.

AIM-7 Sparrow
Die AIM-7 ist seit ihrer Einführung umfassend aufgerüstet worden, und die neuesten Versionen sind hocheffektiv, vor allem auf große Distanzen. Der größte Nachteil dieses halbaktiven radargesteuerten Marschflugkörpers besteht darin, dass das abfeuernde Flugzeug auf das Ziel gerichtet bleiben muss, um es mit dem Radar zu erhellen. Das macht das Flugzeug äußerst verwundbar und unflexibel.

AIM-54C Phoenix
Die AIM-54 Phoenix Luft-Luft-Rakete ist spezifisch mit dem AWG-9 Radarsystem verbunden. Sie ist bis zu einer Reichweite von 150 Kilometern effektiv und fliegt mit einer Geschwindigkeit von Mach 5. Die Einsatzfähigkeit der Phoenix in großen Höhen ist exzellent, doch sie ist auch eine sehr teure Waffe.

Externe Treibstofftanks
Auch wenn es nicht oft benötigt wird, kann man die Ausdauer und die Reichweite der F-14 vergrößern, indem man zwei Tanks unter den Triebwerksgondeln montiert. Jeder hat eine Fassungsvermögen von 1011 Litern.

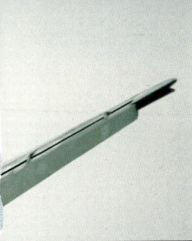

Links: Mit voll nach vorne geschwenkten Flügeln und für maximalen Auftrieb runtergelassenen Klappen, sowie lodernden Nachbrennern verlässt eine F-14 vom Jägergeschwader 33 »Starfighter« das Mittelkatapult der USS America. Da die Tomcat groß ist und ein durchschnittliches Startgewicht von 30 Tonnen hat, braucht sie jede Starthilfe, die sie kriegen kann.

Rechts: Dampf vom vorhergehenden Start hüllt eine Tomcat ein, die sich für ihren Start in das Katapult manövriert. Die Größe solcher Jagdflugzeuge bestimmt die Größe moderner Flugzeugträger: ein Flugzeug mit 30-Tonnen braucht eine 90 Meter lange Startbahn. Um vier solche Katapulte unterzubringen, braucht man ein 300 Meter langes Schiff, das 75000 Tonnen oder mehr wiegen wird.

Oben: Das Original der Tomcat wurde von zwei Pratt and Whitney TF-30 Motoren mit Nachbrenner angetrieben, von denen jeder 9480 kg Schub lieferte. Dies reichte zwar aus, um das Flugzeug auf ein Maximaltempo von doppelter Schallgeschwindigkeit zu bringen, doch durch das niedrige Kraft-Gewicht-Verhältnis war die Beschleunigung nicht berauschend. Die neueste F-14D wird von einem General Electric F110-Triebwerk angetrieben, das außerordentliche Verbesserungen in Leistung und Wirtschaftlichkeit bewirkte. Die F-14A (Plus) ist die originale F-14A, die mit dem neuen Antrieb ausgestattet wurde, mit dem auch die F-15 und die F-16 der US Air Force ausgerüstet sind.

Links und kleines Bild: Das zentrale aerodynamische Merkmal der Tomcat ist der Schwenkflügel. Voll ausgefahren, bei einem Winkel von 20 Grad, liefern sie maximalen Auftrieb bei Start, Landung und für Manöver mit niedriger Geschwindigkeit. Für maximale Geschwindigkeit und Überschallleistung können die Flügel bis auf maximal 68 Grad zurückgeschwenkt werden, was der Grumman das Aussehen einer Pfeilspitze verleiht.

Unten: Betankung im Flug hat den Luftkrieg revolutioniert, für seegestützte genausosehr wie für landgestützte Flugzeuge. Mit Unterstützung von Grumman KA-6 Tankern können zwei Tomcats stundenlang auf Station bleiben, hunderte Kilometer entfernt von ihrem Flugzeugträger. Es ist die Ausdauer der zweiköpfigen Besatzung, die so langen Patrouillen Grenzen setzt.

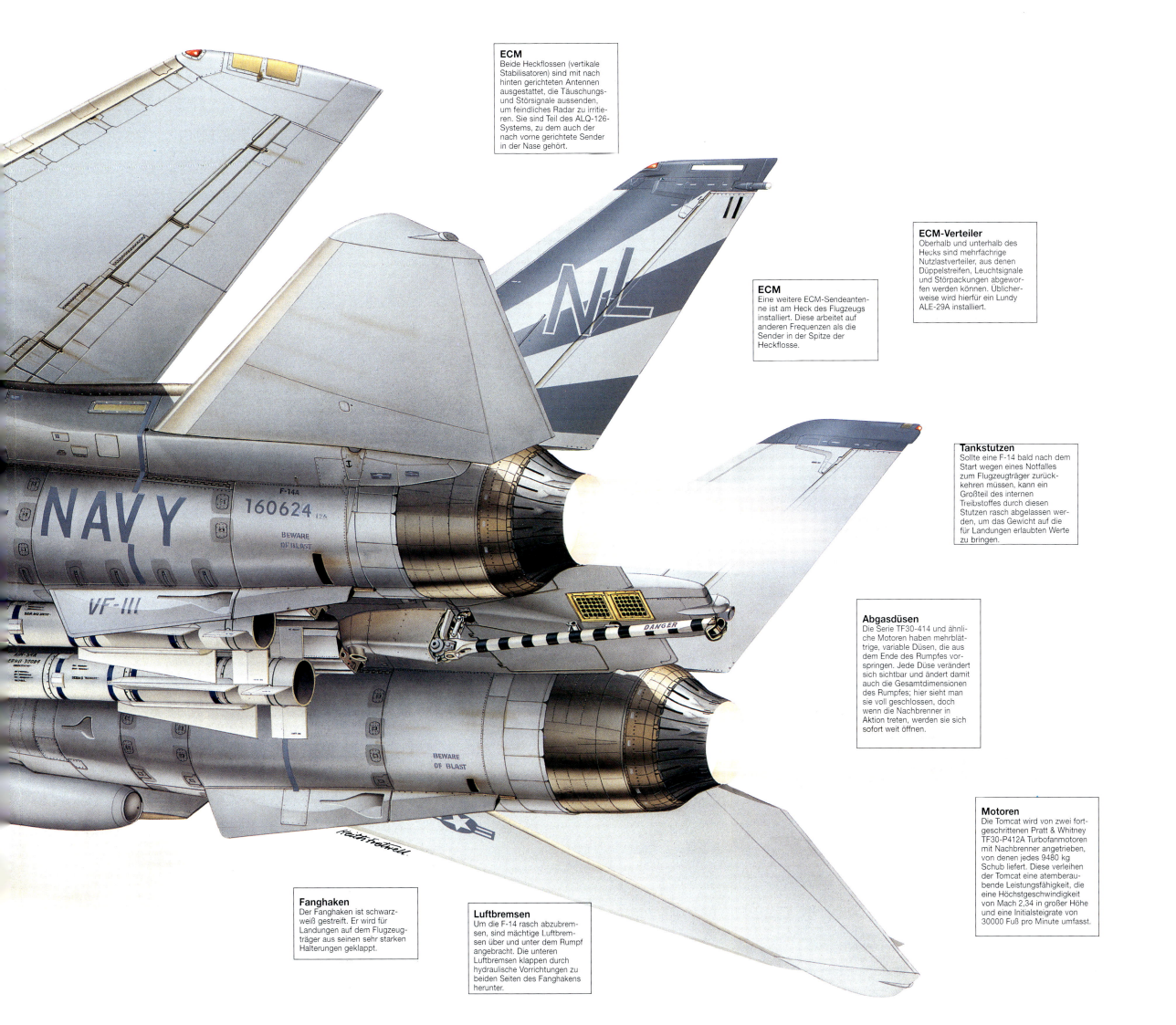

EINSÄTZE UND STATIONIERUNG

Besatzung und Cockpit

Der Tomcat-Pilot und sein Hintermann, der in der Umgangssprache der US Navy RIO (Radar Intercept Officer = Radarüberwachungsoffizier) genannt wird, sitzen in getrennten Cockpits, die von einer einzigen, nach oben wegklappenden Kuppel überdeckt werden. Doch wenn sie darin angeschnallt sind, agieren die beiden Männer als fest zusammengeschweißtes Team - so trainiert und diszipliniert, als wären sie Eins. Während der Pilot die Maschine fliegt und die Nahkampfwaffen kontrollieren kann, als wäre er in einem einsitzigen Jagdflugzeug, kontrolliert der RIO ein Furcht erregendes Waffenarsenal, überwacht das Radar und ist für Langstreckenkämpfe zuständig.

Als die F-14 in Dienst gestellt wurde, war sie das einzige Jagdflugzeug der Welt, das mehrere Ziele gleichzeitig angreifen konnte, und der einzige Abfangjäger der Welt, der seiner Raketen von außerhalb der Sichtweite »abfeuern und vergessen« konnte. Sogar heute noch sind die Fähigkeiten der Tomcat, von außerhalb der Sichtweite zu agieren, besser als die jedes anderen Jägers.

Aus moderner Sicht sieht das Cockpit einer F-14, mit seiner Anhäufung von analogen Anzeigen und konventionellen Schaltern, Knöpfen, Hebeln und Knüppeln, sehr veraltet aus. In modernen Flugzeugen gibt es zumeist drei Kathodenröhrendisplays, auf denen sämtliche Informationen abgerufen werden können. Das Pilotencockpit der Tomcat besitzt eine konventionelle zentrale Steuersäule und orthodox wirkende Zwillingssteuerknüppel. Sogar die Regelung der Schwenkflügel würde jedem F-111-, Tornado- oder »Flogger«-Piloten vertraut erscheinen.

Die Waffen der Tomcat

Die Grumman F-14A Tomcat kann eine Bandbreite verschiedener Waffen mitführen, um jeder Art von Bedrohung zu begegnen und sie zu vernichten. Ihre Bewaffnung besteht aus einer tödlichen Mischung von AIM-9 Sidewinder-Kurzstreckenraketen für den Nahkampf und weiter reichenden AIM-7 Sparrow- und AIM-54 Phoenix-Raketen, die Ziele außerhalb der Sichtweite ausschalten können. Diese werden verstärkt durch eine mächtige M61A1 20-mm-Kanone mit 675 Schuss Munition.

Sidewinder

Die AIM-9 Sidewinder ist die bekannteste und vielleicht die am allgemeinsten respektierte Rakete der Welt. Sie ist oftmals kampfgeprüft - am spektakulärsten auf den Falkland Inseln und über der Beka'a Ebene.
Die neuesten Versionen der Sidewinder-Familie besitzen echte »all aspect«-Kapazitäten, was bedeutet, dass ihr Suchkopf empfindlich genug ist, um ein Ziel direkt erfassen zu können, nicht nur seine heißen Abgasdüsen von hinten, wenn es davonfliegt.
Der Nachteil der Sidewinder besteht in ihrer relativ kurzen Reichweite.

Oben: Wie bei den meisten amerikanischen Jägerdesigns, die ab den 70er Jahren in Dienst gestellt wurden, ist die Sicht aus dem Cockpit der Tomcat ausgezeichnet.

Links: Obwohl das Cockpit der Tomcat für seine Zeit modernst konzipiert war, wirkt es in der Zeiten von Videodisplayeinheiten hoffnungslos veraltet. Das Pilotencockpit (ganz links) wird von dem quadratischen Höhenanzeigerschirm dominiert, darüber die Überkopfanzeigen. Das Cockpit des RIO (links) besitzt einen großen, runden Schirm für taktische Informationen und links davon ein großes Waffenpaneel.

Unten: Die Besatzung der Tomcat umfasst den Piloten, der für Fliegen und Kämpfen zuständig ist, und den RIO (Radar Intercept Officer), der für Ortung, Funkverkehr, elektronische Kriegsführung und ähnliches verantwortlich ist.

Phoenix

Obwohl die Tomcat bis zu sechs AIM-54 mitführen kann, ist eine solche Bestückung höchst ungewöhnlich. Der große Marschflugkörper ist sehr schwer, und eine mit sechs AIM-54 bestückte F-14 wird stets das höchstzulässige Landegewicht auf einem Flugzeugträger überschreiten; wenn also keine abgefeuert werden, müssten vor einer Landung zumindest zwei der 2-Millionen-Dollar-Raketen abgeworfen werden. Deshalb tragen F-14 selten mehr als zwei davon, wenn sie von Trägern aus operieren. In Kriegszeiten wäre die Phoenix jedoch die Langstreckenwaffe, gegen massive Invasion oder Marschflugkörper.

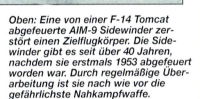

Oben: Eine von einer F-14 Tomcat abgefeuerte AIM-9 Sidewinder zerstört einen Zielflugkörper. Die Sidewinder gibt es seit über 40 Jahren, nachdem sie erstmals 1953 abgefeuert worden war. Durch regelmäßige Überarbeitung ist sie nach wie vor die gefährlichste Nahkampfwaffe.

Links: Das Spektrum der Tomcat-Bewaffnung ist beispiellos. Für Nahkämpfe hat sie eine rotierende M61 20-mm-Kanone im Rumpf, und Sidewinder Raketen an Unterflügelstationen. An denselben Aufhängungen trägt sie radargesteuerte AIM-7 Sparrow Mittelstreckenraketen, während die vier AIM-54 Phoenix Langstreckenraketen an Unterrumpfstationen mitgeführt werden.

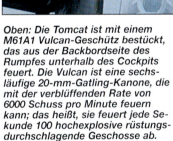

Oben: Die Tomcat ist mit einem M61A1 Vulcan-Geschütz bestückt, das aus der Backbordseite des Rumpfes unterhalb des Cockpits feuert. Die Vulcan ist eine sechsläufige 20-mm-Gatling-Kanone, die mit der verblüffenden Rate von 6000 Schuss pro Minute feuern kann; das heißt, sie feuert jede Sekunde 100 hochexplosive rüstungsdurchschlagende Geschosse ab.

Unten: Ein sowjetischer Zerstörer der »Kashin«-Klasse, der einem Trägerverband der US-Navy gefolgt war, wird von den Mittel- und Langstreckenraketen einer Tomcat ins Auge gefasst. Sidewinders sind Hitzesucher mit einer Reichweite von acht Kilometern; die radargesteuerten Sparrows können bis zu 45 km weit reichen.

Kanonen

Die M61A1 20-mm-Kanone funktioniert nach dem Gatling-Prinzip, mit sechs rotierenden Läufen. Das ergibt eine eindrucksvolle maximale Schussfrequenz von 6000 Schuss pro Minute, obwohl auch eine Einstellung mit 4000 Schuss pro Minute gewählt werden kann. Die Tomcat führt 675 Schuss Munition mit. Das Geschütz ist besonders im Nahkampf sehr nützlich oder um einem beschädigten Ziel den Gnadenstoß zu versetzen. Sie bewährt sich auch im Einsatz gegen Ziele von geringerer Bedeutung.

Sparrow

Die AIM-7 Sparrow besitzt semiaktive Radarsteuerung, was bedeutet, dass sie reflektierte Radarwellen erfasst, die vom abfeuernden Flugzeug auf das Ziel ausgestrahlt wurden. Der Pilot muss weiterhin auf das Ziel zufliegen, um es mit seinem Radar zu »erleuchten«, während die Rakete unterwegs ist. Die Sparrow erwies sich nur als begrenzt erfolgreich und soll von der aktiv radargesteuerten AIM-120 AMRAAM ersetzt werden.

SEA HARRIER
...und stirb

Die Harrier war bereits viele Jahre im Dienst, bevor sie bei den Falkland Inseln im Kampf eingesetzt wurde. Nur wenige konnten damals vorhersehen, als wie erfolgreich sie sich erweisen würde.

Eine Sea Harrier der Royal Navy startet von der HMS Hermes und wirbelt Sprühregen vom Deck auf. Die mit 6,5 Grad moderate »Schischanze« der Hermes erlaubte es den Sea Harriers, mit buchstäblich voller Waffenlast zu starten.

Acht Tage sind seit dem Bombenangriff auf das Flugfeld in Port Stanley vergangen. Hier erzählt Flight Lieutenant Dave Morgan von den Luftkämpfen während des Falklandkrieges.

»Unser flogen täglich Kampfpatrouillen und versuchten, die Flotte vor Angriffen zu schützen, während die Truppen stationiert wurden. Die GR Mk 3 haben viel geleistet, als sie 2 Para bei Goose Green unterstützten. Aber am 8. Juni kam die Katastrophe von Bluff Cove.

»Obwohl wir Blitzstarts hinlegten, kamen wir zu spät für die erste Welle. Als ich ankam, sah ich zwei große Rauchsäulen von der *Galahad* und der *Lancelot* aufsteigen.

»Wir flogen Patrouillen und sahen unter uns ein Landungsboot die Küste entlang fahren. Ich erkundigte mich bei Leitschiff, ob es befreundet war und man bestätigte

Unten: Aufgrund der Notwendigkeit, soviele Männer wie möglich in den Südatlantik zu bringen, mussten sowohl Hermes als auch Invincible doppelt soviele Sea Harriers wie gewöhnlich aufnehmen. Wegen des Platzmangels im Hangar wurden einige davon durchgehend auf Deck transportiert.

das. Zu diesem Zeitpunkt hatten wir noch für etwa zwei Minuten Treibstoff, bevor wir zum Träger zurück mussten, und machten eine letzte Runde von Ost nach West.

»Ich stellte die Harrier auf ihre Nase...«

»Als ich wendete, sah ich, wie ein feindliches Flugzeug dabei war, das Landungsboot anzugreifen. Ich hatte mit meinem Flügelmann, Dave Smith, abgemacht, dass derjenige, der etwas entdeckte, es angreifen würde, während ihm der andere den Rücken freihielt. Ich flog ziemlich langsam auf 3000 Meter. Ich

IM KAMPF

Unten: Sea Harriers waren im Falklandkrieg entsprechend ihren Aufgaben verschiedenartig bewaffnet. Zur Verteidigung der Flotte und gegen argentinische Jäger trugen sie AIM-9L Sidewinder Raketen und Kanonenbehälter, die unter dem Rumpf befestigt waren.

Rechts: Die Sea Harrier von Flight Lieutenant Dave Morgan war das einzige Flugzeug, das beim Angriff auf Port Stanley getroffen wurde, und zwar durch eine einzelne Kanonenkugel durch die Heckflosse. Der Schaden war minimal, und die Reparatur dauerte nur ein paar Minuten.

stelle die Harrier auf ihre Nase und beschleunigte voll auf dieses Flugzeug zu, das etwa 13 km entfernt war. Leider konnte ich ihn nicht rechtzeitig aufhalten, aber ich fasste ihn ins Auge und sah, wie seine Bombe das Ziel verfehlte und er das Weite suchte.

»Okay, du genügst mir...«

»Dann tauchte ein zweiter Bursche aus einer anderen Richtung auf und er traf das Heck unseres Schiffes, was mich sehr zornig machte. Ich war wütender als jemals zuvor in meinem Leben, weil ich anhand der großen Explosion erkannte, dass er Leute getötet hatte, und weil ich ihn nicht daran hindern konnte, und weil er die Frechheit hatte, Leute umzubringen, während ich in der Nähe war. Kurzerhand entschied ich, dass er nun mit dem Sterben dran war. Als ich ihm folgte, tauchte ein Dritter unter mir auf und griff das Boot wieder an, verfehlte aber. Ich dachte mir: 'Okay, du wirst mir genügen.'

»Ich wendete und setzte mich mit unglaublicher Geschwindigkeit hinter ihn. Er wurde in meiner Windschutzscheibe rasch größer. Ich erfasste ihn mit meinen Raketen, als ich etwa 1400 Meter entfernt war, und feuerte sie aus 900 Meter Distanz ab. Meine Rakete wich zuerst kurz ab, raste dann direkt auf ihn zu und explodierte unmittelbar hinter seinem Heck. Es gab einen großen Feuerball und Trümmer fielen ins Wasser. Die anderen reagierten nicht; sie waren zu sehr mit ihrer eigenen Flucht beschäftigt, ohne Versuch, sich gegenseitig zu decken.

»Ich flog sehr, sehr schnell, ungefähr Schallgeschwindigkeit. Da ich soviel schneller flog als die Geschwindigkeit, für die die Maschine gebaut worden war und bei der die Rakete abgefeuert werden sollte, rollte mein Flugzeug dramatisch nach rechts. Das überraschte mich wirklich, weil ich nur noch 30 Meter über dem Wasser war. Das war einigermaßen beunruhigend. Aber ich erholte mich und bemerkte, dass mich die Rolle direkt in die Nähe des Dritten gebracht hatte. Er wendete sanft nach Backbord, um vor meiner Nase zu kreuzen, als ob er nachsehen wollte, was seinem Hintermann passiert war. Meine Rakete erfasste ihn, verlor das Ziel, erfasste ihn wieder und hielt. Ich feuerte aus etwa 1100 Meter Distanz auf

Unten: Während des Falklandkrieges summten die britischen Flugzeugträger vor Geschäftigkeit. Dies ist das Hangardeck der HMS Hermes, wo der Großteil der routinemäßigen Wartungsarbeiten an den Flugzeugen durchgeführt wurde. Bewaffnung und Betankung der Einsatzflugzeuge fand an Deck statt, im schlimmsten Wetter, das der Winter im Südatlantik zu bieten hatte.

»Black Death« und »Nine Lima«
Die tödliche Kombination

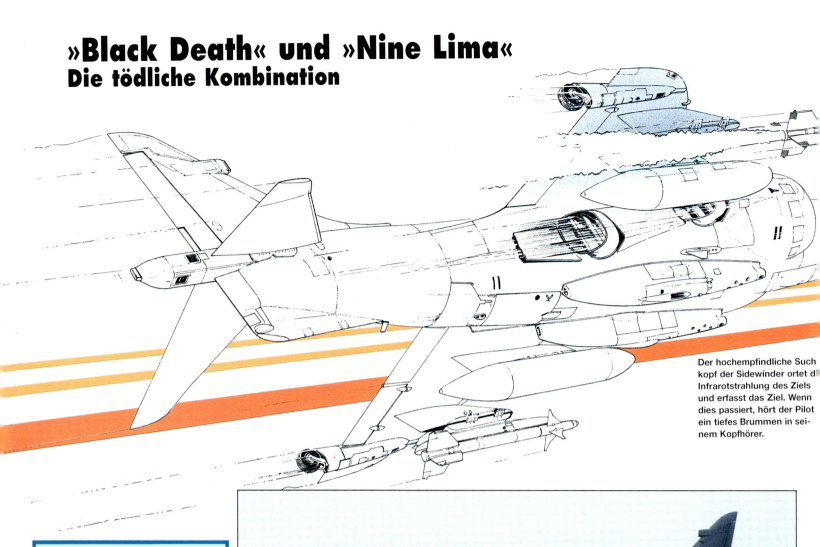

Der hochempfindliche Suchkopf der Sidewinder ortet die Infrarotstrahlung des Ziels und erfasst das Ziel. Wenn dies passiert, hört der Pilot ein tiefes Brummen in seinem Kopfhörer.

»Black Death« und »Nine Lima«

Zu Beginn der 80er Jahre gab es viele, die die Harrier nicht ernst nahmen. Doch die Ereignisse im Südatlantik widerlegten ihre Ansichten auf dramatische Weise; selten noch hat sich ein Flugzeug binnen so kurzer Zeit Respekt verschafft wie die Sea Harrier im Mai und Juni 1982. Sie mag nicht sehr schnell sein, doch sie ist ein grimmiger Kämpfer. Der Erfolg des Flugzeugs wurde gefördert durch die hervorragend trainierten Piloten, die es flogen, und durch die hoch effektiven hitzesuchenden AIM-9L Sidewinder-Raketen, mit denen es bestückt war.

Zwei Sea Harrier nach dem Start. Durch das geringe Gewicht und die starken Motoren, die ihr die Fähigkeit zum Senkrechtstart verleihen, hat die Sea Harrier eine verblüffende Beschleunigung. Das und ihre große Wendigkeit machen sie zum ausgezeichnete Nahkämpfer, wie die Argentinier feststellen sollten.

direkt vor mir und sauste an meinem Backbordflügel vorbei.

»Die hinteren beiden Flugzeuge waren ausgeschaltet. Jetzt machte ich mich an die vorderen zwei heran. Es gab keine Anzeichen, dass sie von uns wussten. Sie flogen sehr eng nebeneinander, ungefähr 100 Meter. Leider versagte mein Kopfüberdisplay, als ich meine zweite Rakete abschoss, und ich verlor die magische grüne Schrift. Da waren wir auf etwa 15 Meter herunter, noch immer sehr schnell.

das zweite Flugzeug. Ich glaube, er hat es gesehen, weil er umdrehte und nach Steuerbord ausbrach. Allerdings änderte auch die Rakete ihren Kurs, sauste an meiner Nase vorbei und traf ihn voll, als er um 40 Grad gewendet hatte. Sie riss sein ganzes Heck weg und er fiel ins Wasser. Ich dachte, das war sein Ende, aber etwa drei Sekunden später öffnete sich ein Fallschirm

Doch diesmal war die andere Sea Harrier noch hinter mir. Dave Smith hatte mich aus den Augen verloren. Er sah meine Rakete im Flug und peilte diese Richtung an.

Versuch mit Kanonen

»Ich drückte ein paar Sekunden auf den Auslöser meiner Kanonen aus ungefähr 1300 Meter Entfernung. Ich sah keine Treffer, aber Nummer zwei neigte sich plötzlich stark nach Backbord, quer über meinen Weg. Das brachte ihn direkt vor Dave. Ich verfolgte ihn, immer noch ohne Visier, brachte ihn in die Mitte meiner Windschutzscheibe und schoss auf ihn von einer Distanz von 365 bis 300 Meter. Es sah nicht, wo meine Kugeln auftrafen; ich sah keine einzige auf dem Wasser einschlagen. Aber Dave sah sie - er sah die Kugeln explodieren und wie die Mirage auf etwa 10 Meter Höhe durch die Explosionen flog. Er erfasste ihn mit einer seiner Raketen, aber er wollte sie nicht abschiessen, weil er nicht wusste, wo ich war.

»Ich schrie, 'Ich habe keine Munition mehr, ziehe hoch!' Ich rollte die Flügel in die Horizontale und zog dann senkrecht hoch. Dave sah mich über den Horizont fliegen; in der Zwischenzeit rollte Nummer zwei seine Flügel gerade, als er mich sah, und flog nur 5 Meter über dem Wasserspiegel sehr schnell nach Südwes-

Rechts: Die Flotte wurde nicht nur von Harriern beschützt. Die HMS Broadsword, hier längsseits der Hermes zu sehen, war mit den hoch effektiven Sea Wolf-Raketen bestückt und diente als »Torhüter« des Flugzeugträgers, als Begleitschiff.

Die wichtigste Luft-Luft-Waffe der Sea Harrier war die AIM-9L Sidewinder, eine infrarotgesteuerte Luft-Luft-Kurzstreckenrakete. Von den Piloten der RN und der RAF »Nine Lima« genannt, erwies sich diese fortgeschrittene Variante der Sidewinder als äußerst vielseitige Waffe.

Wenn die Sidewinder abgefeuert wird, fällt sie vom Flugzeug ab und wechselt zu ihrem eigenen Antrieb. Der Suchkopf sendet Steuersignale an die empfindlichen Entenvorflügeln, die die Rakete an ihr Ziel bringen. Für ruhigen Flug gibt es rotierende Stabilisatoren am Heck.

Die Rakete ist mit einem empfindlichen optischen Laserzünder ausgestattet, der den mächtigen Sprengkopf aktiviert. Dieser reicht im Allgemeinen aus, um ein durchschnittliches Flugzeug in zwei Hälften zu zerlegen!

ten. Ich blickte über meine Schulter und sah den Streifen, als Dave seine Rakete abfeuerte. Ich flog so tief, dass ich seine Reflexion im Wasser sah. Ein paar Sekunden später gab es eine riesige Explosion über der Küste von Hammond Point, als das Flugzeug zu Boden krachte.

»Dann zog Dave hoch - jetzt war unser Treibstoff fast aus: Wir kehrten gemeinsam zurück zur *Hermes*. Es war 50 Minuten nach Sonnenuntergang, als wir dort eintrafen. Ich machte meine erste Nachtlandung mit nur zwei Minuten Treibstoffreserve, und Dave hatte noch weniger im Tank.«

Wenn ich über den Krieg nachdenke, dann war der schlimmste Moment bei meinem allerersten Einsatz, als ich sah, wie Leute wirklich auf mich feuerten und versuchten, mich zu töten. Ich denke, da habe ich es zum ersten Mal begriffen, und für den Bruchteil einer Sekunde war ich starr vor Angst. Dann sagte das alte Gehirn, »Was soll's! Wir müssen da durch, also mach' schon.« Ich glaube, jeder hat beim ersten Einsatz solche Gedanken.

Rechts: Das Cockpit der Harrier reflektiert die 60er Jahre, denen es entstammt. Neuere Cockpits sind weit weniger überfüllt; sie haben nur drei oder vier visuelle Displays, die viele der Schalter und Anzeigen, die man hier sieht, ersetzen.

TAKTIK

DIE EINSÄTZE DER TOMCAT

Auf Deck ruht die schnittige Form der Tomcat, in einem Moment relativer Stille. Eine Geste vom Katapultoffizier und die Stille wird durchbrochen, als die Tomcat schneller als jeder Rennwagen über das Deck geschleudert wird und in den Himmel steigt.

Die riesigen Flugzeugträger der US Navy sind ohne Zweifel die vielseitigsten militärischen Instrumente der Welt: sie können die maritimen und die Luftstreitkräfte der USA rund um den Globus befördern, schnell und in tödlicher Stärke. Auf jedem Träger befinden sich drei Staffeln von Angriffsflugzeugen, weitere 16 Flugzeuge gegen U-Boote und Landfahrzeuge, sowie etwa ein Dutzend Versorgungs- und Kontrollflugzeuge. Luftverteidigung, Luftüberlegenheit und Jägergeleit fällt den beiden Staffel aus je zwölf F-14 zu.

Die Tomcat wurde als Waffensystem konzipiert - sie besitzt ein Radar, um Ziele zu orten, Computer, um die Informationen zu analysieren und Waffen, um die Ziele auszuschalten. Dieses System ist in einen Flugrahmen eingebettet, der für Hochgeschwindigkeit in geringen oder großen Flughöhen und auf große Reichweiten ausgelegt ist, alles im Dienste der Sicherheit des Flugzeugträgers.
Die Luftverteidigung besteht aus zwei Aufgaben: Luftkampfpatrouille und Abfangjagd von Deck aus. Luftkampfpatrouille wird für gewöhnlich in etwa 280 Kilometer Distanz zum Träger geflogen. Voll mit Waffen bestückt und mit vollen Tanks kann die Tomcat für etwa zwei Stunden auf Patrouillenflug in der Luft bleiben.
Zur Erfüllung der Abfangjagdaufgabe stehen zwei Tomcats mit vollen Tanks und in voller Bewaffnung in den Katapulten für sofortigen Start bereit. Obwohl die Tomcat sechs Phoenix- und zwei Sidewinder Raketen mitführen kann, besteht die häufigste Bestückung aus vier Phoenix Lang-, zwei Sparrow-Mittel- und zwei Sidewinder-Kurzstreckenraketen (insgesamt acht Sprengköpfe).
Um das Flugzeug zu starten, benötigt man das Dampfkatapult. Wenn die Tomcat in Position, ihr Startriegel im Katapultwagen arretiert und der Schutzschirm aufgestellt ist, ist das Flugzeug startklar. Die Motoren laufen auf Hochtouren, Pilot und Katapultoffizier tauschen Signale aus und das Katapult wird abgefeuert. Das große Jagdflugzeug erreicht 278 km/h in nur 2,5 Sekunden.
Die Landung gilt als einfacher als der Start. Beim Anflug drosselt der Pilot das Tempo auf etwa 200 km/h. Ungefähr eine halbe Meile vor dem Träger hält der Pilot nach dem »meatball« Ausschau: Ein Aarrangement von Lichtern und Linsen, die ihn zum korrekten Anflugwinkel leiten. Der Pilot versucht, mit seinem Fanghaken die zweite oder dritte Fangleine zu erwischen, die über das Deck gespannt sind. Wenn er es schafft, kommt das Flugzeug sehr abrupt und gewaltsam innerhalb weniger Sekunden zum Stillstand.

F-14 Tomcat Flottenverteidigung

Der Katapultoffizier gibt der Katapultmannschaft das Zeichen, die Tomcat zu starten. Um in die Luft zu kommen, muss der 30-Tonnen-Jäger in zwei oder drei Sekunden auf 150 Knoten gebracht werden, was der dreifachen Beschleunigung des schnellsten Superautos entspricht.

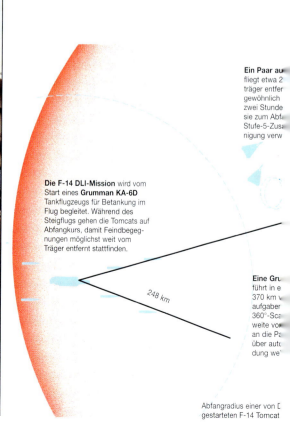

Ein Paar au fliegt etwa 2 träger entfer gewöhnlich zwei Stunde sie zum Abf Stufe-5-Zus nigung verw

Die F-14 DLI-Mission wird vom Start eines **Grumman KA-6D** Tankflugzeugs für Betankung im Flug begleitet. Während des Steigflugs gehen die Tomcats auf Abfangkurs, damit Feindbegegnungen möglichst weit vom Träger entfernt stattfinden.

Eine Gru führt in e 370 km v aufgabe 360°-Sca weite vo an die Pa über aut dung we

248 km

Abfangradius einer von D gestarteten F-14 Tomcat

Startsequenz

1 Die Tomcat rollt langsam ihre Bugräder in die »box« - eine flache Rille im Deck, die zum Katapultschlitz führt. Der »Hakenmann« im grünen Hemd läuft heran und kniet sich neben das Bugrad. Der Bugriegel wird gelockert, um den Katapultwagen einzurasten. Der »Hakenmann« signalisiert, dass das Katapult gespannt werden kann. Das Bugrad wird nach vorne gezogen, aber gleichzeitig durch die Arretierung zurückgehalten. Der Mann am Katapult signalisiert mit einem einzelnen erhoben Finger, dass er bereit ist. Wenn der »Hakenmann« dies sieht, kreist er mit der rechten Hand und zeigt vorwärts, um dem Flugzeuganweiser im gelben Hemd anzuzeigen, dass er dran ist.

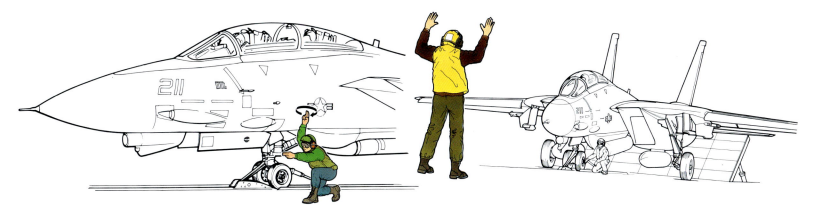

2 Der Flugzeuganweiser ist bis jetzt mit erhobenen Armen und geballten Fäusten vor dem Flugzeug gestanden, um dem Piloten anzuzeigen, dass er die Bremsen aktiviert lassen soll. Wenn er sieht, wie der Hakenmann seine Hand kreisen lässt, löst er die Faust, um dem Piloten zu signalisieren: »Bremsen los, volle Kraft!« Dann gibt er weiter an den nächsten Mann, den Katapultoffizier.

3 Der Katapultoffizier streckt beide Hände in die Luft, zwei Finger ausgestreckt, und winkt mit schnellen, kreisenden Bewegungen. Der Hakenmann gibt die Freigabe. Der Katapultoffizier zeigt auf den Abschussoffizier, der mit beiden Armen in der Luft wartet. Der Pilot salutiert, um seine Bereitschaft anzuzeigen, der Katapultoffizier wendet sich zur Seite, um nach vorne zu blicken, dreht sich dann zurück zum Flugzeug und zeigt vorwärts, wobei er mit der Hand auf das Deck schlägt - das Signal für den Abschussoffizier, das Katapult abzufeuern und das Flugzeug in den Himmel zu schleudern.

Einsatzprofile

Das Tolle an der Tomcat ist ihre phänomenale Reichweite. Sie kann hunderte Meilen von ihrem Heimatschiff entfernt operieren - und sie muss es auch. Moderne Raketen können hunderte Kilometer von ihrem Ziel entfernt abgefeuert werden. Deshalb muss die Verteidigung versuchen, den Angreifer zu zerstören, bevor er in Schussweite kommt; außerdem ist es einfacher, ein Flugzeug zu treffen, als sechs Raketen.

Dazu fliegt die Tomcat auf Kampfpatrouille. Langstreckenortung und -kontrolle besorgt ein Hawkeye Frühwarnflugzeug. Paarweise bleiben Tomcats in Bereitschaft, um jede Bedrohung sofort auszuschalten.

Die andere Hauptaufgabe der Tomcat ist die Abfangjagd vom Deck aus. Dies ist eine Taktik in letzter Minute, wobei ein Paar aus Tomcats in Alarmzustand versetzt wird. Wenn Angreifer die Grenzpatrouillen überwunden haben, ist dies die letzte Verteidigung, bevor die Raketenabwehrsysteme des Trägerverbandes selbst eingesetzt werden.

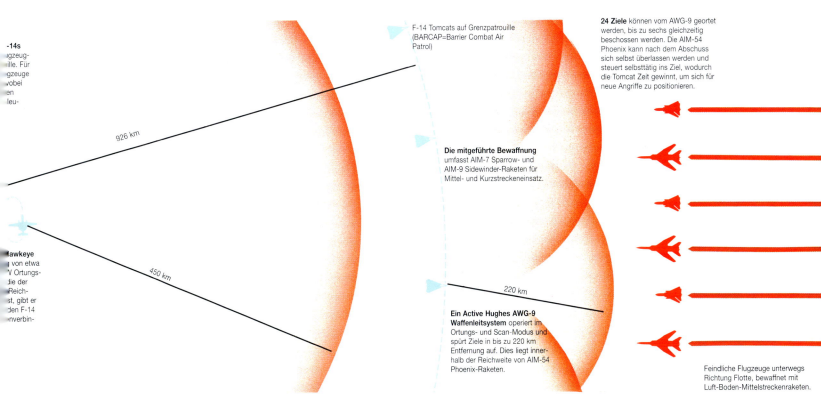

-14s
ugzeug-
ille. Für
gzeuge
wobei
en
leu-

Hawkeye
g von etwa
V Ortungs-
die der
Reich-
st, gibt er
den F-14
nverbin-

926 km

450 km

F-14 Tomcats auf Grenzpatrouille (BARCAP=Barrier Combat Air Patrol)

Die mitgeführte Bewaffnung umfasst AIM-7 Sparrow- und AIM-9 Sidewinder-Raketen für Mittel- und Kurzstreckeneinsatz.

220 km

Ein Active Hughes AWG-9 Waffenleitsystem operiert im Ortungs- und Scan-Modus und spürt Ziele in bis zu 220 km Entfernung auf. Dies liegt innerhalb der Reichweite von AIM-54 Phoenix-Raketen.

24 Ziele können vom AWG-9 geortet werden, bis zu sechs gleichzeitig beschossen werden. Die AIM-54 Phoenix kann nach dem Abschuss sich selbst überlassen werden und steuert selbsttätig ins Ziel, wodurch die Tomcat Zeit gewinnt, um sich für neue Angriffe zu positionieren.

Feindliche Flugzeuge unterwegs Richtung Flotte, bewaffnet mit Luft-Boden-Mittelstreckenraketen.

Landung des Flugzeugs

Das Flugzeug nach der Mission wieder sicher auf Deck zu bekommen ist selbstverständlich sehr wichtig. Auf einer mobilen, schwankenden Landebahn zu landen, die sich noch dazu, weil die Landebahn schräg zum Deck liegt, seitwärts bewegt, ist nicht wirklich einfach. In Vietnam hatten die Piloten beim Landen höhere Pulsfrequenzen als beim Kampf mit MiGs! Wenn der Anflug zu hoch ist, greift der Bremshaken nicht und das Flugzeug schießt über das Schiff hinweg. Ist der Anflug zu niedrig, wird das Flugzeug auf das Deck krachen. Der »meatball«, eine Vorrichtung, die dem Piloten den korrekten Anflug anzeigt, leitet ihn an.

Koordination des Anfluges

Während sich der Flugzeugträger vorwärts durch das Wasser schiebt, scheint sich die Landebahn, die schräg zum Deck liegt, seitlich zu bewegen, weil die Mittellinie der Landebahn einen Winkel zur Mittellinie des Schiffes bildet. Diese Seitwärtsbewegung beträgt etwa 3 Meter pro Sekunde, weshalb der Pilot der Tomcat kleine seitliche Schwenks vollzieht, um auf Linie zu bleiben.

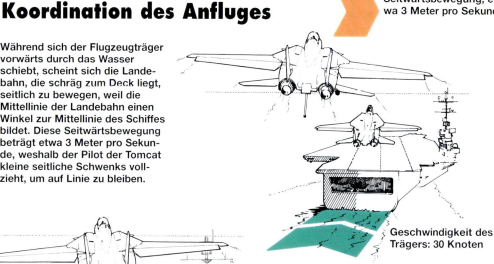

Seitwärtsbewegung, etwa 3 Meter pro Sekunde

Geschwindigkeit des Trägers: 30 Knoten

Zu hoch: oberste Linse leuchtet

Korrekte Höhe: mittlere Linse leuchtet

Zu tief: unterste Linse leuchtet

Der »meatball«

Der Pilot versucht, seinen Fanghaken in der Mitte der vier Fangleinen zu platzieren, die etwa nach einem Drittel der Landebahn montiert sind. Zur Unterstützung teilen ihm die für die Landung zuständigen Sicherheitsoffiziere seine Höhe mit, und außerdem sieht er die Landelichtertafel, den »meatball«. Dies ist ein rotationssymmetrischer Satz von fünf Fresnel-Linsen, der von roten und grünen Hinweislichtern umgeben ist. Der »meatball« ist auf einen Anflugwinkel von drei Grad eingestellt und berücksichtigt die Neigung des Decks und die Merkmale des anfliegenden Flugzeugtyps. Zur Justierung mit dem Deck verwendet der Pilot die Mittellinie und eine Leine aus orangen Lichtern, die vom Heck herabhängt.

Links: Das System aus rotationssymmetrischen Lichtern und Linsen, die dem Piloten den Landeanflug signalisieren, ist der letzte Entwicklungsstand des ursprünglichen Spiegellandesystems, das in Großbritannien in den 50er Jahren entwickelt wurde.

Links: Eine Tomcat landet mit ausgeklapptem Fanghaken. Bei einem perfekten »Fang« sollte der Haken sich in der dritten Fangleine einhaken. Hakt er sich bei der ersten oder zweiten Leine ein, war der Anflug niedrig. Die vierte oder gar keine zu erwischen bedeutet, dass das Flugzeug zu hoch dran war. In diesem Fall gibt der Pilot Vollgas, um nochmal durchzustarten.

Oben: Wenn man auf dem leeren Deck eines Flugzeugträgers steht, wird man von seiner Größe »erschlagen«. Ganz anders verhält es sich, wenn man versucht, ein Überschallflugzeug darauf zu landen: dann sieht das 300 Meter lange Deck wie eine Briefmarke aus. In Vietnam stellte sich heraus, dass solche Landungen die Piloten mehr unter Stress setzten als Kampfhandlungen.

BEWAFFNUNG UND AUSSTATTUNG

BALLISTISCHE RAKETEN-UNTERSEEBOOTE

Getarnt schleichen nuklear betriebene, mit ballistischen Raketen bestückte Unterseeboote unter der Oberfläche der Ozeane umher und führen dabei die tödlichsten Vernichtungswaffen der Welt mit sich.

Man nennt es Sherwood Forest. Bis zu 24 eng nebeneinander stehende Rohre wachsen wie dichte Baumstämme vier Decks hoch aus dem polierten Stahlgitter auf dem Boden. Es kommt vor, dass zwischen diesen Rohren Säcke mit Früchten, Gemüse oder Brotlaiben aufgehängt werden, oder dass ein Besatzungsmitglied im Jogginganzug 19 Mal das Deck umrundet, um 1,6 Kilometer zu laufen. Oder dass ein anderer ein paar Stunden Schlaf in einer Hängematte nachholt.

Man könnte fast glauben, man wäre auf dem Land, doch man befindet sich im Raketensilo eines modernen Unterseebootes, und ständig ist in der kalten Dunkelheit hunderte Meter unter dem Meeresspiegel ein Katz-und-Maus-Spiel im Gange.

Die Geschichte der Entwicklung der modernen atombetriebenen Raketenunterseeboote ist eng mit dem politischen Vorgehen der Sowjetunion verbunden. Unter der Herrschaft Stalins zog sich die Sowjetunion nach dem 2. Weltkrieg hinter eine Reihe konzentrischer Verteidigungslinien zurück. Zu Lande stationierten sie Raketen mit relativ kurzer Reichweite, um sich gegen Angriffe zu verteidigen. Auf See patrouillierten U-Boote mittlerer Reichweite im äußeren Verteidigungskreis, um eindringende Streitkräfte abzufangen.

Als sich jedoch während des Koreakrieges die Flugzeugträger wieder als wichtiges Element in der Strategie der amerikanischen Seestreitkräfte etablierten (ein Programm von Superträgern machte es möglich, dass nuklear bestückte Bomber aus über 1600 km Entfernung zuschlagen konnten), musste die sowjetische Seestrategie neu überdacht werden.

Der untere Raketensilo auf dem nuklear betriebenen taktischen Raketenunterseeboot USS Ohio erstreckt sich weit nach hinten. Hier gibt es mehr Sprengkraft als in allen im 2. Weltkrieg abgeworfenen Bomben zusammen.

Raketen auf See

Die US Navy begann bereits 1946 mit Studien über den Einsatz von Raketen auf See und sie gingen sogar soweit, eroberte deutsche V-2-Raketen im Oktober 1947 vom Deck des Flugzeugträgers USS *Midway* abzuschießen. Diese Waffen waren jedoch entsetzlich ungenau, und wenn man hinzurechnete, dass man von einer mobilen Plattform aus feuerte, konnte man nicht einmal sicher sein, eine große Stadt zu treffen, ganz zu schweigen von einem kleineren Ziel.

Mehrere Jahre lang konzentrierte sich die Navy auf unbemannte, flugzeugähnliche Raketen, heute als Marschflugkörper (»cruise missiles«) bekannt. Diese waren genauer, konnten jedoch auch leichter von feindlicher Luftabwehr abgefangen werden. Mit der Heranreifung der Raketentechnologie in den späten 50er Jahren wurde klar, dass sich ballistische Raketen am besten eigneten, und die Polaris wurde erstaunlich rasch entwickelt.

Die Fortschrittlichkeit deutscher Raketen war ein Schock für die Alliierten im 2. Weltkrieg, und für viele Test nach dem Krieg wurden eroberte deutsche Waffen verwendet, wie diese V-2 an Deck der USS Midway.

Die USS Robert E. Lee *war das dritte Polaris-Boot, das bei der US Navy in Dienst gestellt wurde. Das Polaris-System wurde erstaunlich schnell entwickelt; nach dem Okay der Navy zur Entwicklung von U-Boot und Rakete 1956 erfolgte der erste Unterwasserstart im Juli 1960.*

Nach einer kurzen Periode der Instabilität nach Stalins Tod 1953 übernahm Nikita Chruschtschow im Februar 1955 die Macht. Er ernannte Sergeij Gorschkow rasch zum Oberbefehlshaber der Seestreitkräfte und setzte ein Schnellprogramm zur Entwicklung von Unterseebooten in Gang. Mitte August 1958 wurde das erste Boot der »November«-Klasse in Dienst gestellt, ein nuklear betriebenes U-Boot mit großer Reichweite.

Chruschtschow initiierte ein intensives Forschungsprogramm zur Entwicklung von U-

BALLISTISCHE RAKETENUNTERSEEBOOTE - Zum Nachschlagen

275
»Lafayette«-Klasse

USA

Die Unterseeboote, die im Allgemeinen unter der Bezeichnung »**Lafayette«-Klasse** bekannt sind, sind in Wirklichkeit zwei unterschiedliche, wenn auch ähnliche, Bootsklassen, und zwar die eigentliche, ursprüngliche »Lafayette«-Klasse und die verbesserte »Benjamin Franklin«-Klasse mit ruhigeren Maschinen und größerer Mannschaft.

Die ersten acht der ab 1961 produzierten Boote waren konzipiert, um mit der U-Boot-gestützten ballistischen UGM-27B Polaris A-2-Rakete bestückt zu werden, die einen einzelnen Sprengkopf von 800 Kilotonnen Sprengkraft besaß, während die restlichen Boote die UGM-27C Polaris A-3 mitführen sollten, die mit drei multiplen Wiedereintrittssprengköpfen ausgestattet sind. Ab 1970 wurden die Boote so modifiziert, dass sie mit Poseidon C-3-Raketen mit zehn bis 14 multiplen Atomsprengköpfen zu je 40 Kilotonnen bewaffnet werden konnten; ab September 1978 bis zum Dezember 1982 wurden zwölf dieser Boote umfassend überarbeitet, für die weitaus leistungsfähigere Trident C-4-Rakete mit ihren acht Atomsprengköpfen zu 100 Kilotonnen Sprengkraft. Die Boote dienten in der Atlantikflotte der US Navy, einige davon in Holy Loch in Schottland stationiert, wobei zwei Mannschaften sich bei 70-tägigen Patrouillen abwechseln, die durch 32-tägige kleinere Überholungen unterbrochen werden.

Beschreibung
»Lafayette«-Klasse
Typ: atombetriebenes ballistisches Raketenunterseeboot
Verdrängung: 7250 Tonnen aufgetaucht und 8250 Tonnen getaucht
Bewaffnung: 16 U-Bootgestützte ballistische UGM-73A Poseidon C-3 oder UGM-96A Trident I C-4-Raketen und vier 533-mm-Rohre für 12 ferngesteuerte Mk 48-Torpedos
Antrieb: ein Westinghouse S5W Reaktorantrieb für zwei Dampfturbinen mit 11185 kW (15000 PS), zwei Wellen
Leistung: Höchstgeschwindigkeit 20 kt (37 km/h) aufgetaucht und 25 kt (46 km/h) getaucht
Abmessungen: Gesamtlänge 129,5 m; größte Breite 10,1 m
Besatzung: 140 oder 168 (»Benjamin Franklin«)
Benutzer: USA

Boot-gestützten ballistischen Raketen, mit dem Ziel, nicht nur den Verteidigungskreis um die Sowjetunion zu vergrößern, sondern auch, um die Angriffsdrohung bis in die heimatlichen Gewässer eines potenziellen Feindes zu tragen.

Frühe sowjetische Experimente

Nach einigen erfolglosen Versuchen mit V-2-Raketen, die in wasserdichten Behältern nachgeschleppt wurden, beschlossen die Sowjets, aufrechte Abschussvorrichtungen direkt in den Kommandoturm des Unterseebootes einzubauen. Zwischen 1956 und 1958 wurden einige Boote der »Zulu«-Klasse modifiziert, um zwei solcher Rohre, jedes mit etwa 2,25 Meter Durchmesser, im hinteren Teil des Turms aufzunehmen. Sie enthielten SS-N-4 »Stark«-Raketen, riesige dreistufige Flüssigtreibstoffraketen mit 15 Meter Länge und 1,8 Meter Durchmesser. Die zwei wichtigsten Nachteile der SS-N-4 bestanden darin, dass man sie von der Wasseroberfläche aus abfeuern musste, und dass sie nur eine relativ geringe Reichweite von 560 Kilometern hatte. Außerdem war der flüssige Treibstoff extrem gefährlich und bereits für den Verlust eines russischen Schiffes verantwortlich.

In der Zwischenzeit betrieben die USA etwas vorsichtigere U-Boot-Entwicklung. Zwei atomgetriebene Prototypen, die *Nautilus* und die *Seawolf*, wurden 1954 und 1957 fertiggestellt. Zuerst setzte die US Navy auf Marschflugkörper mit festen Treibstoffen und niedriger Flugbahn, von denen der erste, Regulus 1, bereits 1954 geliefert wurde. 1960 allerdings wurde das erste Boot der »George Washington«-Klasse mit ballistischen Polaris A-1 Raketen bestückt: betrieben mit festem Treibstoff, fähig zum Abschuss unter Wasser und mit einer Reichweit von über 2000 Kilometern.

Die sowjetische »November«-Klasse, mit einer Länge 109 Metern und einer Verdrängung von 5100 Tonnen untergetaucht, waren die größten U-Boote damals; die »Polaris«-Boote waren noch größer. 1967 war bereits eine Flotte von 41 Booten in Dienst gestellt: fünf aus der »Wash-

Eine Polaris A-3 Rakete wird von einem U-Boot abgeschossen, dessen Periskop man rechts von der Rakete sehen kann. Die A-3 wurde 1964 in Dienst gestellt; sie hatte drei Sprengköpfe und verfügte über die doppelte Reichweite der früheren Polaris-Modelle.

Die Ansicht des Profis
Abschreckung

»Wir nennen sie »Bomber«, die Amerikaner nennen sie »Streuner« (»boomer«). Gott weiß, wie die Sowjets ihre nennen. Vielleicht »heroische Verteidiger der Heimat«. Jedenfalls ist es, an Bord eines atomgetriebenen, ballistischen, mit Raketen bestückten Unterseebootes zu dienen. Du bist zusammen mit 100 Männern 60 Tage oder länger eingesperrt. Auch wenn das Boot groß ist, es ist so vollgepackt mit Ausrüstung, dass es keinen Platz für Training gibt. Ein vergrösserter Bauchumfang ist eines der Risiken, von denen sie dir nichts erzählen. Du arbeitest zwölf Stunden jeden Tag: sechs Stunden Dienst, sechs Stunden frei. Du musst dir für die Freizeit ein Hobby zulegen. Ein Offizier, den ich kenne, hat zu Stricken begonnen. Und er macht es sehr gut!

»Um ehrlich zu sein, es ist langweilig. Gleichzeitig ist es der wichtigste Job, den ein Soldat erfüllen kann, wenn er die Abschreckung der Nation bemannt. Daran denke ich ständig.«

Lieutenant, Royal Navy

---

276 »Ohio«-Klasse — USA

Ursprünglich mit 18 Booten geplant sind die Unterseeboote der »Ohio«-Klasse die zweitgrößten Unterwasserfahrzeuge der Welt und von den 40 Booten, die derzeit in Dienst stehen, sind die meisten der Pazifikflotte der US Navy zugeteilt. Die Klasse wurde ab Anfang der 70er Jahre als Plattform für die U-Boot-gestützte ballistische Trident-Rakete konzipiert, von denen nicht weniger als 24 Stück in den beiden Reihen von Raketensilos achtern untergebracht sind. Die ersten acht Boote tragen die Trident I C-4 mit ihren acht Atomsprengköpfen zu 100 Kilotonnen, während spätere Einheiten die größere, schwerere und um einiges präzisere Trident II D-5-Rakete mit der mächtigen Zerstörungskraft ihrer acht bis 14 Atomsprengköpfe zu je 14375 Kilotonnen.

Durch eine Reihe von technischen und produktionsbedingten Faktoren verzögerte sich das Programm beachtlich. Das erste Boot wurde 1981 in Dienst gestellt, drei Jahr nach dem geplanten Ersteinsatz, und das Programm wurde erst 1997 abgeschlossen. Die Boote sind in Bangor, Washington (Pazifikflotte) und Kings Bay, Georgia (Atlantikflotte) stationiert. Jedes U-Boot hat zwei Mannschaften, die jeweils 70 Tage patrouillieren, unterbrochen von 25-tägigen kurzen Überholungen.

Beschreibung
»Ohio«-Klasse
Typ: atombetriebenes ballistisches Raketenunterseeboot
Verdrängung: 16600 Tonnen aufgetaucht und 18700 Tonnen getaucht
Bewaffnung: 24 U-Bootgestützte ballistische UGM-96A Trident I C-4-Raketen oder UGM-133A Trident II D-5-Raketen, und vier 533-mm-Rohre für ferngesteuerte Mk 48-Torpedos
Antrieb: ein Westinghouse S8G Reaktorantrieb für zwei Dampfturbinen mit 44740 kW (60000 PS), zwei Wellen
Leistung: Höchstgeschwindigkeit 28 kt (52 km/h) aufgetaucht und 30 kt (55,5 km/h) getaucht
Abmessungen: Gesamtlänge 170,7 m; größte Breite 12,8 m
Besatzung: 155
Benutzer: USA

Ein Trident-bestücktes Unterseeboot hat mehr Zerstörungskraft als alle im 2. Weltkrieg abgeworfenen Bomben zusammen.

ington«-Klasse (116 Meter, 6900 Tonnen), fünf aus der »Ethan Allen«-Klasse (125 Meter, 7900 Tonnen) und 31 aus den Klassen »Benjamin Franklin« und »Lafayette« (130 Meter, 8250 Tonnen). Sie alle waren mit 16 Abschussrohren ausgestattet, die im Rumpf hinter dem Kommandoturms untergebracht waren.

Den Sowjets gelang es bis 1967 nicht, ein ähnliches U-Boot in Dienst zu stellen. Bis dahin erprobten sie verschiedene Übergangsmodelle. Die mit Diesel und Strom betriebene »Golf«-Klasse, die als erste gezielt für die Mitfuhr von drei SS-N-4 konzipiert war, war für die amerikanische »Washington« kein Vergleich. Sie wurde in den Jahren 1959 bis 1962 von der nuklear betriebenen »Hotel«-Klasse abgelöst - doch auch sie führte nur drei SS-N-4 mit. Relativ spät interessierte man sich für Marschflugkörper und montierte SS-N-3C »Shaddocks« zunächst auf Booten der »Whiskey«-Klasse, dann auf der nuklear getriebenen »Echo I«-Klasse.

Großbritanniens Abschreckung beruhte anfangs auf den vier atombetriebenen U-Booten der »Resolution«-Klasse der Royal Navy. Sie wurden in den 60er Jahren mit amerikanischer Unterstützung entwickelt und ähneln der gegenwärtigen »Lafayette«-Klasse, obwohl die Tiefenruder britischer Praxis entsprechend vom Heck zum Bug verlegt wurden. Sie waren mit Polaris A-3-Raketen bewaffnet, werden jedoch eben durch die mit Trident II D-5-Raketen bestückte »Vanguard«-Klasse ersetzt.

---

277 »Resolution«-Klasse

GROSSBRITANNIEN

Die ab Mitte der 90er Jahre von den vier, mit Trident II D-5-Raketen bestückten Booten der »Vanguard«-Klasse ersetzten vier Unterseeboote der »Resolution«-Klasse bildeten die Hauptstütze der nuklearen Abschreckungskraft Großbritanniens. Sie waren der amerikanischen »Lafayette«-Klasse nicht unähnlich. Die Boote wurden ab 1964 gebaut, für einen geplanten Dienstantritt zwischen Oktober 1967 und Dezember 1969. Jedes Boot hatte zwei Besatzungen, die sich bei den 90-tägigen Patrouillen abwechselten, unterbrochen von kurzen Überholungsperioden.

Die ursprüngliche Bewaffnung mit UGM-27C Polaris A-3-Raketen (jede mit drei Atomsprengköpfen zu je 200 Kilotonnen Sprengkraft) wurde ab Mitte der 70er Jahre im Rahmen des britischen »Chevaline«-Projekt auf A-3TK-Standard mit moderner Elektronik aufgerüstet (die eine verwirrend hohe Zahl an potenziellen Bedrohungen auf dem feindlichen Radarschirm produziert) und mit bis zu drei, gegen EMP (elektromagnetische Impulse) und Strahlungseffekte abgeschirmten Atomsprengköpfen mit 60 Kilotonnen Sprengkraft bestückt. Es ist wahrscheinlich, dass zumindest einer der drei Atomsprengköpfe eine Atrappe ist, die Eindringhilfen und Köder mitführt.

Beschreibung
»Resolution«-Klasse
Typ: atombetriebenes ballistisches Raketenunterseeboot
Verdrängung: 7600 Tonnen aufgetaucht und 8500 Tonnen getaucht
Bewaffnung: 16 U-Bootgestützte ballistische Polaris A-3TK-Raketen, und vier 533-mm-Rohre für ferngesteuerte Mk 24-Tigerfish-Torpedos
Antrieb: ein Rolls-Royce PWR-1 Reaktorantrieb für zwei Dampfturbinen mit 11185 kW (15000 PS), zwei Wellen
Leistung: Höchstgeschwindigkeit 20 kt (37 km/h) aufgetaucht und 25 kt (46 km/h) getaucht
Abmessungen: Gesamtlänge 129,5 m; größte Breite 10,1 m
Besatzung: 143
Benutzer: Großbritannien

---

278 »Typhoon«-Klasse

FRÜHERE UDSSR

Die Unterseeboote der »Typhoon«-Klasse sind die größten Unterwasserfahrzeuge der Welt und stellen im Design wirklich großartige Boote dar, deren 20 SS-N-20 »Sturgeon«-Raketen der UdSSR eine U-Boot-gestützte ballistische Raketenstreitmacht verleihen, die den amerikanischen Booten der »Ohio«-Klasse entspricht. Diese Klasse wurde in den Jahren 1977 bis 1989 in Severodvinsk produziert. Sie basiert auf der ungewöhnlichen Anordnung von zwei Druckkammern nebeneinander (möglicherweise Rümpfe der »Delta III«-Klasse, von denen jeder ein eigenes Antriebsystem mit Reaktor, Turbine und Propeller besitzt), die eine kürzere obere Druckkammer zwischen sich einschließen, die das Kommando- und Kontrollzentrum beinhaltet. Diese drei Komponenten sind von einer hydrodynamisch »sauberen« äußeren Hülle umgeben, durch die man Merkmale wie die Verbindungsschicht steuern kann, um beeindruckende Leistungsfähigkeit und geringes Betriebsgeräusch zu erreichen. Der Raketensilo ist unüblicherweise im vorderen Teil des Schiffes untergebracht. Das Boot ist optimiert für Einsätze in und unter dem arktischen Eis, wobei der stämmige Rumpf und die einziehbaren Bugtiefenruder beim Durchbrechen der Eisschicht hilfreich sind. Von innerhalb des arktischen Wendekreises kann das Boot jedes Ziel in den kontinentalen USA erreichen.

Beschreibung
»Typhoon«-Klasse
Typ: atombetriebenes ballistisches Raketenunterseeboot
Verdrängung: 18500 Tonnen aufgetaucht und 26500 Tonnen getaucht
Bewaffnung: 20 U-Bootgestützte ballistische SS-N-20 »Sturgeon«; vier 650-mm-Rohre und zwei 533-mm-Rohre für 36 Torpedos (Type 65 und Type 53), sowie Antiunterseebootraketen (SS-N-15 »Starfish« und SS-N-16 »Stallion«)
Antrieb: zwei Reaktorantriebe für zwei Dampfturbinen mit 60000 kW (80460 PS), zwei Wellen
Leistung: Höchstgeschwindigkeit 20 kt (37 km/h) aufgetaucht und 30 kt (55,5 km/h) getaucht
Abmessungen: Gesamtlänge 171,5 m; größte Breite 24,6 m
Besatzung: etwa 150
Benutzer: UdSSR

BEWAFFNUNG UND AUSSTATTUNG

Für einige Jahre übertrug man die strategische Rolle an landgestützte Raketen, doch 1967 wurde das erste von 34 sowjetischen »Yankee«-Booten in Dienst gestellt. Diese waren der »Ethan Allen«-Klasse sehr ähnlich - sie waren mit 16 SS-N-6 »Sawfly« einstufigen Flüssigtreibstoffraketen ausgestattet, die in Rohren am Rumpf hinter dem Turm montiert waren - und es wird angenommen, dass es den Russen gelungen ist, in den Besitz der Pläne des amerikanischen Unterseebootes zu gelangen.

Ab Anfang der 70er Jahre konzentrierten sich sowohl die sowjetische als auch die amerikanische Marine darauf, noch größere Unterseeboote zu entwickeln, um Raketen mit noch größerer Reichweite zu befördern. In der Sowjetunion wurden die Klassen »Delta I« und »Delta II« geplant, wobei erstere (135 Meter, 10000 Tonnen) 12 SS-N-8 Raketen aufnehmen konnte, die letztere (152 Meter, 11500 Tonnen) 16. Die SS-N-8 hatte eine Reichweite von über 6400 Kilometern und benötigte nur einen zweistufigen Flüssigtreibstoffantrieb; sie war der Trident 1 überlegen, für die die Amerikaner 1976 begonnen hatten, die mit 24 Raketen bestückte »Ohio«-Klasse (171 Meter, 18700 Tonnen) zu bauen.

Neuere Entwicklungen

Den Klassen »Delta I« und »II«, von denen immer noch 22 im Einsatz sind, folgten die Klasse »Delta III«, die mit 16 SS-N-18 »Stingray« bestückt ist, dann die Klasse »Delta IV« (160 Meter, 13600 Tonnen), die 16 SS-N-23-Raketen mit sich führt. In den 80er Jahren stellten die Sowjets das erste Boot der »Typhoon«-Klasse in Dienst - mit 171 Metern und 25000 Tonnen das größte Unterseeboot der Welt. Nur vier davon sind noch im Einsatz. Diese sind mit je 20 dreistufigen, SS-N-20 »Sturgeon« Festbrennstoffraketen bestückt, die eine Reichweite von 7240 Kilometern besitzen und damit in der Lage sind, strategische Ziele auf der ganzen Welt zu treffen.

Die Sowjets gerieten durch die Polaris arg ins Hintertreffen, doch mit einiger Anstrengung und beachtlicher Unterstützung der Spionagespezialisten des KGB verfügten sie bereits Ende der 60er Jahre über eine Flotte moderner ballistischer Raketenunterseeboote. In den frühen 70ern führten sie die mächtige »Delta«-Klasse ein, damals die größten U-Boote der Welt.

---

279 »Delta«-Klasse

FRÜHERE UDSSR

Diese seit 1972 in Severodvinsk produzierten und auf der früheren »Yankee«-Klasse basierenden Boote waren die zahlenmäßig am stärksten vertretene Klasse bei der russischen Marine. Die erste Variante, die »Delta I«-Klasse, bestand aus 18 Booten, die getaucht eine Verdrängung von 10200 Tonnen hatten und mit zwölf statt 16 Abschussrohren - weil ihre SS-N-8-Raketen leistungsfähiger waren als die SS-N-6-Raketen der »Yankee«-Klasse - in einem 137 Meter langen Rumpf ausgestattet waren. Ab 1974 traten die vier Boote der Klasse »Delta II« auf, die eine getauchte Verdrängung von 11300 Tonnen aufwiesen und deren Rumpf auf 155 Meter verlängert worden war, um 16 Raketen unterzubringen; ebenso die 14 Boote der Klasse »Delta III«, die eine noch größere Verdrängung und ein modifiziertes Raketenlager für 16 Raketen des Typs SS-N-18 besaßen, die zwar geringere Reichweite hatten, aber präziser waren. Schließlich wurden 1984 die ersten von sieben Booten der Klasse **»Delta IV«** gesichtet, mit einer getauchten Verdrängung von 12150 Tonnen, einer Länge von 166 Metern, X-förmigen statt kreuzweisen Heckflossen und 7750 kW mehr Leistung, um in den beiden vorhergehenden Klassen verlorengegangene Kraft wiederherzustellen, sowie 16 SS-N-23-Raketen, die die Reichweite der SS-N-8 mit den Sprengköpfen der SS-N-18 kombinierten.

Beschreibung
»Delta III«-Klasse
Typ: atombetriebenes ballistisches Raketenunterseeboot

Verdrängung: 9750 Tonnen aufgetaucht und 11700 Tonnen getaucht
Bewaffnung: 16 U-Bootgestützte ballistische SS-N-18 »Stingray«-Raketen und sechs 533-mm-Rohre für 18 Torpedos der Typen 53 und 40.
Antrieb: zwei Reaktorantriebe für zwei Dampfturbinen mit 37300 kW (50025 PS), zwei Wellen
Leistung: Höchstgeschwindigkeit 20 kt (37 km/h) aufgetaucht und 24 kt (44 km/h) getaucht
Abmessungen: Gesamtlänge 160 m; größte Breite 12 m
Besatzung: 130
Benutzer: UdSSR

---

280 »Le Redoutable«-Klasse

FRANKREICH

Die fünf Unterseeboote der **»Le Redoutable«-Klasse** waren die Hauptstütze der nuklearen Abschreckung Frankreichs. Sie wurden ab 1963 entwickelt und zwischen Juni 1974 und Mai 1980 in Dienst gestellt.
Die ersten beiden Boote wurden mit 16 M1-Raketen bestückt, von denen jede einen Sprengkopf von 500 Kilotonnen besaß, während das dritte Boot mit 16 Stück M2 ausgestattet wurden, die mit demselben Sprengkopf eine größere Reichweite hatten; später wurden die ersten zwei Boote mit diesen M2s nachgerüstet. Diese drei Boote wurden später auf den Standard des vierten und fünften Bootes gebracht, die jedes 15 Stück M20-Raketen mitführte, die dieselbe Reichweite und Präzision wie die M2-Raketen aufwiesen, aber einen Sprengkopf von 1,2 Megatonnen trugen. Die ersten drei Boote wurden mit M20-Raketen neu bestückt, die mit dem sechsten strategischen raketenbestückten Unterseeboot Frankreichs, der L'Inflexible, eingeführt worden waren. Die drei verbliebenen Boote der »Le Redoutable«-Klasse wurden neu mit M4-Raketen bestückt, die größer, schwerer und mit größerer Reichweite ausgestattet sind als die M20, aber auch präziser. Sie tragen sechs Atomsprengköpfe mit 150 Kilotonnen. Die Boote führen auch die U-Boot-gestützte Version der SM.39 Exocet Antischiffsraketen mit.

Beschreibung
»Le Redoutable«-Klasse
Typ: atombetriebenes ballistisches Raketenunterseeboot

Verdrängung: 8045 Tonnen aufgetaucht und 8940 Tonnen getaucht
Bewaffnung: 16 U-Bootgestützte ballistische M20-Raketen, vier 533-mm-Rohre für 14 ferngesteuerte Torpedos, und vier SM.39 Antischiffsraketen
Antrieb: ein Reaktorantrieb für zwei Dampfturbinen mit 11925 kW (15990 PS), zwei Wellen
Leistung: Höchstgeschwindigkeit 20 kt (37 km/h) aufgetaucht und 25 kt (46 km/h) getaucht
Abmessungen: Gesamtlänge 128,7 m; größte Breite 10,6 m
Besatzung: 135
Benutzer: Frankreich

Eine »Ohio« verlässt den Hafen. Wie ein Eisberg erweckt auch ein Raketenboot einen falschen Eindruck von seiner wahren Größe, weil der Großteil des Rumpfes unter Wasser liegt. Diese U-Boote sind größer als Kreuzer im 2. Weltkrieg.

Raketen-U-Boote an vorderster Front

Der Schutzschild, der Ost und West vor den Schrecken eines Atomkrieges bewahrt hat, ist zu einem großen Teil von den Unterseestreitkräften der beteiligten Kriegsmarinen aufrechterhalten worden. Monatelang patrouillieren ballistische, raketenbestückte U-Boote ohne Unterbrechung auf den Meeren; ihre furchtbare Zerstörungskraft wird von der Unendlichkeit der Ozeane verborgen und geschützt. Angesichts der Ähnlichkeit ihrer Aufgaben ist es nicht verwunderlich, dass sich ihre Silhouetten auf den ersten Blick gleichen. Doch es gibt Unterschiede, die die unterschiedlichn Philosophien ihrer Betreiber reflektieren.

Zur Zeit betreibt die US Navy 18 Boote der »Ohio«-Klasse. In den neueren Booten ist die verbesserte Trident II D-5 installiert, und die vier ältesten werden in Übereinstimmung mit dem START-Atomwaffensperrvertrag für nicht-strategische Aufgaben umgebaut. Die Royal Navy besitzt drei Boot der »Vanguard«-Klasse im Einsatz, die mit 16 Trident II D-5-Raketen bewaffnet sind, und ein viertes ist im Bau.

Raketen-U-Boote anderer Nationen

Die Franzosen, die sich 1966 von der NATO trennten, setzten die Entwicklung ihrer eigenen, nuklear betriebenen Unterseeboote sowie ballistischer Lenkwaffen fort. Die *Le Redoutable* (128 Meter, 9000 Tonnen), die 1971 in Dienst gestellt wurde, war mit 16 M1-Raketen bestückt, die in Größe und Reichweite mit den Polaris A-2 vergleichbar sind. Diese Raketen wurden schrittweise verbessert. Die *L'Inflexible*, das sechste Boot dieser Klasse, befördert M4-Raketen, mit denen auch die älteren nachträglich bestückt wurden. Eine neue Klasse, deren erstes Boot als *Le Triomphant* (fast 150 Meter, 14.200 Tonnen) vom Stapel laufen wird, wird schließlich mit M51 ausgerüstet sein.

Die Volksrepublik China hat ein einziges Projekt, die 092 »Xia«, die in der Lage ist, 12 »Ju Lang 1« (CSS-N3)-Raketen abzufeuern. Ihr werden drei Projekt 094-Boote folgen, die mit 16 »Ju Lang 2«-Raketen bestückt sind. Indien bemühte sich, selbst Atommacht zu werden, indem es in den 80er Jahren ein sowjetisches U-Boot leaste, doch es wurde zurückgegeben. An einem eigenen Nuklearantrieb arbeiten sowohl Brasilien als auch Indien weiter, doch die großen Kosten hemmen den Fortschritt.

Mit der Ratifizierung der SALT-Vertrages wurde die Anzahl amerikanischer und sowjetischer Raketenunterseeboote schrittweise verringert. Es muss allerdings angemerkt werden, dass die angekündigten Schnitte im Miliärbudget trotz des neuen Klimas der *perestroika* nicht die U-Boote betroffen haben. Deshalb werden diese leisen, tödlichen Waffen auch weiterhin die dunklen Tiefen der Weltmeere durchstreifen.

HMS *Resolution* 1967

Obwohl komplett in Großbritannien konstruiert beruht das Design der vier Royal Navy-Unterseeboote der »Resolution«-Klasse zu einem beträchtlichen Anteil auf amerikanischen Erfahrungen. Daher sind diese Boote denen der gegenwärtigen »Lafayette«-Klasse der US Navy sehr ähnlich. Sie unterscheiden sich dadurch, dass sie mit Polaris-Raketen anstelle der neueren, schwereren Poseidon bewaffnet sind.

Oben: Die *Resolution* hat eine Höchstgeschwindigkeit von 25 Knoten und eine maximale Tauchtiefe von 465 Metern.

»Delta III«-Klasse 1976

Die sowjetischen U-Boote der »Delta«-Klasse waren das Ergebnis einer stufenweisen Vergrößerung des »Yankee«-Designs, das wiederum den amerikanischen Polaris-Booten nachgebaut war. Die »Deltas« waren konzipiert, die SS-N-8-Raketen aufzunehmen und stellten eine merkliche Verstärkung der sowjetischen Nuklearmacht dar. Von der großen Variante »Delta III« wurden mindestens 17 Stück gebaut.

USS *Ohio* 1981

Obwohl das Führungsschiff nun fast ein Jahrzehnt in Dienst steht, stellt die »Ohio«-Klasse den neuesten Stand der amerikanischen Unterseeboottechnologie dar. Diese großen Schiffe sollen jede gegen U-Boote gerichtete Bedrohung, die die Sowjets besitzen oder angeblich entwickeln, ausschalten. Ursprünglich sollten davon 24 Stück gebaut werden, mit Kosten von ein bis zwei Milliarden Dollar pro Stück, doch nach der Kürzung des Budgets durch den Kongress infolge internationaler Entspannung wird die endgültige Zahl bei 18 liegen. Doch auch diese verkleinerte Streitmacht kann 6000 nukleare Sprengköpfe mitführen!

Oben: Im Bug der »Delta III« ist ein Niederfrequenzsonarsystem untergebracht, sowie sechs Torpedorohre. Das große Schiff kann bis zu 12 Torpedos mitführen.

Unten: Die USS *Ohio* hat einen einzelnen Reaktor, der eine einzelne Schiffsschraube antreibt. Es ist zwar nicht schneller als andere Raketenboote, aber es ist das leiseste U-Boot in den Meeren.

Atombetriebenes ballistisches Raketen-Unterseeboot USS Ohio

Die 1979 in Dienst gestellte USS Ohio war das erste einer ganz neuen Klasse von raketenbestückten Unterseebooten, die schwerer bewaffnet waren als jedes andere Schiff in der Geschichte. Mit 18 700 Tonnen Verdrängung bei Tauchfahrt ist sie das größte U-Boot der Welt, abgesehen von der riesigen sowjetischen »Typhoon«. Die Ohio wurde 1981 in Dienst gestellt. Heute hat die US Navy 18 »Ohios« im Dienst, im Bau, in Auftrag gegeben oder in Planung.

Fluchtkapsel
Wie alle U-Boote ist auch die Ohio mit Druckkammer-Fluchtkapseln ausgestattet; eine befindet sich vor dem Turm, die andere achtern der Reaktorsektion.

Raketenrohre
Die Ohio besitzt 24 Raketenrohre, verglichen mit den 16 Stück, die in früheren U-Booten eingebaut waren. Weil mehr Raketen mitgeführt werden können, werden weniger »Ohios« gebraucht, um den seegestützen amerikanischen Anteil an der Abschreckung aufrechtzuerhalten, als noch zu Zeiten der kleineren »Lafayette«-Klasse notwendig gewesen waren.

Schiffsschraube
Die Schiffsschraube ist eine der Hauptgeräuschquellen auf einem Unterseeboot. Deshalb ist die Ohio, wie die meisten U-Boote, mit einer großen, langsam drehenden Schraube ausgestattet, um diesen Effekt zu minimieren. Über dem Propeller liegen die kreuzförmig angeordneten Steuerflächen, die das Höhen- und Seitenruder eines Flugzeuges funktionieren. Die Paneele an den horizontalen Rudern beherbergen empfindliche Sonargeräte.

Maschinenraum
Die Ohio wird von zwei Dampfturbinen angetrieben. Diese sind auf einem sogenannten »Floß« montiert, das vom Rumpf isoliert ist, damit der Maschinenlärm nicht über den Rumpf an das umgebende Wasser übertragen wird. Ähnliche geräuschreduzierende Maßnahmen wurden im gesamten Boot getroffen, sodass die U-Boote der »Ohio«-Klasse so leise sind, wie atombetriebene Unterseeboote überhaupt nur sein können.

Reaktor
Der Antrieb der Ohio, der S8G Nuklearreaktor, erzeugt Hitze, die wiederum als Dampf die Turbinen der Unterseebootes antreibt. Das Reaktorsystem wird von Druckwasser gekühlt, das bei geringen Geschwindigkeiten durch natürliche Konvektion in Umlauf gehalten wird; dadurch erübrigt sich die Verwendung geräuschvoller Pumpen.

Batterien
Obwohl Batterien durch den Nuklearreaktor für den Unterwasserantrieb nicht mehr notwendig sind, ist die Ohio mit genügend Reserveenergiezellen ausgerüstet, um die Hälfte der Autos in den Vereinigten Staaten damit auszustatten. Die Batteriesektion befindet sich am Boden des Rumpfes. Sie sind dazu gedacht, im Falle eines Reaktorversagens Strom zu liefern.

Mannschaftsquartiere
So groß das Boot auch ist, für Luxus gibt es an Bord der Ohio kaum Platz. Obwohl sie unendlich viel komfortabler ist als all die dieselgetriebenen Unterseeboote eine Generation zuvor, müssen die Mannschaftskojen in den verfügbaren Raum gequetscht werden, oft direkt neben den nuklearen Raketen selbst.

Hauptbild: Wieviel Sorgfalt auch aufgewendet wird, mit so komplexen Raketensystemen kann immer etwas schiefgehen. Und bei einem der frühen Teststarts der neuesten Trident D-5 war der Fehler spektakulär!

Frühe Raketen

Die Idee, strategische Waffen auf See zu stationieren, ist nicht neu: bereits die Deutschen hatten Pläne, V-2-Raketen auf diese Weise auf New York zu feuern. In den 50er Jahren baute die US Navy U-Boote, um Lenkwaffen vom Typ »Loon« und »Regulus« zu stationieren. Doch diese wurden durch die rasche Entwicklung des Polaris-Systems schnell überholt, und zu Beginn der 60er Jahre ging die Bürde der nationalen Abschreckung auf ballistische Raketenunterseeboote über. Durch die Geschwindigkeit, mit der Boote und Raketen weiterentwickelt wurden, gerieten die Russen ins Hintertreffen, doch nach entschlossenen Anstrengungen hatten auch sie Ende der 60er Jahre ähnliche Boote mit 16 Raketen an Bord.

Westliche Raketen

Heute sind nur wenige Typen von unterwassergestützten ballistischen Raketen (SLBMs) im Einsatz.
Die chinesische Ju Lang 1 hat eine maximale Reichweite von nur 3600 Kilometern. Die Trident II D-5 der US Navy besitzt eine Reichweite von 12000 Kilometern. Die russische SS-N-23 »Skiff« (RSM-54) soll eine Reichweite von 10000 Kilometern haben, und ihre Nachfolgerin, die SS-NX-228, wurde noch nicht erfolgreich getestet.

Oben: Eine Poseidon-Rakete wird vorsichtig in ein amerikanisches Raketenboot hinuntergelassen. Das ist sehr schwierig, weil die Rakete leicht beschädigt werden kann und präzise in das Rohr eingepasst werden muss.

Oben: Die ersten operativen ballistischen Raketenunterseeboote der US Navy waren die »George Washington«-Klasse. Sie waren als Jäger-Killer konzipiert, doch man fügte während der Konstruktion ein Raketendepartement hinzu.

Rechts: Die frühen sowjetischen Raketen waren zu groß, um in den Rumpf eingepasst zu werden; deshalb führten die Atomunterseeboote der »Hotel«-Klasse drei Kurzstreckenraketen in einem zusätzlichen Turm mit.

Der Kommandant des U-Bootes bringt seine Fracht auf das offene Meer. Dort taucht er mit dem Boot ab und beginnt eine komplexe Serie von Ablenkungsmanövern, um Neugierige abzuschütteln. Geheimhaltung ist für Raketen-U-Boote von oberster Priorität, und es gibt Nationen, die Oberflächenschiffe und Jäger-Killer-U-Boote einsetzen, um eventuelle Verfolger vom Raketen-U-Boot fernzuhalten.

Geheime Patrouille

Fahrziel, Route und Datum der Rückkehr sind nur dem Kapitän und ein oder zwei Leuten an Land bekannt. Für die Dauer der Patrouille werden keine Nachrichten ausgesandt, es können aber welche mittels ELF-Funk (extreme niedrige Frequenz) empfangen werden.
Innerhalb der Patrouillenzone bewegt sich das U-Boot ganz langsam und leise, um die Gefahr einer Entdeckung zu minimieren. Die tägliche Hauptaufgabe ist es, die Raketen feuerbereit zu halten, und bei westlichen Schiffen ist das mindestens 95 Prozent der Zeit der Fall. Raketenboote müssen jederzeit auf Ausweichmanöver vorbereitet sein, wenn sie fremde Oberflächenschiffe oder Unterseeboote orten. Dazu sind sie mit den modernsten passiven Sonargeräten ausgerüstet. Für den schlimmsten Fall sind sie auch mit verschiedenen Ködern und akustisch gesteuerten Torpedos zur Selbstverteidigung ausgestattet.
Obwohl sich die internationalen Spannungen verringert haben, stechen immer größere und größere Raketenboote mit immer tödlicherer Waffenlast in See. Obwohl westliche Marinebefehlshaber häufig die Unverletzbarkeit von SSBNs zitieren, unternahm die Sowjetunion große Anstrengungen, um Geheimdienstinformationen, hydrographische und Raketendaten sowie mögliche Ziele britischer, französischer und amerikanischer Raketen zu sammeln, die Rückschlüsse auf Patrouillengebiete zulassen. Dieser Aufwand und die Tatsache, dass die Russen ihre U-Boote modernisiert haben und mit fortgeschrittenen Ortungstechniken experimentieren, machen es möglich, dass die Behauptung der Royal und US Navies, die Russen hätten noch keines ihrer Raketenboote geortet, bereits in Frage gestellt worden ist.

Mächtige Abschreckung

Trotzdem bleibt das ballistische Raketen-U-Boot die beste Versicherung jeder Nation. Es wird viele Jahre dauern, bevor Regierungen bereit sind, eine so wirkungsvolle Abschreckung zu verschrotten.

Oben: Le Redoutable, das erste französische ballistische Raketenunterseeboot, wurde im Dezember 1971 in Dienst gestellt. Die französischen Boote waren viel später einsatzfähig als ihre britischen Pendants, weil sie ohne amerikanische Hilfe entworfen und gebaut worden waren.

Großes und kleines Bild: Eine Trident C-4-Rakete schießt nach dem Abschuss von einem U-Boot der »Ohio«-Klasse der US Navy in den Himmel. Die Rakete wird mittels Druckluft aus ihrem Rohr geschleudert, ihr Motor zündet in dem Moment, in dem sie die Wasseroberfläche durchbricht. Die britische Polaris-Rakete (kleines Bild) wird auf dieselbe Weise von einem U-Boot der »R«-Klasse abgefeuert, kann aber weniger Sprengköpfe über nur die halbe Distanz und mit geringerer Präzision befördern.

EINSÄTZE UND STATIONIERUNG

DIE GROSSE ZIGARRE

Unten: Eine amerikanische »Poseidon« unterzieht sich einer Wartungsinspektion. Einiges von ihrer tödlichen Ladung ist entfernt worden, doch die weiß geschäumten Plastikdeckel zeigen, dass noch sechs Raketen an Bord sind. Auf einer »Ohio« würde so eine Inspektion würde 24 Stück enthüllen.

Die auf U-Booten stationierten Raketen entwickelten sich von den primitiven unbemannten Flugzeugen der 40er Jahre zu den Waffen von heute, die in der Lage sind, Ziele in aller Welt präzise zu treffen.

Die Ankerleinen sind los und die unheimliche Gestalt des riesigen U-Bootes wird von einem Schlepper in die Mitte des Kanals gezogen. Infolge unbegrenzter Reichweite und ständiger Regeneration der Atmosphäre wird die Ausdauer eines nuklear betriebenen U-Bootes nur durch Lebensmittelvorräte und die Kondition der Besatzung limitiert. Vor ihr liegen zwei Monate fast unerträglicher Langeweile, auf denen aber die Sicherheit der ganzen Welt beruht. Die US Navy nennt sie »Boomer« (»Knaller«), die Royal Navy »Bomber«. Doch welchen Spitznamen sie auch tragen, die Besatzung der U-Boote hat nur einen Auftrag: sicherzustellen, dass ihre tödliche Fracht ballistischer Atomraketen stets feuerbereit ist. Paradoxerweise hätten sie jedoch versagt, wenn sie sie eines Tages tatsächlich abfeuern müssten.

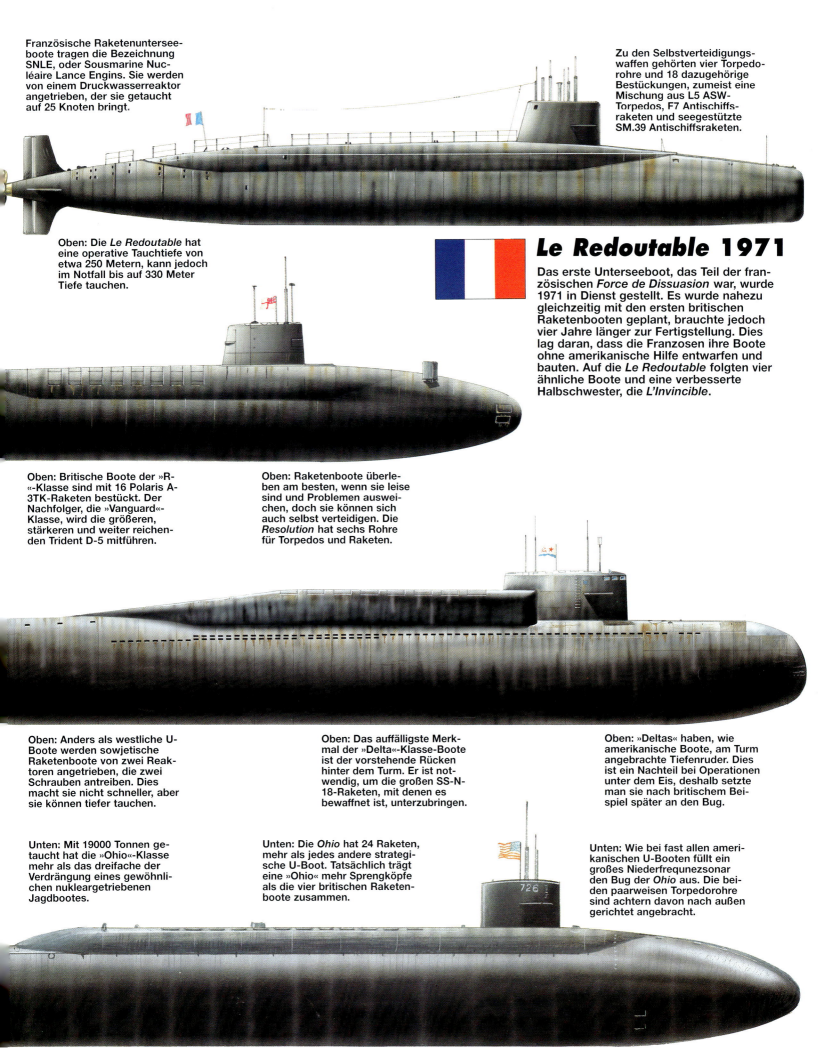

Französische Raketenunterseeboote tragen die Bezeichnung SNLE, oder Sousmarine Nucléaire Lance Engins. Sie werden von einem Druckwasserreaktor angetrieben, der sie getaucht auf 25 Knoten bringt.

Zu den Selbstverteidigungswaffen gehörten vier Torpedorohre und 18 dazugehörige Bestückungen, zumeist eine Mischung aus L5 ASW-Torpedos, F7 Antischiffsraketen und seegestützte SM.39 Antischiffsraketen.

Oben: Die *Le Redoutable* hat eine operative Tauchtiefe von etwa 250 Metern, kann jedoch im Notfall bis auf 330 Meter Tiefe tauchen.

Le Redoutable 1971

Das erste Unterseeboot, das Teil der französischen *Force de Dissuasion* war, wurde 1971 in Dienst gestellt. Es wurde nahezu gleichzeitig mit den ersten britischen Raketenbooten geplant, brauchte jedoch vier Jahre länger zur Fertigstellung. Dies lag daran, dass die Franzosen ihre Boote ohne amerikanische Hilfe entwarfen und bauten. Auf die *Le Redoutable* folgten vier ähnliche Boote und eine verbesserte Halbschwester, die *L'Invincible*.

Oben: Britische Boote der »R-«-Klasse sind mit 16 Polaris A-3TK-Raketen bestückt. Der Nachfolger, die »Vanguard«-Klasse, wird die größeren, stärkeren und weiter reichenden Trident D-5 mitführen.

Oben: Raketenboote überleben am besten, wenn sie leise sind und Problemen ausweichen, doch sie können sich auch selbst verteidigen. Die *Resolution* hat sechs Rohre für Torpedos und Raketen.

Oben: Anders als westliche U-Boote werden sowjetische Raketenboote von zwei Reaktoren angetrieben, die zwei Schrauben antreiben. Dies macht sie nicht schneller, aber sie können tiefer tauchen.

Oben: Das auffälligste Merkmal der »Delta«-Klasse-Boote ist der vorstehende Rücken hinter dem Turm. Er ist notwendig, um die großen SS-N-18-Raketen, mit denen es bewaffnet ist, unterzubringen.

Oben: »Deltas« haben, wie amerikanische Boote, am Turm angebrachte Tiefenruder. Dies ist ein Nachteil bei Operationen unter dem Eis, deshalb setzte man sie nach britischem Beispiel später an den Bug.

Unten: Mit 19000 Tonnen getaucht hat die »Ohio«-Klasse mehr als das dreifache der Verdrängung eines gewöhnlichen nukleargetriebenen Jagdbootes.

Unten: Die *Ohio* hat 24 Raketen, mehr als jedes andere strategische U-Boot. Tatsächlich trägt eine »Ohio« mehr Sprengköpfe als die vier britischen Raketenboote zusammen.

Unten: Wie bei fast allen amerikanischen U-Booten füllt ein großes Niederfrequenzsonar den Bug der *Ohio*. Die beiden paarweisen Torpedorohre sind achtern davon nach außen gerichtet angebracht.

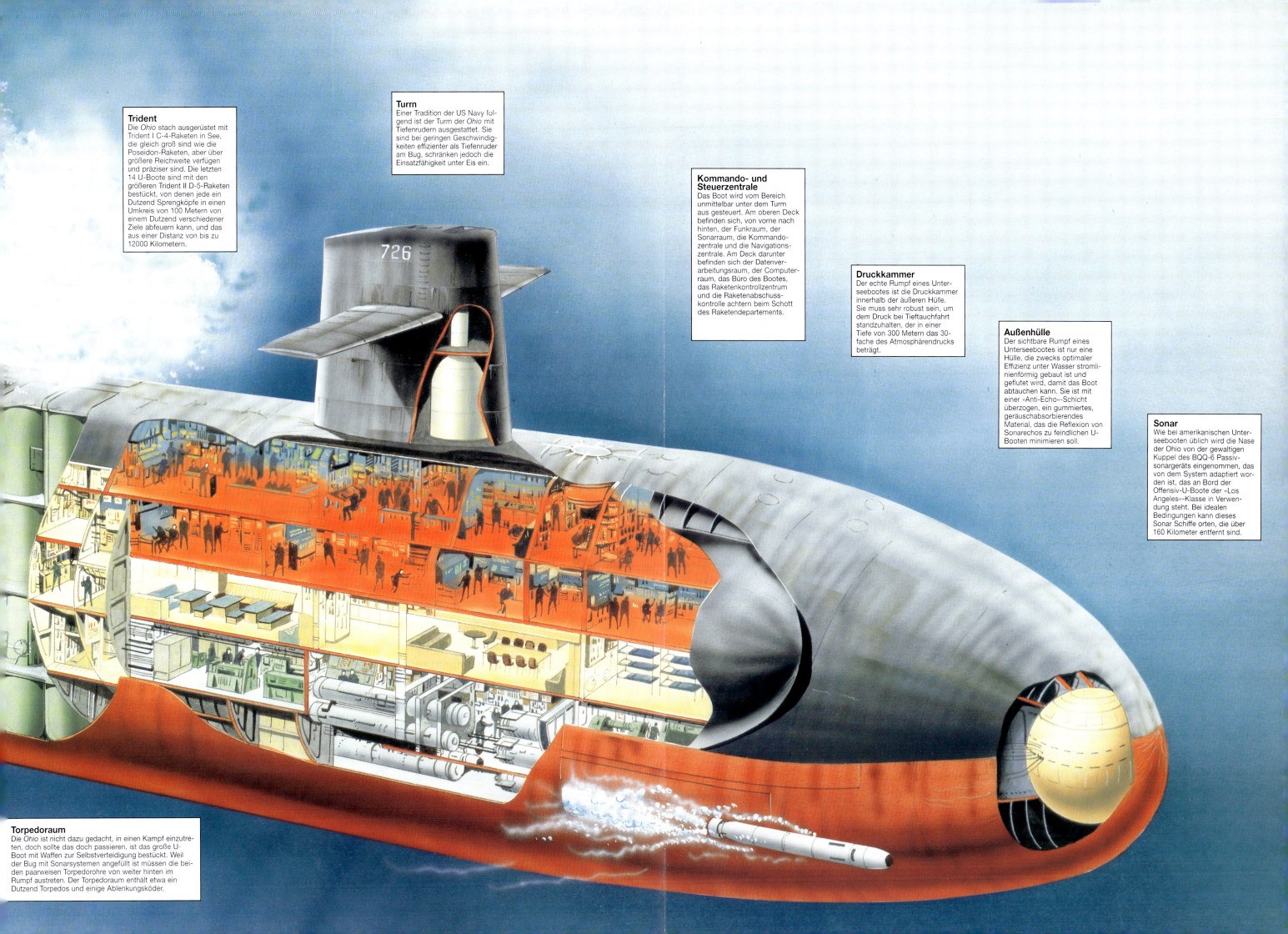

Trident
Die *Ohio* stach ausgerüstet mit Trident I C-4-Raketen in See, die gleich groß wie die Poseidon-Raketen sind, aber über größere Reichweite verfügen und präziser sind. Die letzten 14 U-Boote sind mit den größeren Trident II D-5-Raketen bestückt, von denen jede ein Dutzend Sprengköpfe in einen Umkreis von 100 Metern von einem Dutzend verschiedener Ziele abfeuern kann, und das aus einer Distanz von bis zu 12000 Kilometern.

Turm
Einer Tradition der US Navy folgend ist der Turm der *Ohio* mit Tiefenrudern ausgestattet. Sie sind bei geringen Geschwindigkeiten effizienter als Tiefenruder am Bug, schränken jedoch die Einsatzfähigkeit unter Eis ein.

Kommando- und Steuerzentrale
Das Boot wird vom Bereich unmittelbar unter dem Turm aus gesteuert. Am oberen Deck befinden sich, von vorne nach hinten, der Funkraum, der Sonarraum, die Kommandozentrale und die Navigationszentrale. Am Deck darunter befinden sich der Datenverarbeitungsraum, der Computerraum, das Büro des Bootes, das Raketenkontrollzentrum und die Raketenabschusskontrolle achtern beim Schott des Raketendepartements.

Druckkammer
Der echte Rumpf eines Unterseebootes ist die Druckkammer innerhalb der äußeren Hülle. Sie muss sehr robust sein, um dem Druck bei Tieftauchfahrt standzuhalten, der in einer Tiefe von 300 Metern das 30-fache des Atmosphärendrucks beträgt.

Außenhülle
Der sichtbare Rumpf eines Unterseebootes ist nur eine Hülle, die zwecks optimaler Effizienz unter Wasser stromlinienförmig gebaut ist und geflutet wird, damit das Boot abtauchen kann. Sie ist mit einer »Anti-Echo«-Schicht überzogen, ein gummiertes, geräuschabsorbierendes Material, das die Reflexion von Sonarechos zu feindlichen U-Booten minimieren soll.

Sonar
Wie bei amerikanischen Unterseebooten üblich wird die Nase der Ohio von der gewaltigen Kuppel des BQQ-6 Passivsonargeräts eingenommen, das von dem System adaptiert worden ist, das an Bord der Offensiv-U-Boote der »Los Angeles«-Klasse in Verwendung steht. Bei idealen Bedingungen kann dieses Sonar Schiffe orten, die über 160 Kilometer entfernt sind.

Torpedoraum
Die *Ohio* ist nicht dazu gedacht, in einen Kampf einzutreten, doch sollte das doch passieren, ist das große U-Boot mit Waffen zur Selbstverteidigung bestückt. Weil der Bug mit Sonarsystemen angefüllt ist müssen die beiden paarweisen Torpedorohre von weiter hinten im Rumpf austreten. Der Torpedoraum enthält etwa ein Dutzend Torpedos und einige Ablenkungsköder.

EINSÄTZE UND STATIONIERUNG

Steuerung und Präzision

Moderne Raketen berechnen die Zielkoordinaten mit ihren eigenen Computernavigationssystemen. In diese werden kontinuierlich die Abschusspositionsdaten aus dem hochpräzisen Trägheitsnavigationssystem des U-Bootes eingespeichert. Beim Abschuss übernimmt das Navigationssystem des Sprengkopfes. Das Trägheitssteuersystem wird durch stellare Navigationsausrüstung unterstützt, das die Sternenpositionen während des Fluges überprüft und den Kurs entsprechend korrigiert.

Durch die amerikanische Führerschaft in elektronischer Technologie sind US-Marschflugkörper heute präziser als jemals zuvor. Die Trident II D-5-Rakete besitzt eine zirkuläre Fehlerwahrscheinlichkeit (das ist der Umkreis vom Ziel, in dem der Sprengkopf auftreffen wird) von weniger als 120 Metern nach einem Flug von 12000 Kilometern. Dies steht einer Genauigkeit früherer Raketen von etwa einem Kilometer gegenüber, und die besten sowjetischen Raketen, wie die SS-N-20, haben eine Treffergenauigkeit von 500 Metern.

Links: Die neuesten russischen Raketen sind weitaus leistungsfähiger als die 20 Jahre zuvor. Trotzdem sind sie noch immer sehr groß, was die Größe der Raketenboote wie der »Typhoon«-Klasse erklärt. Diese gewaltigen Gefährte wiegen mehr als die britischen Flugzeugträger der »Invincible«-Klasse.

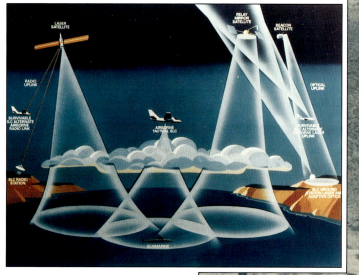

Rechts: Zuverlässige Kommunikation mit abgetauchten U-Booten war immer schon ein großes Problem. Derzeit experimentiert die US Navy mit einem System, das Funksprüche vom Boden oder von luftgestützten Kommandoposten an Satelliten weiterleitet, die dann mit blaugrünem Laser die Nachrichten an das getauchte U-Boot ausstrahlt. Blaugrüner Laser durchdringt nachgewiesenermaßen Wasser mehrer hundert Meter tief.

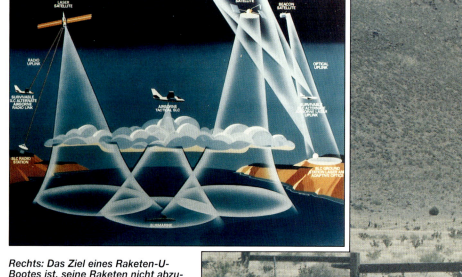

Rechts: Das Ziel eines Raketen-U-Bootes ist, seine Raketen nicht abzufeuern. Wenn solche Sprengköpfe ihre Ziele erreichen, hat die Abschreckung versagt.

Russische Raketen

Russische Raketen besaßen stets etwas kürzere Reichweiten als ihre westlichen Pendants, weil sie Distanz gegen Sprengkraft eintauschten, doch die neuesten amerikanischen Raketen tragen mehr Sprengköpfe mit größerer Präzision über größere Entfernungen. Russische Raketen waren auch für ihre Bediener gefährlicher, weil viele von ihnen mit flüssigen Treibstoffen arbeiteten.

Die SS-N-6-Raketen an Bord der alternden Boote der »Yankee«-Klasse hatten eine Reichweite von 3000 Kilometern, während die Reichweite von SS-N-8-, SS-N-18- und SS-N-23-Raketen, die auf Booten der »Delta«-Klasse stationiert sind, zwischen 6500 und 9100 Kilometern beträgt. Die auf Booten der »Typhoon«-Klasse beförderten SS-N-20-Raketen sind bis zu einer Distanz von 8100 Kilometern effektiv; sie waren die ersten mit Festbrennstoffen betriebenen Raketen der Russen, die auf See stationiert wurden. China ist die einzige Weltmacht, die mit unterwassergestützten ballistischen Raketen kontert. Die CSS-N-2-Raketen (chinesische Bezeichnung JL-1) soll auf der »Xia«-Klasse stationiert sein. Mit einer Reichweite von 2700 Kilometern entspricht sie ungefähr den amerikanischen und russischen Raketen der 60er Jahre.

Oben: Sowjetische Unterseeboote der »Delta«-Klasse sind anhand des großen Raketengehäuses achtern des Turms sofort identifizierbar. Sie waren für SS-N-8-Raketen konzipiert, deren Reichweite von 8000 Kilometern bedeutete, dass die Boote den Hafen kaum verlassen mussten, um Ziele in den USA zu treffen.

Links: Diese Oktoberparade in Moskau war eine der wenigen Gelegenheiten, bei denen sowjetische U-Boot-gestützte Raketen allgemein bestaunt werden konnten.

Rechts: Die Leistungsfähigkeit maritimer ballistischer Raketen hat sich in den letzten Jahren enorm verbessert. Die Polaris war kleiner als ihre Abschussrohre, also wurde die größere Poseidon C-3 eingeführt. Sie hatte dieselbe Reichweite wie die Polaris, trugen aber mehr Atomsprengköpfe. Die Trident I C-4 hatte dieselbe Größe wie die Poseidon, doch zehn Jahre Treibstoffentwicklung verliehen ihr eine stark vergrößerte Reichweite. Die neueste Trident II D-5 hat die größte Reichweite und die höchste Präzision aller jemals gebauten U-Boot-gestützten Raketen.

MARITIME BALLISTISCHE RAKETEN

	A1	A2	A3	C3	C4	D5*
JAHR	1960	1962	1964	1971	1979	1989
LÄNGE (m)	8,7	9,45	9,85	10,36	10,36	13,53
DURCHMESSER (cm)	137	137	137	188	188	211
GEWICHT (kg)	12.700	14.750	16.200	29.500	29.500	54.500
REICHWEITE (km)	2220	2775	4625	4625	7400	7400

*PRELIMINARY VALUES

Sprengkraft

Die Raketen der ersten Generation waren mit einem einzelnen, großen Sprengkopf bestückt, der in der Luft über großen Städten explodieren sollte, um in einem großen Umkreis Verwüstungen anzurichten. Spätere Sprengköpfe mit größerer Genauigkeit konnten präziser auf hochklassige Ziele gerichtet werden, wie Kommandozentren oder sogar Raketensilos. Durch die Einführung von »multiple re-entry vehicles« (MRVs, Mehrfach-Sprengköpfe) konnte eine Rakete mehrere Sprengköpfe (meistens drei) von geringerer Sprengkraft befördern und so das zerstörte Gebiet vergrößern. Die nächste Entwicklungsstufe waren Mehrfach-Sprengköpfe, die unabhängig voneinander gesteuert werden konnten, sodass die Sprengköpfe, die von einer Rakete getragen wurden, unterschiedliche Ziele treffen konnten. Durch die Steigerung der Genauigkeit konnte eine einzelne Rakete nun mit mehreren »harten« zielen, wie Raketensilos fertigwerden.

Die neueste Entwicklung sind MARV (manövrierende Sprengköpfe). Diese kann sowohl im Flug Manöver vollziehen, um feindlichen Raketenabwehrsystemen auszuweichen, als auch atmosphärisch steuern, um die Präzision noch weiter zu steigern. Raketen wie die Trident D-5 können ein Dutzend Sprengköpfe mit 300 Kilotonnen befördern, von denen jeder nach 12000 Kilometern Flug in einem Umkreis von 100 Metern um verschiedene Ziele einschlagen kann.

Unten: Die Spuren der Atomsprengkopfträgerraketen durchziehen den Himmel über einem pazifischen Testgelände, nach einem mehrere tausend Kilometer langen Flug von der Westküste der USA. Jeder Streifen repräsentiert einen Sprengkopf, der mit einer Sprengkraft von 400 000 Tonnen TNT explodieren kann.

Oben: Es ist wunderschön und schrecklich zugleich, wenn die Kraft des Atoms freigesetzt wird. Nie zuvor hat die Menschheit etwas von größerer Zerstörungskraft als die Wasserstoffbombe erschaffen, doch solange es solche Waffen gibt, wird niemand einen Krieg beginnen, der der Welt ein Ende setzt.

Rechts: Die ersten Atomwaffen waren große, schwere Geräte, die zwei Tonnen und mehr wogen. Moderne Raketen befördern mehrere Sprengköpfe, von denen jeder eine nukleare Sprengkraft besitzt, die die von Hiroshima und Nagasaki um ein Vielfaches übersteigt, doch mit einem Bruchteil des Gewichts. Die atomaren Sprengköpfe einer einzelnen Rakete können so programmiert werden, dass sie weit voneinander entfernte Ziele treffen und dadurch die Zerstörungskraft der Rakete über immer größere Gebiete ausdehnen.

IM KAMPF

DIE LANGE PATROUILLE

Oben, kleines Bild: Mit nahezu 300 Sprengköpfen am anderen Ende des Knopfes ist die Instrumententafel der Raketenkontrolle an Bord der USS Ohio vielleicht der mächtigste militärische Sitzplatz der Welt.

Patrouillenfahrt mit einem nuklear bestückten Unterseeboot ist der wichtigste und zugleich einer der langweiligsten Jobs, den ein Seemann in einer modernen Marine haben kann.

Tag 1
Die USS *Ohio* (SSBN 726) beginnt ihre Patrolle in Kings Bay, Georgia. Bei Cape Hatteras gleitet das große Boot an einem Flugzeugträger der US Navy vorbei, der nach Norfolk im Norden unterwegs ist. Das U-Boot taucht auf 200 Meter Tiefe und fährt mit 15 Knoten in den Atlantik hinaus.

Tag 3
Die Abläufe werden langsam Routine, während die *Ohio* an den Neufundlandbänken vorüberzieht. Das U-Boot macht einen großen Bogen um die stark bewirtschafteten Fischgründe. Es sind einige russische Schiffe in der Gegend, die eher für Spionage als für die Fischerei ausgerüstet sind. Jedenfalls wäre es peinlich, sich in einem Fischernetz zu verfangen!

Tag 4
Eine ELF-Nachricht wird empfangen. Diese Funkwellen mit extrem niedriger Frequenz werden nicht vom Wasser gestoppt, übertragen allerdings auch nur wenig Information. In diesem Fall erhält die *Ohio* einen dreistelligen Code, die sie anweist, auf Periskoptiefe zu gehen und eine Satellitenmeldung zu empfangen. Auf 20 Meter befiehlt der Kapitän, den nadeldünnen ESM-Mast mit den empfindlichen Radardetektoren auszufahren. Als keine Radaremissionen angezeigt werden, überprüft der Kapitän mittels Periskop, ob die Luft rein ist. Dann fährt er die Funkantenne aus. Via Satellit wird eine Verbindung zu CINCLANT in Norfolk, Virginia hergestellt. Die *Ohio* erhält den Befehl, die Raketenpatrouille weiter draussen im Atlantik fortzusetzen und sich von den Schiffahrtsrouten fernzuhalten. Sie taucht auf 250 Meter und kriecht mit weniger als sechs Knoten in Richtung Südosten.

Tag 7
Nach drei Tagen erreicht die *Ohio* ihren Patrouillenstützpunkt. Jetzt ist es Zeit, zu warten und zu lauschens. Im Osten liegen die atlantischen Nord-Süd-Routen, während im Norden die Haupttransatlantikroute liegt. Die *Ohio* hat ihre Reaktoren gedrosselt und hält

Oben: Unterseeboote haben sich seit dem 2. Weltkrieg stark verändert. Nach wie vor gibt es in den Kontrollzentralen viele Schalter und Handräder, doch mehr und mehr Raum wird von Warnleuchten, Computertastaturen und visuellen Displayeinheiten beansprucht. Auf einem strategischen Raketenpatrouillenboot sind solche Schirme oft der einzige Hinweis darauf, dass man sich irgendwohin bewegt. Im Dienste der Geheimhaltung erzeugen solche Boote sehr wenig Geräusch und ziehen wie riesenhafte Geister durch die Tiefen des Ozeans.

Hauptbild, links: Die USS *Alabama*, ein Boot der »Ohio«-Klasse, verlässt Bangor, Washington, zur 100. Tridentpatrouille, die von der US Navy durchgeführt wird. Es spielt keine Rolle, ob die Patrouille im Pazifik oder im Atlantik stattfindet: von dem Augenblick an, in dem das große Boot abtaucht, wird niemand wissen, wo es ist, bis es in zwei Monaten wieder im Hafen eintrifft.

Links: Die Verpflegung an Bord von U-Booten der US Navy ist ziemlich gut. Tatsächlich ist es eines der Risken einer langen Patrouillenfahrt, dass der Bauchumfang zunimmt! So groß das Schiff auch ist, es gibt keinen Trainingsraum.

nur Steuerfähigkeit. Die US Navy nennt ihre Raketenboote »boomers« (»Knaller«), doch das ist eine Fehlbenennung, da ballistische Raketenboote zu den leisesten Schiffen gehören, die jemals zur See fuhren. Alle Geräuschquellen wurden gedämpft, alle Sonarsysteme besetzt. Das Riesenboot ist so leise und seine »Ohren« sind so empfindlich, dass jedes unbekannte U-Boot, das sich in diesen offenen Gewässern aufhält, sofort gehört und umgangen wird.

Tag 11
Die Besatzung der *Ohio* hat sich an eine Routine gewöhnt. Das einzige Problem für sie ist die Langeweile. Ballistische Raketenboote sind dazu konzipiert, dass sie durch Unauffälligkeit überleben, also tun sie absolut nichts, was Aufmerksamkeit erregen könnte. Auf so einem Schiff zu arbeiten ist ganz anders als auf einem Jäger-Killer. Hier gibt es keine schnellen Jagden, keine Verfolgung anderer Unterseeboote, keine Angriffsübungen auf vorbeifahrende Supertanker, die in einigen Kilometern Entfernung kreuzen. Die *Ohio* gibt einfach vor, nur ein großes Loch im Wasser zu sein, lauscht auf Eindringlinge und macht selbst kein Geräusch.

Tag 12
Frisches Gemüse ist aus. Von jetzt an wird die Crew gefrorenes Gemüse oder Dosengemüse essen.

Tag 13
Die Sonarmannschaft wird von einer Herde vorbeiziehender Wale unterhalten. Manche Sonarleute der US Navy Sonar sind wahre Fachleute für Meeressäugetiere geworden. Das überrascht nicht, da sie während einer einzigen Patrouille mehr Unterwasseraktivität hören als die meisten Meeresbiologen in ihrem ganzen Leben.

Tag 15
Das Sonar meldet ein U-Boot. Nach dem Geräuschmuster handelt es sich um ein einschraubiges Schiff, das mit etwa 25 Knoten fährt. Es wird als Jäger-Killer der »Los Angeles«-Klasse der US Navy identifiziert. Bei dem Tempo hat ihr Sonar nur den Lärm der eigenen Bewegung gehört. Plötzlich verstummt das Motorgeräusch, die »Los Angeles« wird langsamer. Das ist Routine bei Angriffsbooten. Sie bewegen sich kurzzeitig mit hoher Geschwindigkeit und machen häufig Pausen zum Abhören; dies nennt man »sprinten und treiben«. Der Kapitän der *Ohio* verlangsamt fast auf Schneckentempo. Es ist unwichtig, ob das Jagdboot von seiner eigenen Marine stammt; ein »boomer« überlebt durch seine Unsichtbarkeit, und den hoch entwickelten Systemen eines der modernsten amerikanischen Boote zu entkommen, ist ein aufschlußreicher Test dafür, wie gut ein Raketenboot seinen Job macht.

IM KAMPF

Tag 16
Die *Ohio* macht eine Raketenabschussübung. Hierbei werden alle Abläufe imitiert, die bei einem nuklearen Schlagabtausch stattfinden würden. Zuerst erhält der ELF-Funk (extremely low frequency) eine Nachricht von der Sendestation der US Navy, die im Zentrum der USA liegt. Obwohl ELF-Übermittlungen nur wenig Information enthalten, werden sie von Wasser nicht unterbrochen und erreichen damit auch U-Boote in großer Tiefe. Dann steigt das U-Boot auf Periskoptiefe, während es ständig auf feindliche Schiffe lauscht. Nun kann sie Satellitennachrichten empfangen, die in einer strengen Prozedur auf Echtheit überprüft werden. Erst wenn der Kapitän und seine höchsten Offiziere sicher sind, dass der Befehl direkt vom Präsidenten stammt, bereiten sie den Abschuss der Raketen vor. Mehrere Schlüssel müssen zur selben Zeit umgedreht werden, um die Raketenkontrollen zu entsperren und die Raketen scharf zu machen. Das soll verhindern, dass ein einzelner Verrückter den 3. Weltkrieg auslöst. Dann wird jede Minute eine Rakete abgeschossen, bis alle 24 weg sind. Hier liegt der einzige Unterschied zwischen Übung und Ernstfall. Man kann das Schaudern nicht nachahmen, das durch das ganze Boot geht, wenn Druckluft die Raketen aus den Rohren schleudert. Der Großteil der Mannschaft begrüßt das und betet, dass es niemals wirklich stattfinden.

Tag 27
Die Monotonie der Patrouille wird unterbrochen, als ein alter Frachter an der Oberfläche vorbeizieht. Es ist der erste menschliche Kontakt nach mehr als einer Woche.

Tag 29
Die *Ohio* bricht auf Befehl ihre Patrouille einen Tag früher ab. Sie wurde angewiesen, nach Norden zu fahren, unter das arktische Eis, um herauszufinden, ob dort SSBN eingesetzt werden könnten. Es ist ein Risiko, ein Raketenboot in Gewässer zu schicken, in denen die neuesten russischen U-Boote patrouillieren, aber es muss sein.

Tag 35
Die *Ohio* erreicht den Arktischen Ozean an und fährt nach Norden. Sie folgt derselben Route wie Commander Perry 1909, doch die Besatzung des U-Bootes hat es hunderte Meter unter dem Meer bedeutend besser als der US Navy Offizier mit dem Hundeschlitten.

Tag 38
Die *Ohio* hat ein Rendezvous mit der USS *Sea Devil* und dem britischen Unterseeboot HMS *Splendid* unter dem Nordpol. Die zwei Angriffschiffe kommen an die Oberfläche und durchbrechen mit äußerster Vorsicht eine der dünnen Eiskrusten, die *polynyas* genannt werden. Die drei U-Boote erproben das Konzept einer Zusammenarbeit in der Arktis ohne logistische Unterstützung.

Tag 40
Die *Ohio* fährt nach Süden. Vom Nordpol aus geht es überall nach Süden! Sie setzt Kurs in Richtung Atlantik zurück.

Tag 42
Ein leises Geräusch wird georget, das sich sehr langsam bewegt. Es wird als nuklear betriebenes U-Boot mit zwei Schrauben identifiziert, und so etwas bauen nur die Sowjets. Der niedrige Geräuschpegel und die geringe Geschwindigkeit legen nahe, dass es sich um ein Raketenboot handelt. Eine Begegnung zweier SSBNs ist ungewöhnlich, doch die *Ohio* bleibt nicht lange genug, um sich zu vergewissern. Russische Raketenboote werden meistens von Jagdbooten begleitet, und soweit der US Navy bekannt ist, ist es ihnen noch nie gelungen, ein Boot der *Ohio*-Klasse aufzuspüren. Der Kapitän möchte, dass es so bleibt. Die *Ohio* entfernt sich wie ein riesiger Geist.

Tag 43
In sicherer Distanz zu jedem möglichen Feindkontakt schickt die *Ohio* eine Nachrichtenboje zur Oberfläche. Diese übermittelt die Nachricht erst, wenn das Raketenboot weit entfernt ist, und sendet weniger als eine Zehntelsekunde lang an einen Satelliten hoch im Orbit. Dieser sendet sie nach Norfolk. Die *Ohio* berichtet den Kontakt mit dem »Typhoon«-Boot und gibt dessen letzten bekannten Kurs und Geschwindigkeit an.

Tag 44
Die *Ohio* rammt beinahe ein norwegisches Dieselboot, das nur ein Zehntel so groß wie sie selbst ist. Beide sind so leise, dass sie einander nicht hören, bis sie ganz nahe sind. Das norwegische Schiff ist auf Grenzpatrouille und wartet lautlos auf feindliche U-Boote, die in den Bereich ihrer Torpedos kommen. Wieder einmal ist es für das große Raketen-U-Boot notwendig, zu verschwinden.

Oben: Die Besatzung des Raketenraums überprüft die Bedingungen in den riesigen Silos, die soviel Platz an Bord beanspruchen. Zur Wirksamkeit der Abschreckung müssen die Raketen jederzeit abschussbereit sein.

Links: An der Wasseroberfläche ist das Unterseeboot eine linkische Maschine, die ein riesiges Kielwasser erzeugt, wenn sie durch die Meere pflügt. Doch abgetaucht macht ein Raketenboot soviel Geräusch wie »ein jungfräulicher Wal, der das noch länger bleiben will«!

Tag 46
Die *Ohio* kehrt in ihr Patrouillengebiet zurück, bereit für weitere zwei Wochen lautloses Kreuzen.

Tag 48
Die Langeweile der regulären Raketenpatrouille setzt ein. Die einzige Aufregung entsteht, als der Videorecorder im Mannschaftsraum defekt wird. Um die Besatzung bei Laune zu halten und die bevorstehende Meuterei im Keim zu ersticken, muss ihn der Kapitän durch das Gerät aus der Offiziersmesse ersetzen. Der einzige andere Recorder gehört den Senioroffizieren, und Rang alleine würde nicht genügen, damit sie ihn aufgeben.

Tag 55
Die USS *Hawai*, die als Ablösung der *Ohio* den Hafen vor fünf Tagen verlassen hat, sollte nun auf Station sein. Sobald die ELF-Nachricht vom Hauptquartier eintrifft, kann das ältere Boot heimfahren.

Tag 60
Die *Ohio* kommt vor der Küste von Georgia nach 60 Tagen Patrouille zurück an die Oberfläche.

Links: In vielerlei Hinsicht ist es einer der langweiligsten Jobs, den ein Seemann haben kann, Besatzungsmitglied auf einem Raketenboot zu sein, doch es gibt immer etwas zu tun, vor allem die ständige Überwachung und Wartung der Ausrüstung, damit das U-Boot stets einsatzbereit ist.

Unten: Das könnte auch eine Chemiefabrik oder ein Öllager sein, doch es würde schon einen sehr beschränkten Geist brauchen, um ohne das Gefühl böser Vorahnungen durch das schreckliche Vernichtungspotential des Raketendecks zu laufen.

Oben: Zwei Monate auf See werden durch die Bereitstellung all der Annehmlichkeiten der modernen Welt erträglicher. Auch mit Klimaanlage und viel heißem Wasser gibt es immer Bedarf nach einer Waschmaschine!

Unten: Wenn ein riesiges Unterseeboot lautlos in den Hafen schlüpft, zieht ein Schwesterschiff hinaus, um die Bürde der Abschreckung zu tragen. Jede Stunde an jedem Tag des Jahres sind Raketenboote von vier oder fünf Nationen auf See; ihre Bereitschaft ist die Sicherstellung dafür, dass ihre tödliche Waffenlast nie im Kampf eingesetzt wird.

TAKTIK

BASTIONEN IM EIS

Sie sind einige der düstersten Militär Stützpunkte der Welt. Kalt, stürmisch, und für die Hälfte des Jahres dunkel, dennoch ist die Halbinsel Kola das Zuhause für die starke Russische Nördliche Flotte, und vor allem der Mehrheit der USSR's Raketen U-Boote.

Russland besitzt heute, was von der weltweit größten Streitkraft an ballistischen, raketenbestückten U-Booten übrig geblieben ist. Dazu gehören 23 oder mehr Einheiten der Klassen »Delta III/IV« und »Typhoon«, die lange Zeit die größten U-Boote der Welt waren. Die »Delta«-Klasse wurde mittlerweile von der amerikanischen »Ohio«-Klasse überholt; mit über 30000 Tonnen verdrängt eine »Typhoon« mehr als die meisten Flugzeugträger im 2. Weltkrieg.

Die russische Seetaktik wurde immer schon stark von der Geographie bestimmt. Um von eisfreien Häfen aus in das offene Meer zu gelangen, müssen Schiffe Engstellen zum Schwarzen Meer oder zur Ostsee passieren, oder sie müssen von weit vorgelagerten Häfen wie Petropavlovsk auf der Halbinsel Kamtschatka aus in See stechen. Die nördliche Flotte der Sowjetunion wird behindert durch die stürmischen Gewässer der Arktis, das Vordringen der Eisflächen im Winter und die schwere Bewachung der Gewässer rund um Norwegen sowie zwischen Grönland, Island und Großbritannien.

Die ersten strategischen sowjetischen U-Boote litten unter etlichen Nachteilen. Die frühen Raketen hatten eine relativ kurze Reichweite, deshalb mussten die Raketenunterseeboote zwischen den Unterwasserabwehrkräften der NATO Spießruten laufen, um ihre Patrouillengebiete zu erreichen, die oft weniger als 800 Kilometer vor der amerikanischen Küste lagen. Noch dazu waren diese Unterseeboote auch sehr laut und wurden fast unweigerlich von Sonar geortet. Wenn es wirklich zum Krieg gekommen wäre, wären die ersten Boote der »Hotel«- und der »Yankee«-Klasse binnen Minuten versenkt worden.

Moderne russische Unterseeboote

Durch Hightech-Boote und die Entwicklung der Langstreckenraketen veränderte sich all dies. Heutzutage müssen sich russische Boote nicht mehr den Gefahren des Nordatlantiks aussetzen, um die USA zu bedrohen, die trotz der veränderten politischen Situation immer noch den Hauptfeind darstellen.

Moderne russische Unterseeboote können von russisch dominierten Gewässern aus zuschlagen, sogar inmitten der arktischen Eiskappe. Nun sind die Angriffsschiffe gezwungen, zu ihnen kommen, und während des Kalten Krieges verbrachten britische und amerikanische Jagdboote mehr und mehr Zeit »oben im Norden«. Es war für die westlichen Boote eine schwierige Aufgabe, in die »Bärenhöhle« einzudringen, doch trotzdem war die Bedrohung, die von solch fortschrittlichen Gegenspielern ausging, für die nördliche sowjetische Flotte höchst real. Aus diesem Grund ist es bis heute das oberste Ziel der russischen Seetaktik, ihre Raketenunterseeboote zu schützen.

Oben: Ein riesiges Raketenboot der »Typhoon«-Klasse sticht zu einer Patrouille von den Stützpunkten der sowjetischen Nordmeerflotte auf der Halbinsel Kola in See. Mit ihren Langstreckenraketen müsste die »Typhoon« den Hafen kaum verlassen, um einen Treffer zu landen, doch zur zusätzlichen Sicherheit sind die gewaltigen Unterseeboote für den Einsatz unter der arktischen Eiskappe konzipiert, wo westliche Jagdbootkiller sie kaum aufspüren können. Dort sollen sie durch dünne, »polynyas« genannte Eisschichten brechen, um ihre Raketen abzufeuern.

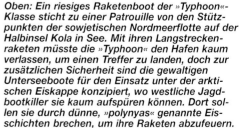

Links: Die dieselgetriebene »Golf«-Klasse beinhaltete die ersten ballistischen raketenbestückten Unterseeboote der Welt. Doch wegen der kurzen Reichweite ihrer Raketen mussten die Boote nahe an der amerikanischen Küste operieren, wo sie leichte Beute der US Navy wurden.

Links: Jede Diskussion der russischen Seestrategie wird von der Geographie dominiert. Die meisten Häfen sind entweder Teile des Jahres zugefroren, oder sie haben, wie im Fall von St. Petersburg, zum Meer nur durch einen Engpass Zugang, der von einem Feind leicht blockiert werden kann. Murmansk ist der einzige eisfreie Hafen mit offeneren Aussichten. Raketenunterseeboote müssen jedoch nicht mehr in den Atlantik gelangen, sie operieren unter Luft- und Bodenschutz von »Bastionen« oder »Zufluchten« im Norden aus. Jeder Angreifer muss sich nun in russisch dominierte Gewässer begeben, um an die Raketenboote heranzukommen.

2 Bedrohung

Trotz der merklichen Entspannung zwischen den Großmächten, werden sich beide Seiten über die Raketenstärke der anderen auf dem laufenden halten, solange die USA und Russland, sowie in geringerem Ausmaß auch Großbritannien und Frankreich, ihre strategische unterseegestützte Raketenstreitmacht aufrechterhalten. Sobald ein Unterseeboot der Nordmeerflotte russische Territorialgewässer verlässt steht es unter Beobachtung notwegischer oder amerikanischer Aufklärungsflugzeuge. Wenn es untertaucht, meistens an einem Punkt etwa 50 Meilen vor der Küste, der von U-Boot-Experten der NATO »Check Point Charlie« genannt wird, geht die Aufgabe an britische und amerikanische Angriffsboote über. Diese sind hochentwickelte, äußerst geräuscharme Boote mit erfahrener Besatzung. Ihre Aufgabe ist es, Kontakt mit dem russischen U-Boot zu halten ohne selbst geortet zu werden; sie sind jederzeit bereit, das Ziel zu zerstören, wenn der 3. Weltkrieg erklärt wird.

1 Situation

Die Stützpunkte der russischen Nordmeerflotte liegen rund um Polyarnyy in der Nähe von Murmansk auf der Halbinsel Kola. Sie sind das ganze Jahr über eisfrei und bieten den Russen den einzigen ungehinderten Zugang zum Nordatlantik. Im Lauf der Jahre wurden die Stützpunkte der Unterseeboote weiter nach Westen auf die Halbinsel Rybachiy verlegt, weniger als 70 Kilometer von der norwegischen Grenze entfernt. Die U-Boote selbst sind in befestigten Unterschlüpfen untergebracht, die tief in die Berge eingegraben sind, die die Bucht von Motovskiy umgeben.

Rechts: Die U-Boote der Nordmeerflotte liegen in Bunkern, die tief in den Granit der Halbinsel Kola eingegraben wurden, wo sie vor allem außer einem direkten Atomschlag sicher sind.

Oben und kleines Bild: Sogar in diesen friedlicheren Zeit kommt die Hauptbedrohung für russische Raketenboote von den Luft- und Unterseestreitkräften der NATO. Seegestützte Flugzeuge patrouillieren regelmäßig über den Gewässern vor dem Nordkap, und britische und amerikanische U-Boote operieren unter dem Eis und dringen sogar tief in die Barentssee, nördlich der russischen Landmasse, ein.

TAKTIK

3 Geleitschiffe

Unter Admiral Sergej Gorshkow entwickelte sich die moderne sowjetische Marine von einer reinen Küstenstreitmacht Ende des 2. Weltkrieges zum Höhepunkt in den 80er Jahren. Laut Gorshkow bestand der oberste Zweck der Flotte darin, die Unterseestreitmacht zu unterstützen, deren wichtigster Teil die Raketenboote waren. Sowjetische *podvodnaya lodka raketna krylataya* (ballistische Raketenunterseeboote) wurden auf ihrer Patrouille für gewöhnlich von Angriffsbooten begleitet. Sie sollten potenziell feindliche Boote jagen und das Raketenboot schützen. Sie arbeiteten selten allein, außer wenn sie an dem potenziell tödlichen Versteckspiel unter dem arktischen Eis teilnahmen. Die sowjetische Doktrin betonte, wie wichtig es war, das Unterwasseroperationen auf verschiedenen Plattformen unter, auf und über dem Wasser basierten, die sich gegenseitig unterstützten. Die Komplexität solcher Einsätze erforderte eine zentrale Kontrolle, und sowjetische Kommandanten zeigten selten Initiative, wie westliche Kapitäne sie an den Tag legten. Der Zusammenbruch der russischen Militärmacht und das Ende des Kalten Krieges machten solche Überlegungen obsolet.

Oben: Die russische Marine wird jedes andere Waffensystem unterordnen, um ihre ballistischen Raketenunterseeboot zu schützen. Für gewöhnlich wird einem Raketenboot ein Regiment von maritimen Aufklärungsflugzeugen beigeordnet, wie die Il-38 »May«, um jedes Gebiet von feindlichen U-Booten freizuhalten.

Unten: Russische Raketenboote werden regelmäßig von Jäger-Killer-Eskorten begleitet. Boote wie die »Akula« sind schneller und können tiefer tauchen als ihre westlichen Pendants, und fast ebenso leise. Jedes U-Boot NATO müsste zwischen den modernsten russischen Booten Spießruten laufen, um an ein Raketenboot zu kommen.

Rechts: Sowjetische Oberflächenseestreitkräfte wurden ebenfalls eingesetzt, um Raketenboote zu schützen. Ein Anti-U-Boot-Gruppe wie diese umfasst Korvetten der »Mirka«-Klasse und den Helikopterkreuzer Moskva; sie würden eine Barriere zwischen der Bastion und jeder sich nähernden Bedrohung bilden.

Unten: Diese Illustration des US Verteidigungsministeriums zeigt die sowjetische Bedrohung aus der Sicht des Pentagon, als U-Boot der »Delta IV«-Klasse beim Abschuss einer SS-N-23. Aufgrund der Abschreckung endete der Kalte Krieg und ein russischer Staat folgte der UdSSR.

4 Bastionen

Mit modernen Langstreckenraketen können russische U-Boote heute nahe der Heimat operieren. Indem sie »Zufluchten« oder »Bastionen« bildet kann die Nordmeerflotte westlichen Jagdbooten, die zu den Raketenbooten vordringen wollen, große Probleme bereiten. Minenfelder an strategischen Punkten machen das Eindringen riskant, drängen Eindringlinge in ausgewählte Gegenden oder zwingen sie zu großen Umwegen unter das Eis. Auf Unterwasserabwehr spezialisierte Bodeneinheiten arbeiten mit Unterwassereinheiten und Patrouillenflugzeugstaffeln in der Größe von Regimentern zusammen, um die Raketenboote zu schützen. Daneben tragen die neuesten Raketenboote, wie die riesige »Typhoon«, zu den Schwierigkeiten der NATO bei, indem sie unter dem Packeis operieren. Dies ist eine besonders schwierige Umgebung zur Unterwasserabwehr, weil das permanente Reiben von Millionen Tonnen Eis die schwachen Geräusche eines langsam fahrenden U-Bootes tarnt, und deshalb patrouillieren britische und amerikanische Boote regelmäßig bis zum Nordpol.

BEWAFFNUNG UND AUSSTATTUNG
FLUGZEUGTRÄGER

Die Realität moderner Seestreitkräfte wird von vier Grumman F-14 Tomcats anschaulich illustriert, die den Superflugzeugträger USS Dwight D. Eisenhower überfliegen, eines der größten und mächtigsten jemals gebauten Kriegsschiffe.

In den letzten 70 Jahren haben sich Flugzeugträger zu den mächtigsten und vielseitigsten Kriegsschiffen entwickelt, die die Welt jemals gesehen hat.

Wie ein riesiger Geschäftskomplex, der sich schneller bewegt als der Stadtverkehr, fährt das größte und kampfstärkste Kriegsschiff der Welt durch den Golf. Es ist gezwungen, einen Kurs hart am Wind zu halten, der bis zu 50 Knoten stark ist. Es kreuzt lange, glatte Wellen, die von der anderen Seite der Welt herangerollte sind, und dadurch bewegt sie sich langsam in einer eigenartigen Korkenzieherbewegung vorwärts, ab und an unterbrochen von einem plötzlichen Schütteln, das durch das ganze Schiff geht.

Nach einem kalten, bewölkten Nachmittag wird es dunkel, aber zwei Maschinen der auf dem Schiff stationierten, zehn Flugzeuge umfassenden S-3 Viking-Geschwader halten rund um die Uhr Ausschau nach Unterseebooten; zwei Grumman E-2C Hawkeye und vier F-14 Tomcat sind auf Langstreckenaufklärung, um sich nähernde feindliche Flugzeuge oder Raketen aufzuspüren, und die Deckmannschaft wartet nervös auf einen Nachzügler einer Spezialeinheit aus A-6 Intrudern. In der Nähe des Schiffes, tief über den Wellen, flattern zwei Sea King-Hubschrauber geschäftig, bereit, die Besatzung aus dem Wasser zu holen, falls es ein Flugzeug nicht schafft, auf dem Flugdeck zu landen.

Schwierige Landung

Ein Flugzeugträger ist trotz seiner Größe ist für einen anfliegenden Piloten nur ein kleines, sich ständig bewegendes Objekt. »Du versuchst auf etwas zu landen, das wie ein Flipper am anderen Ende eines Fußballfeldes aussieht,« sagte einmal ein Pilot. Und trotz der hoch entwickelten Blindanflugssysteme erfolgen alle Landungen, ob bei Tag oder bei Nacht, auf Sicht.

Der Landesignaloffizier (LSO) befindet sich mit seiner Mannschaft auf einer kleinen Plattform am Heck des Schiffes und wartet auf ankommende Flugzeuge. Er ist ein erfahrener Flugzeugträgerpilot und während er seine roten und grünen Scheinwerfer einschaltet, die das Lichtlandegerät - auch »meatball« (»Fleischkloß«) genannt - beleuchten, das das Flugzeug automatisch auf die richtige Flugbahn leitet, schätzt er die korrekte Flughöhe und Geschwindigkeit und schaltet eine Reihe von Scheinwerfern an, die anzeigen, dass das Flugdeck frei ist.

Vier Fangkabel sind quer über das Deck gespannt. Jedes davon hat eine Zugfestigkeit von 80000 kg und wird nach nur wenigen Landun-

Eine Super Etendard der französischen Marine im Katapult des Flugzeugträgers Clemenceau. Seit die Briten die alte Ark Royal außer Dienst gestellt haben, ist Frankreich die einzige westliche Nation außer den USA, die die Entwicklung moderner Trägerschiffe fortsetzen.

Flugdeck berühren, gibt der Pilot Vollgas. Zu hoch! Er verfehlt die vierte Fangleine, und startet in einem Funkenregen, der vom nachgezogenen Fanghaken spritzt, auf dem schrägen Flugdeck durch, in sicherer Distanz zu den rund um die »Insel« des Schiffes dicht geparkten Flugzeugen, und »haut ab«, um einen neuen Versuch zu machen. Wenn er schon Fehllandungen auf seinem Konto hat, könnte ihm dieses Versagen auf Antrag des LSO den Job kosten.

In der Zwischenzeit ist im vorderen Teil des Flugdecks eine neue Patrouille aus zwei Hawkeyes, dem einzigen noch auf Trägern operierenden Propellerflugzeug, bereit, die nächste Wache zu übernehmen. Die großen vierblättrigen Propeller arbeiten gegen die Kraft der Bremshebel des Dampfkatapults an, während der Katapultoffizier der Katapultmannschaft das Zeichen »Fertig« gibt.

Es gibt ein Zischen, eine Dampfwolke, und die erste Haweye wird vom Bug des Schiffes katapultiert. Die Startgeschwindigkeit ist anders als an Land, weil es keine kontinuierliche Beschleunigung gibt und weil sie das physische Reaktionsvermögen des Piloten und seiner Instrumente übersteigt. Er muss sich auf die Klappeneinstellung und die Erfahrung der Deckmannschaft verlassen, bis er einige hundert Meter vom Bug entfernt die Kontrolle wiedererlangt. Dreissig Sekunden später folgt die zweite Hawkeye.

Britische Ideen

Es ist eine Ironie des Schicksals, dass die Royal Navy heute keinen einzigen Flugzeugträger mehr besitzt, auf dem man konventionell landen kann, obwohl die drei größten technischen Fortschritte, die große Flugzeugträger Teil moderner Flotten bleiben ließen, von den Briten kamen: das Flugdeck, das schräg zur Mittellinie liegt und dadurch gefahrloses Durchstarten ermöglicht, das weder Mannschaft noch Maschinen am Vorderdeck gefährdet; das Lichtlandesystem; und das Dampfkatapult.

Nach dem 2. Weltkrieg wurde der fortwährende Wert von seegestützten Flugzeugen nicht nur im Korea- und im Vietnamkrieg bewiesen, sondern auch bei kurzfristigen Einsätzen wie der Suezkrise 1956. Aber die Entwicklung der Senkrechtstarter, verbunden mit der Versicherung der RAF, dass landgestützte Flugzeuge alle notwendigen Angriffe fliegen könnten, ohne dass die

gen über Bord geworfen, um sicherzustellen, dass es nicht wieder verwendet werden kann. Der Pilot versucht, das Dritte zu erwischen: wenn er sich im ersten oder zweiten einhakt, war sein Anflug zu niedrig; das Vierte zeigt einen zu hohen Anflug an.

Mit kreischenden Motoren kommt die Intruder mit etwa 230 km/h herein, und als die Räder das

RÜCKBLICK

Der erste Krieg mit Flugzeugträgern

Die Briten waren die ersten, die Flugzeugträger im Kampf einsetzten, doch erst im Krieg zwischen Japan und den USA im Pazifik kamen Flugzeugträger wirklich zur Geltung. Träger machten den Überfall auf Pearl Harbor, Träger wendeten das Blatt im Korallenmeer und bei Midway, und mit Träger brachte die US Navy auf das japanische Kernland. Zu Beginn des Krieges hatte die US Navy sieben Flugzeugträger im Einsatz; bis 1945 besaß sie 17 Flottenträger, acht leichte Träger und nicht weniger als 60 Eskortträger, die allein im Pazifik operierten. Zu diesen kamen die vier Flugzeugträger der Royal Navy hinzu. Zu dieser Zeit hatte Japan insgesamt drei Flugzeugträger auf dem Meer, und alle drei waren durch amerikanische Luftangriffe schwer beschädigt worden.

Ein Curtiss SB2C Sturzflugbomber überfliegt einen Flugzeugträger der »Essex«-Klasse. Zu Kriegsende konnte die Trägerflotte der US Navy 1000 Luftangriffe auf Japan fliegen.

FLUGZEUGTRÄGER - Zum Nachschlagen

175   FRANKREICH

»Clemenceau«-Klasse

Die beiden Schiffe der »Clemenceau«-Klasse, die *Clemenceau* und die *Foch*, waren die ersten französischen Flugzeugträger, die 1961 beziehungsweise 1963 als solche entworfen und konstruiert wurden. Der Rumpf glich denen der Trägerschiffe aus der »Essex«-Klasse der US-Navy. Bei ihrer Fertigstellung waren die Schiffe mit einer beträchtlichen Anzahl Kanonen bestückt, doch diese wurde im Lauf der Jahre immer weiter reduziert. Das Flugdeck war 257 Meter lang und 51,2 Meter breit und beinhaltet einen 8 Grad angewinkelten Abschnitt, der 165,5 Meter lang und 29,5 Meter breit ist. Auf dem schrägen Abschnitt gab es ein einzelnes Dampfkatapult, am Bug ein weiteres. Es gab zwei Aufzüge, einer achtern an der Steuerbordkante und der andere in der Bugsektion des Flugdecks. Die Sollstärke an Flugzeugen betrug 40 Stück, davon etwa 35 Flugzeuge mit fixen Flügeln und zwei oder vier Gebrauchshelikopter. Zu den Fixflügelmaschinen gehörten zehn Vought F-8E (FN) Crusader Jagdflugzeuge, 18 Dassault Breguet Super Entendarf Angriffsjäger (bestückt mit der Exocet Antischiffsrakete ebenso wie mit Nuklearwaffen, wie etwa der ASMP-Rakete und der AN52-Bombe), sowie sieben Dassault Breguet Alizé Antiunterwasserflugzeuge.

Die Schiffe wurden in den späten 90er Jahren aus dem aktiven Dienst genommen. Sie sollen durch den neuen nuklear betriebenen Flugzeugträger »Charles de Gaulle« ersetzt werden.

Beschreibung
»Clemenceau«-Klasse
Typ: Mehrzweck-Flugzeugträger
Verdrängung: 32780 Tonnen voll beladen
Bewaffnung: vier 100-mm-Kanonen und zwei Naval Crotale achtfache Raketenwerfer für R.440 Boden-Luft-Raketen
Antrieb: zwei Dampfturbinen mit 46973 kW (63000 PS)
Leistung: Höchstgeschwindigkeit 32 kt (59 km/h); Reichweite 13900 km
Abmessungen: Gesamtlänge 265 m; größte Breite 31,7 m
Besatzung: 1338
Benutzer: Frankreich

Kosten eskalierten, überzeugte die britische Regierung 1966, die großen Träger aufzulassen. Allerdings sah die Strategic Defence Review 1998 den Bau von zwei Flugzeugträgern mit 50000 Tonnen in diesem Jahrhundert vor. Darauf werden die neuen Joint Strike Fighter (JSF) in der Senkrechtsstarterversion stationiert. Dieses CV(F) genannte Modell könnte auch für die französische Marine gebaut werden.

Die ersten Flugzeugträger, die speziell für Düsenflugzeuge gebaut wurden, gehörten zur »Forrestal«-Klasse der US Navy. Sie wurden 1955–59 in Dienst gestellt, um die Atombomber der Navy, wie zum Beispiel die Savage und die Skywarrior, zu befördern. Mit einer Standardverdrängung von mehr als 60000 Tonnen und einer Flugdecklänge von über 330 Metern waren sie bedeutend größer als alles, das sonst noch

Die Ansicht des Profis:

Flugzeugträger

»Es soll der beste Job in der Navy sein, obwohl man nie weiß, wie lange eine Mission dauern wird. Es gibt nur 13 Flugzeugträger im Einsatz, und einen davon befehlige ich. Wir haben mehr Zerstörungskraft an Bord als die gesamte US Navy im 2. Weltkrieg.«

Captain, USS *John F. Kennedy*

Die Clemenceau *fährt in die Straße von Cannes ein. Obwohl sie für amerikanische Verhältnisse klein sind, gaben die beiden* »Clemenceaus« *Frankreich eine beachtliche Möglichkeit, Streitkräfte um die Welt zu verschieben. 1999 sollen sie von atomgetriebenen Schiffen ersetzt werden.*

176

FRÜHERE UDSSR

»Admiral Kuznetsov«-Klasse

Nachdem die UdSSR in Bezug auf Design und Operation Erfahrung mit den beiden Helikopter-Trägern der »Moskva«-Klasse und mit den vier Hybridraketenkreuzern und STOVL-Trägerschiffen der »Kiev«-Klasse gesammelt hatte, begann sie 1983 mit der Kontruktion ihres ersten echten Flugzeugträger. Diese beiden Flugzeugträger, die in der ersten Hälfte der 90er Jahre in Dienst gestellt werden sollten, waren die »Admiral Kuznetsov« und die »Varyag«. Diese Schiffe besaßen das Standardflugdeck, bestehend aus einer Kombination von Bugsektion (in diesem Fall jedoch mit 12 Grad ansteigender »Schischanze«) und schräger Sektion, die von drei Liften versorgt werden.

Die Schiffe waren für die Unterbringung von konventionellen Flugzeugen konzipiert, und zwar der Yakovlev Yak-38 und der stark verbesserten Yak-41 STOVL-Modelle, unterstützt von maritimen Versionen der landgestützten Jagdflugzeuge Mikoyan-Gurevich MiG-29 und/oder Sukhoi Su-27, was eine Summe von 50 Flugzeugen mit starren Flügeln ergibt, bei einer Gesamtstärke von 70 Luftfahrzeugen an Bord.
Das Design des Projekts 1143.4 hat sich nicht als uneingeschränkter Erfolg erwiesen. Nach dem Fall der Sowjetunion wurden die Arbeiten an der »Varyag« eingestellt, und die »Kuznetsov« wird seit 1987 getestet.

Beschreibung
»Admiral Kurznetsov«-Klasse
Typ: Mehrzweck-Flugzeugträger
Verdrängung: etwa 65000 Tonnen voll beladen

Bewaffnung: mehrere 100-mm- oder 76-mm-Kanonen, mehrere Hybrid-30-mm-Kanonen/SA-19 Boden-Luft-Raketen-Abschussvorrichtungen, 24 achtfache Raketenwerfer für SA-N-9 Boden-Luft-Raketen und mehrere SS-N-19 Antischiffsraketen
Antrieb: wahrscheinlich vier Dampfturbinen mit 28000 kW (37555 PS)
Leistung: Höchstgeschwindigkeit 32 kt (59 km/h)
Abmessungen: Gesamtlänge 300 m; größte Breite 38,0 m
Besatzung: unbekannt
Benutzer: UdSSR

Eine F/A-18 Hornet rollt zum Start in das Katapult. Moderne seegestützte Flugzeuge wie die Hornet sind zumindest gleich gut, wenn nicht sogar besser als ihre landgestützten Pendants.

Mit einer maritimen Besatzung von ungefähr 3000 Mann und einer ähnlichen Anzahl an Flugpersonal für die 90 Flugzeuge, einem Krankenhaus für 80 oder noch mehr Patienten, einer Bibliothek, Läden zum Einkaufen, sowie einem eigenen Fernseh- und Radiosender sind diese Riesenschiffe wie schwimmende Häuserblocks einer Stadt. Trotzdem sind sie bis zu 35 Koten schnell und so wendig, wie Schiffe dieser Größe nur sein können.

Französische Flugzeugträger

Mit einer Verdrängung von etwas über 27000 Tonnen und einer Länge von 265 Metern sind die zwei französischen Schiffe *Clemenceau* und *Foch*, die 1961 in Dienst gestellt wurden, viel kleiner. Sie beförderten 40 Flugzeuge, hauptsächlich Super Entendards. Die nuklear betriebene »Charles De Gaulle«-Klasse wird vorraussichtlich Ende 1999 vom Stapel laufen.

Lange Zeit war man der Meinung, dass Flugzeugträger bei Angriffen durch ihre eigenen Flugzeuge geschützt würden, oder durch die Kanonen der Geleitschiffe. Von den US Nachkriegsträgern der »Midway«-Klasse wurden sogar die Geschütze abmontiert, um mehr Platz für Hangars und Treibstoff zu gewinnen. Die

schwamm, doch sie wurden bald von der USS *Enterprise* (fast 76000 Tonnen, 365 Meter Länge) überholt, dem ersten nuklear betriebenen Träger, der 1961 in Dienst gestellt wurde.

Vier konventionell mit Dampf betriebene Flugzeugträger der »Kitty Hawk«-Klasse wurden zwischen 1961 und 1968 in Dienst gestellt, doch bald danach bestand der US Kongress darauf, das nuklear betriebene Schiffe gebaut wurden. Das Ergebnis waren drei Schiffe der »Nimitz«-Klasse (91000 Tonnen bei Volllast), deren namensgebendes Schiff 1975 in Dienst gestellt wurde. Die Atomreaktoren dieser Schiffe können sie 13 Jahre lang auf See kreuzen lassen.

---

177 »Nimitz«-Klasse

 USA

Die »Nimitz«-Klasse ist die größte Flugzeugträgerklasse der Welt, und die einzelnen Schiffe sind sowohl die größten als auch die leistungsfähigsten Oberflächenkampfschiffe im Dienste einer Marine. Im Vergleich zur *Enterprise*, die bahnbrechend für das Konzept eines nuklear angetriebenen Flugzeugträgers gewesen war, haben die Schiffe der »Nimitz«-Klasse ohne Kraftverlust zwei anstelle von acht Reaktoren, wobei das gewonnene Raumvolumen für Flugzeugbestückung und Treibstoff genutzt wird, wodurch das Schiff 16 statt 12 Tage ununterbrochen im Einsatz sein kann.

Das erste Schiff dieser Klasse wurde 1975 in Dienst gestellt, und das Programm wird Anfang des neuen Jahrtausends abgeschlossen sein. Die Schiffe sind alle gekennzeichnet durch weit fortgeschrittene Bordsysteme, zusätzlich zu ihren Flugzeugen. Zu dieser Klasse gehören die *Nimitz*, die *Dwight D. Eisenhower* und die *Carl Vinson*. Die *Theodore Roosevelt*, die *Abraham Lincoln*, die *George Washington*, die *John C. Steunis* und die *Harry S. Truman* bilden eine Unterklasse, zusammen mit der *Ronald Reagan* und einem zehnten Schwesterschiff, das zwischen 2002 und 2008 geliefert werden soll. Danach wird ein neues CVX-Design gebaut werden.

Beschreibung
»Nimitz«-Klasse
Typ: Mehrzweck-Flugzeugträger
Verdrängung: 91485 Tonnen voll beladen bei den ersten drei Schiffen; 96350 Tonnen voll beladen bei den späteren Schiffen
Bewaffnung: drei oder (bei den letzten fünf Schiffen) vier 20-mm-Phalanx-CIWS-Vorrichtungen und drei achtfache Raketenwerfer für Sea Sparrow Boden-Luft-Raketen
Antrieb: vier Dampfturbinen mit 52200 kW (70000 PS), angetrieben von zwei Reaktoren
Leistung: Höchstgeschwindigkeit 30 kt (55,5 km/h); Reichweite im Wesentlichen unbegrenzt
Abmessungen: Gesamtlänge 332,9 m; größte Breite 40,8 m
Besatzung: 3300 plus einer Fluggruppe von etwa 3000
Benutzer: USA

---

178 »Kitty Hawk«-Klasse

 USA

Die drei Schiffe der »Kitty Hawk«-Klasse sind die *Kitty Hawk*, die *Constellation* und die *America*, die auf einem verbesserten Design der »Forrestal«-Klasse beruhten und in der ersten Hälfte der 60er Jahre in Dienst gestellt wurden. Eine vierte Einheit, die John F. Kennedy aus der »John F. Kennedy«-Klasse, die 1968 vom Stapel lief, ist im Grunde sehr ähnlich, bis auf den Umstand, dass sie den Unterwasserschutz besitzt, der für die nuklear angetriebenen Flugzeugträger der US Navy entworfen worden war.

Die Schiffe tragen jeweils eine Gruppe von etwa 90 Flugzeugen, zu denen so fortgeschrittene Modelle wie die Gumman F-14 Tomcat und die Lockheed S-3 Viking gehören. Das gibt diesen Schiffen potenziell dieselben Fähigkeiten wie den Schiffen der »Nimitz«-Klasse, doch nur über kürzere Einsatzperioden, weil die Bunkerbedürfnisse der Schiffe selbst die Möglichkeiten zum Einlagern von Verbrauchsgütern für die Flugzeuge (Waffen und Treibstoff) beschränkt. Das Flugdeck ist so lang wie die Schiffe selbst, und weist eine Breite von 76,2 Metern bei den ersten beiden Einheiten, 81,1 Meter bei der dritten und 81,6 Meter bei der letzten Einheit auf.

Beschreibung
»Kitty Hawk«-Klasse
Typ: Mehrzweck-Flugzeugträger
Verdrängung: 80800 Tonnen voll beladen bei den ersten drei Schiffen; 82000 Tonnen voll beladen beim vierten Schiff
Bewaffnung: drei oder (beim letzten Schiff) eine 20-mm-Phalanx-CIWS-Vorrichtungen und drei achtfache Raketenwerfer für Sea Sparrow Boden-Luft-Raketen
Antrieb: vier Dampfturbinen mit 52192 kW (70000 PS)
Leistung: Höchstgeschwindigkeit 30 kt (55,5 km/h); Reichweite 22210 km
Abmessungen: Gesamtlänge 324 m (erstes Schiff); 327,1 m (zweites Schiff); 319,5 m (die letzten beiden Schiffe); größte Breite 39,5 m (die ersten beiden Schiffe) und 39,6 m (die letzten beiden Schiffe)
Besatzung: 2920 plus einer Fluggruppe von etwa 2500
Benutzer: USA

Die Entwicklung des Flugdecks auf Flugzeugträgern

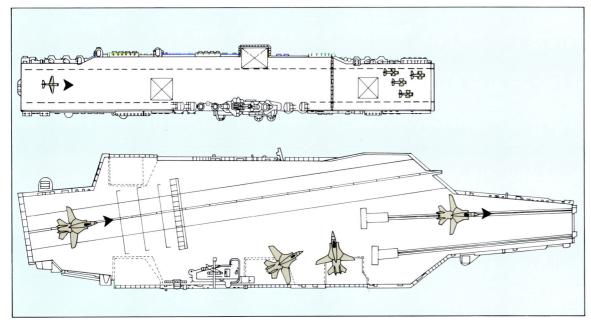

Die Entwicklung des Landedecks auf Flugzeugträgern verlief nicht kontinuierlich. Auf den ersten Schiffen, die Flugzeuge mitführten, gab es »Abflugdecks« über dem Bug, wo Flugzeuge starten konnten, doch wieder auf dem Schiff zu landen war nahezu unmöglich. Die Antwort darauf war das durchgehende Flugdeck. Das leistete im 2. Weltkrieg gute Dienste, obwohl es unmöglich war, gleichzeitig Flugzeuge starten und landen zu lassen. Als nach dem Krieg größere und schnellere Düsenflugzeuge in Dienst gestellt wurden, wurde es auf dem geraden Deck gefährlich, und die Unfallrate stieg dramatisch an. Viele Experten meinten, dass der Flugzeugträger seine Grenzen erreicht hätte. Die britische Erfindung des schrägen Flugdecks änderte alles. Landende Flugzeuge haben nun ein klares Rollfeld vor sich, auf dem sie durchstarten können, wenn der Anflug nicht stimmt. Es ermöglicht dem Flugzeugträger auch, gleichzeitig Starts und Landungen abzuwickeln.

ersten russischen Träger allerdings, vier Schiffe der »Kiev«-Klasse (35000 Tonnen Verdrängung), die seit 1975 in Dienst gestellt wurden, wurden mit einer beachtlichen Anzahl an Raketenwerfern bestückt. Deshalb hatten sie keine Bugkatapulte und mussten sich auf senkrecht startende Yak-38 und Hubschraubern beschränken. Diese Schiffe waren beindruckende Erscheinungen, weil sie in Wahrheit Kreuzer mit einem 189 Meter langen, leicht schrägen Flugdeck, das Backbord von der Mittellinie lag. Von dieser Klasse ist nur eine einzige noch im Einsatz, die »Admiral Gossfikow«, doch auch sie wird vielleicht in absehbarer Zeit an Indien verkauft.

Dieses Schiff hat eine Verdrängung von 65000 Tonnen, ein anderes, nuklear betriebenes Schiff, die *Ulyanovsk*, deren Bau 1988 begonnen

179 »Forrestal«-Klasse

USA

Die vier Einheiten der »**Forrestal**«-**Klasse** waren ursprünglich als kleinere Versionen des großen Glattdeck-Angriffsflugzeugträger *America* gedacht, der gestrichen wurde. So wurden die vier Schiffe modifiziert und nach konventionellen Entwürfen gebaut, um ab Mitte der 50er Jahre als die ersten Flugzeugträger aufzutreten, die von den USA speziell für den Einsatz von Düsenflugzeugen produziert worden waren. Als solche besaßen die Schiffe (die *Forrestal*, die *Saratoga*, die *Ranger* und die *Independence*) konventionelle Deckaufbauten an Steuerbord und eine schräge Flugdeckanordnung, die die Unterbringung von vier Dampfkatapulten erlaubte, je zwei am Bug und im schrägen Abschnitt. Das Flugdeck der ersten drei Schiffe maß 316,7 Meter in der Länge und 72,5 Meter in der Breite, während diese Zahlen für das letzte Schiff 319 Meter beziehungsweise 72,7 Meter betrugen. Die Stärke der Luftgruppe lag bei etwa 90, ungefähr im Bereich der »Nimitz«-Klasse. Die Schiffe wurden ständig elektronisch aufgerüstet, und der Schutz wurde durch die zusätzliche Anbringung von Rüstungsplatten aus Kevlar an den verwundbarsten Stellen verstärkt. Heute steht keines dieser Schiffe mehr im Dienst.

Beschreibung
»**Forrestal**«-**Klasse**
Typ: Mehrzweck-Flugzeugträger
Verdrängung: 78000 Tonnen voll beladen
Bewaffnung: drei 20-mm-Phalanx-CIWS-Vorrichtungen (nur beim ersten Schiff) und drei achtfache Raketenwerfer für Sea Sparrow Boden-Luft-Raketen
Antrieb: vier Dampfturbinen mit 48464 kW (65000 PS) oder (für die letzten drei Schiffe) 52192 kW (70000 PS)
Leistung: Höchstgeschwindigkeit 33 kt (61 km/h) oder (für die letzten drei Schiffe) 34 kt (63 km/h); Reichweite 22210 km

Abmessungen: Gesamtlänge 316,7 m oder 319 m (letztes Schiff); größte Breite 39,5 m
Besatzung: 2945 plus einer Fluggruppe von etwa 2500
Benutzer: USA

180 »Midway«-Klasse

USA

Die beiden Schiffe der »**Midway**«-**Klasse** sind die ältesten Hochklasse-Flugzeugträger. Die Einheiten wurde Ende des 2. Weltkrieges geplant und wurden die ersten Flugzeugträger der Welt, auf denen ohne Modifikation düsengetriebene Flugzeuge für den Nuklearschlag im Einsatz waren. Die *Midway* und die *Coral Sea* überlebten ihr Schwesterschiff, die *Franklin D. Roosevelt*, die 1977 abgewrackt wurde. Im Laufe der Jahre wurden die Schiffe in ihrer Leistungsfähigkeit ständig weiter aufgerüstet, während die Kanonenbewaffnung stetig reduziert wurde. Zu ersterem gehörte die Einführung eines schrägen Flugdecks und moderner Landehilfen, zu letzterem der Ersatz relativ zahlreicher klein- und mittelkalibriger Kanonen durch Raketen und Nahkampfsystemvorrichtungen. Die Schiffe besitzen drei Aufzüge am Rande des Decks, sowie zwei (Midway) beziehungsweise drei (Coral Sea) Dampfkatapulte. Das Flugdeck misst 298,4 Meter in der Länge und 72,5 Meter in der Breite. Das ist zu klein für den Einsatz von verschiedenen neuesten Flugzeugen der US Navy (vor allem des Jagdflugzeugs Grumman F-14 und des Antiunterseebootsjägers Lockheed S-3). Deshalb wurden die Flugzeugträger in Gebieten von sekundärer Bedrohung stationiert, mit einer Besetzung von 75 Flugzeugen. Beide Schiffe wurden in den 90er Jahren abgewrackt, als mehr Schiffe der »Nimitz«-Klasse verfügbar wurden.

Beschreibung
»**Midway**«-**Klasse**
Typ: Mehrzweck-Flugzeugträger
Verdrängung: 62200 Tonnen voll beladen
Bewaffnung: drei 20-mm-Phalanx-CIWS-Vorrichtungen und (nur Midway) zwei achtfache Raketenwerfer für Sea Sparrow Boden-Luft-Raketen
Antrieb: vier Dampfturbinen mit 39517 kW (53000 PS)
Leistung: Höchstgeschwindigkeit 32 kt (59 km/h); Reichweite 27800 km

Abmessungen: Gesamtlänge 298,4 m; größte Breite 36,9 m
Besatzung: 2510 plus einer Fluggruppe von etwa 1950
Benutzer: USA

Flugzeugträger im Wandel

Innerhalb eines halben Jahrhunderts steigerte sich die Leistungsfähigkeit der Flugzeugträger von der HMS *Hermes*, dem ersten als solchen erbauten Flugzeugträger, bis zur mächtigen, nuklear getriebenen USS *Nimitz*.

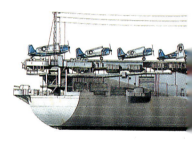

Oben: In den Aufbauten des Flugzeugträgers befinden sich unzählige Antennen für Radar, elektronische Kriegsführung und Funk, die für ein modernes Kriegsschiff notwendig sind.

Unten: In den 80er Jahren operierten erstmals seit dem 2. Weltkrieg alte und neue Großschiffe zusammen. Hier begleitet die Saratoga das Kriegsschiff Iowa.

wurde, wurde noch während der Konstruktion im Dock abgebrochen. Das bedeutete das Ende für die russischen Hoffnungen, den amerikanischen Vorsprung auf dem Gebiet der Flugzeugträger vielleicht doch noch aufzuholen.

Für die amerikanischen und die russischen Seestreitkräfte sind diese Superflugzeugträger offensichtlich von großer Bedeutung. Sie können sich nahezu überall in der Welt der feindlichen Küstenlinie nähern und eine taktische Offensive unternehmen, ohne dass man einen Stützpunkt an Land benötigt. Dramatisch illustriert wurde das durch die alte *Coral Sea*, die 1986 bei der Bombadierung von Libyen eingesetzt war. Ihre Mobilität und die Bedrohung, die von ihrer eindrucksvollen Bewaffnung ausgeht, spielt heute eine äußerst wichtige Rolle bei der Erhaltung des Weltfriedens.

HMS Hermes 1922 🇬🇧

Unten: Die 13000 Tonnen schwere *Hermes* war der erste als solcher erbaute Flugzeugträger. Sie brachte es auf 22 Knoten und wurde 1942 von japanischen Sturzflugbombern versenkt.

Unten: Die *Hermes* trug im 2. Weltkrieg nur 12 Flugzeuge und war mit einer Defensivbewaffnung von einem vierfachen Pompom und sechs Kanonen bestückt.

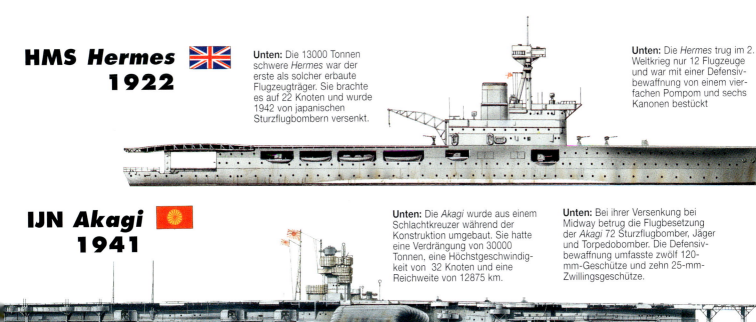

IJN Akagi 1941

Unten: Die *Akagi* wurde aus einem Schlachtkreuzer während der Konstruktion umgebaut. Sie hatte eine Verdrängung von 30000 Tonnen, eine Höchstgeschwindigkeit von 32 Knoten und eine Reichweite von 12875 km.

Unten: Bei ihrer Versenkung bei Midway betrug die Flugbesetzung der *Akagi* 72 Sturzflugbomber, Jäger und Torpedobomber. Die Defensivbewaffnung umfasste zwölf 120-mm-Geschütze und zehn 25-mm-Zwillingsgeschütze.

USS Intrepid 1945 🇺🇸

Unten: Flugzeugträger der »Essex«-Klasse machten bis zu 33 Knoten und hatten eine Reichweite von 24140 Kilometern. Die Verdrängung bei voller Beladung stieg im Verlauf des Krieges auf 35500 Tonnen.

Unten: Flugzeugträger der »Essex«-Klasse beförderten oft mehr als 100 Flugzeuge in den Kampf. Die Defensivbewaffnung beinhaltete zwölf 127-mm-Geschütze, 32 40-mm- und 46 20-mm-Kanonen.

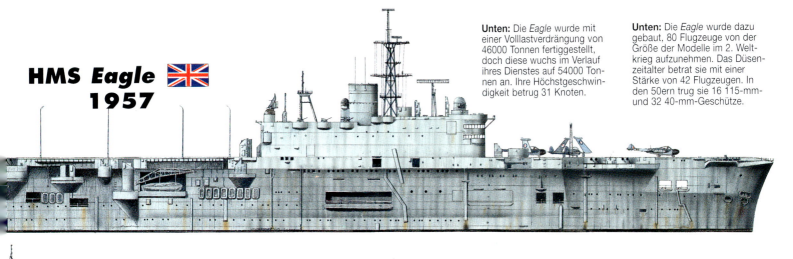

HMS Eagle 1957 🇬🇧

Unten: Die *Eagle* wurde mit einer Volllastverdrängung von 46000 Tonnen fertiggestellt, doch diese wuchs im Verlauf ihres Dienstes auf 54000 Tonnen an. Ihre Höchstgeschwindigkeit betrug 31 Knoten.

Unten: Die *Eagle* wurde dazu gebaut, 80 Flugzeuge von der Größe der Modelle im 2. Weltkrieg aufzunehmen. Das Düsenzeitalter betrat sie mit einer Stärke von 42 Flugzeugen. In den 50ern trug sie 16 115-mm- und 32 40-mm-Geschütze.

USS Nimitz 1975 🇺🇸

Unten: Die mächtig *Nimitz* kann fast 40 Knoten erreichen und hat aufgrund ihres nuklearen Antriebs unbeschränkte Reichweite. Sie hat eine Verdrängung von 95 Tonnen bei voller Beladung.

Unten: Die Luftstärke eines Superträgers beträgt derzeit 85 Flugzeuge. Die Defensivbewaffnung ist auf drei oder vier Phalanx Nahkampfwaffensysteme beschränkt, obwohl diese 40 20-mm-Kanonen aus dem 2. Weltkrieg entsprechen.

EINSÄTZE UND STATIONIERUNG

Die USS Kitty Hawk kreuzt über den Ozean, wobei ein beträchtlicher Anteil ihrer Flugstaffel ihr breites Flugdeck bevölkert. Ihre zahlreiche Besatzung ist dazu da, damit diese Flugzeuge flug- und kampffähig bleiben.

Obwohl ein Flugzeugträger riesengroß ist, ist es eine komplizierte Aufgabe, mit einem 30-Tonnen-Flugzeug an Deck zu manövrieren. Die Deckbesatzung ist geübt darin, Flugzeuge durch die Staffel in Startposition zu bringen und hat eine Reihe von »Verkehrssignalen«, mit denen sie dem Piloten deuten.

Flugdeckmannschaft

Das Flugdeck eines Flugzeugträgers ist groß. Mit über 300 Metern Länge und 76 Metern Breite ist es so groß wie drei Footballfelder. Doch wenn 80 Flugzeuge in Betrieb sind, kann es ziemlich eng werden. Jede Arbeit hier ist heiß, schmutzig und potenziell tödlich. »Deckaffen« gibt es in einer Fülle von Farben, wobei die Hemdfarbe die Funktion einer Person anzeigt. »Grünhemden« gehören zur Servicecrew, die verschiedenste Aufgaben erfüllt, einschließlich des höchst gefährlichen Einhakens der Flugzeuge in das Katapult beim Start und des Überprüfens, ob der Fanghaken bei der Landung richtig gegriffen hat. »Gelbhemden« dirigieren den Verkehr und sind verantwortlich für die Bewegungen von 80 Flugzeugen auf einem beschränkten Flugdeck. Es ist ein Offizier mit gelbem Hemd, der die endgültige Freigabe für einen Start gibt. »Braunhemden« sind die Flugzeugtechniker, die auf die ihnen anvertrauten Maschinen Acht geben wie eine Mutter auf ihr Baby. »Blauhemden« arbeiten im Verschub und bedienen Zugmaschinen. Welches Hemd man auch trägt, eines gilt immer: auf einem Flugdeck ist es gefährlich, und nur durch Teamarbeit können Unfälle verhindert werden.

Links: Einen Jäger zu starten ist ein komplexes Unterfangen, das korrekt ablaufen muss, wenn keine Katastrophe passieren soll. Wenn er im Katapult steht, tauschen Pilot und Flugdeckbesatzung eine Reihe von Signalen aus, während die Stadien des Einhakens und der Startvorbereitung durchlaufen werden. Ist der Pilot bereit, so lehnt er seinen Kopf zurück in seinen Sitz und der Katapultoffizier gibt der Bedienungsmannschaft das Zeichen, um das Flugzeug zu starten.

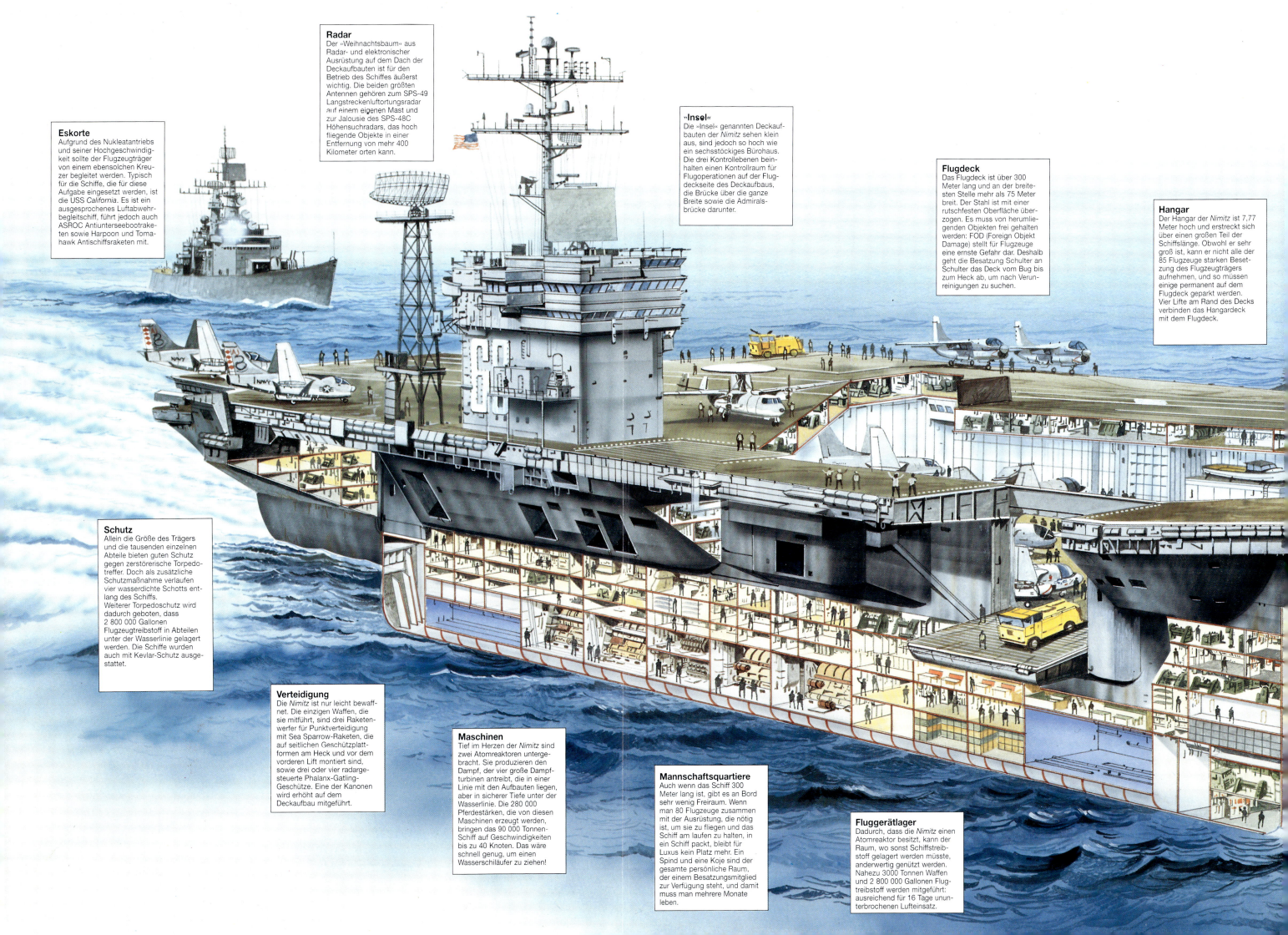

DIE STADT AUF DEM MEER

Die 6300 Mann starke Besatzung eines Flugzeugträgers widmet sich einer einzigen Aufgabe: die Fliegerstaffel kampffähig zu halten.

Superflugzeugträger wie die USS *Nimitz* sind die mächtigsten und vielseitigsten Kriegsschiffe, die jemals gebaut wurden. Sie können auf jede Situation reagieren, von Katastrophenhilfe und zivilen Evakuierungen bis hin zu Seeschlachten und Atomkrieg. Stärke und Flexibilität stammen von den 80 Flugzeugen an Bord. Doch die USS *Nimitz* und ihre Schwesterschiffe sind viel mehr als schwimmende Flughäfen. 3000 Offiziere und Soldaten sind notwendig, um die Flugzeuge flugbereit und kampffähig zu halten. Die Piloten mögen zwar »Top Guns« sein, doch ohne Service-, Waffencrew, Flugdeckbesatzung und all das andere Unterstützungspersonal würden sie in der Luft genauso nützlich sein wie Pinguine.

Obwohl Flugzeuge und Flugpersonal für die Kampffähigkeit des Schiffes lebenswichtig sind, ist ein Flugzeugträger zuallererst ein riesiges Schiff, das eine ebenso große Mannschaft braucht. Die 3300 Mann starke Schiffscrew muss alles tun, von der Bemannung des Atomreaktors und der Dampfturbinen, die das Schiff antreiben, bis zu den Diensten, die eine Gemeinschaft von 6300 Menschen benötigt. Allein die Verpflegung im 24-Stunden-Dienst ist sehr aufwendig. Weiters gibt es an Bord Krankenhäuser, Waschanstalten, Geschäfte und eine der wichtigsten militärischen Einrichtungen, den Friseur. Das Schiff hat sogar seinen eigenen Fernsehsender.

Die Verwaltung eines so komplexen Unternehmens stellt eine große Verantwortung dar. Die Gemeinschaft auf dem Superträger funktioniert wie ein großes Unternehmen, mit dem Kapitän als Aufsichtsratsvorsitzendem und dem Ersten Offizier (auch XO genannt) als leitendem Direktor. Das Schiff ist wie eine Firma in Abteilungen gegliedert. Das sind: Luft, Fliegerstaffel, Flugzeugwartung, Operationen, Navigation, Funk, Maschinenraum, Sicherheit, Verwaltung, Versorgung, Training, Medizin und Zahnmedizin.

Gleichzeitig ist ein Flugzeugträger ein Öltanker, eine Stadt mit 6000 Seelen, eine Fabrik und ein Flugplatz. Diese Eigenschaften und das Können der Männer machen zusammen das größte und mächtigste Kriegsschiff aller Zeiten aus.

Flugzeugbewaffnung

Bewegung und Wartung eines Flugzeuges sind zwar wichtig, doch ein Kampfflugzeug braucht mehr, wenn es fliegen und kämpfen soll. Die »Rothemden«, genannt »ordies«, sind für die Bewaffnung zuständig. Sie achten auf die Waffen, entnehmen sie aus dem Lager und montieren sie an die Flugzeuge. Sie müssen umgehen können mit Raketen und Munition für die Jäger, Bomben und Luft-Boden-Raketen für Angriffsflugzeuge und Torpedos, Wasserbomben und ähnliches für die Unterwasserabwehrflugzeuge und -hubschrauber. Auch die »Purpurhemden« haben einen gefährlichen Job. Sie sind für das Nachtanken der Flugzeuge verantwortlich. Sowohl Rot- als auch Purpurhemden müssen in höchstem Ausmaß auf die Sicherheit achten. Feuer ist an Bord eines Flugzeugträgers eine enorme Gefahr, da er mit hochexplosiven Ladungen vollgepackt ist. Deshalb geschieht das Auftanken so vorsichtig wie möglich. Die seltenen Unfälle passieren meist in Kampfsituationen. Tatsächlich war es das Abfeuern von Waffen, das die zerstörerischen Brände an Bord der USS *Oriskany*, *Forrestal* und *Enterprise* während des Vietnamkrieges auslöste.

Rechts: Verschiedene Gruppen von Flugdeckbesatzung arbeiten an einer Grumman A-6 Intruder. Die der Kamera am nächsten stehen Männer in lilafarbenen Hemden sind für das Auftanken des Flugzeug zuständig.

Unten: Waffentechniker mit rotem Hemd, »ordies« genannt, rollen einen Wagen mit drei Rockeye Streubomben über das Flugdeck hin zu dem Flugzeug, das damit bestückt wird.

Oben: Ein »Purpurhemd« entrollt einen Tankschlauch an Bord der USS Nimitz. Weil es auf dem Flugdeck Nachtankstationen gibt, müssen Flugzeuge zum Auftanken nicht mehr in den Hangar gebracht werden.

Oben: Green Shirts - die Hakenläufer - haben eine der gefährlichsten Aufgaben auf dem Flugdeck. Wenn eine Maschine landet, muss der Hakenläufer überprüfen, ob das Fangseil sicher gefangen wurde. Wenn ein Seil reisst, kann es mit solcher Wucht zurückschnappen, dass es einen Mann entzweireisst.

Links: Am anderen Ende des Flugdecks verbindet der Einhaker den Katapultriegel des Flugzeugs mit dem Dampfkatapult. Auch dieser Job ist sehr riskant. Wenn etwas bricht, kann die Maschine ihn überrollen. Wenn er sich in die falsche Richtung bewegt, kann er in die Ansaugdüsen des Flugzeugs gezogen werden.

Unten: »Ordies« mit rotem Hemd befestigen eine AIM-7 Sparrow-Rakete an eine Tomcat. Sie haben Sicherheitsbolzen, die erst im letzten Moment vor dem Abschuss entfernt werden. Ein irrtümlicher Abschuss an Deck könnte eine Katastrophe auslösen.

Rechts: Feuer war immer schon eine der Hauptgefahren auf See, und nirgendwo ist es bedrohlicher als auf dem Flugdeck eines Trägers. Jeder Unfall kann eine millionenteure Explosion verursachen, und die Deckbesatzung ist darauf trainiert, sofort einzugreifen.

USS Nimitz (CVN-68) nuklear angetriebener Flugzeugträger

Die USS Nimitz war der erste einer Klasse von nuklear angetriebenen Flugzeugträgern, die bis ins 21. Jahrhundert hinein die Hauptstütze der Trägerkampfverbände der US Navy bilden werden. Mit ihren 85 Flugzeugen und einer Schiffsbesatzung, die gemeinsam mit der Luftgruppe 6300 Mann zählt, sind die Schiffe der »Nimitz«-Klasse die mächtigsten und flexibelsten Oberflächenkriegsschiffe, die jemals gebaut wurden. Sie kosten drei Milliarden Dollar pro Stück und sind die einzigen Kriegsschiffe, die die Fähigkeit haben, jeder Bedrohung aus der Luft, auf dem Boden oder unter Wasser zu begegnen.

Zwischendeck
Die riesige Fläche des Flugdecks wird vom höhlenartigen Hangardeck durch ein Gewirr aus Werkstätten, Dynamoräumen, Wartungs- und Bereitschaftsräumen getrennt. Dort befindet sich auch die »Schmutz«-Offiziersmesse, wo die Piloten in Flug oder Arbeitsbekleidung essen können. In der »sauberen« Offiziersmesse einige Decks weiter unten ist das Tragen von Uniform vorgeschrieben.

Katapulte
Die Nimitz besitzt vier Dampfkatapulte, und diese sind es, die als wesentlicher Faktor die Größe eines modernen Flugzeugträgers mitbestimmen. Je größer und schwerer die zu startenden Flugzeuge sind, umso länger und stärker muss das Katapult sein. Eine 30-Tonnen schwere Grumman F-14 Tomcat braucht ein 90 Meter langes Katapult, was wiederum bedeutet, dass man ein sehr großes Schiff braucht.

EINSÄTZE UND STATIONIERUNG

Handhabung des Schiffes

Ein Flugzeugträger ist genau das: ein Schiff, das Flugzeuge trägt, starten lässt und wieder aufnimmt. Jeder verfügbare Raum ist dem Betrieb der Fliegerstaffel gewidmet. Trotzdem ist es nach wie vor ein Kampfschiff. Die Seeleute, die das Schiff am Laufen halten, arbeiten rund um die Uhr, genauso wie sie es auf jedem anderen Kampfschiff tun würden. All die üblichen Aufgaben müssen erledigt werden, vom Steuern und Navigieren bis zum Streichen des Rumpfes und dem Einholen des Ankers. Das einzige Hindernis auf dem Flugdeck ist die »Insel«, und von hier aus wird der Betrieb dort kontrolliert. Neben den Seeleuten sind auch die Männer wichtig, die für den Kampf zuständig sind. Nachdem ein Flugzeugträger meist im Kern eines größeren Kampfverbandes operiert, befindet sich meist ein Flaggoffizier mit seinem Stab an Bord. Der Admiral entscheidet, was der Träger tun soll, und der Stab bestimmt, wie der Schlag ausgeführt wird.

Oben rechts: Ein Flugzeugträger mag ein schwimmendes Rollfeld sein, aber er ist auch ein Kriegsschiff. Die Handhabung eines so riesigen Gefährts ist eine schwierige Aufgabe, besonders, wenn die Brücke 180 Meter hinter dem Bug liegt. Hier die Brücke der USS Nimitz bei ihrer Jungfernfahrt 1975.

Rechts: Im Kampf ist das Herzstück eines Schiffes nicht mehr die Brücke. Heutzutage, wo elektronische Sensoren hunderte Kilometer über den Kampfverband hinausreichen, wird die Schlacht vom verdunkelten Kampfinformationszentrum aus geführt.

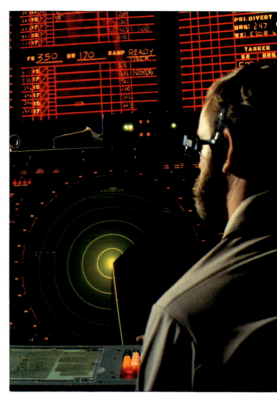

Rechts: Ordnung unter den Flugzeugen in der Luft zu halten ist genauso wichtig wie sie effizient am Flugdeck zu handhaben. Im Kontrollraum des Trägers wird genau überwacht, welche Flugzeuge soeben fliegen, mit Unterstützung vom Radar des Flugzeugträgers und vom luftgestützten Radar, das von den Grumman E-2 Hawkeyes der Luftstaffel mitgeführt wird.

Oben: An Bord eines Trägers befindet sich oft ein Konteradmiral, mit seiner eigenen Brücke, Mannschaft, Kabine und Speisesaal. Er ist verantwortlich für den gesamten Kampfverband, wie ein Kapitän für sein Schiff verantwortlich ist. Heute sind die meisten Befehlshaber von Kampfverbänden Exflieger, die auch Flugzeugträger befehligt haben.

Das Leben an Bord

Obwohl er groß ist, ist ein Flugzeugträger kein geräumiger Lebensraum. 80 Flugzeuge brauchen eine Menge Platz, ganz angesehen von der Ausrüstung, die sie zum Fliegen und Kämpfen benötigen, von den massigen Maschinen, die den Träger antreiben, von den Millionen Gallonen Flugtreibstoff und tausenden Tonnen Vorräten und Waffen. Außer für die höchsten Offiziere gibt es kaum Privatsphäre für die 6300 Menschen, die die Trägergemeinschaft bilden. Trotzdem wird alles unternehmen, um das Leben so angenehm wie möglich zu machen. Das Essen ist reichlich und vielfältig, obwohl die Tatsache, dass die Schiffsbäckerei täglich über 6000 Hamburger- und Hot Dog-Brötchen produziert, vermuten lässt, dass Fast Food an Bord genauso beliebt ist wie an Land. Einige

Oben: Atomkraft gibt einem Träger fast unbegrenzte Reichweite, doch Besatzung und Flugzeuge sind nicht nuklear betrieben. Obwohl er so groß ist, kann der Träger Verpflegung und Treibstoff für nur etwa zwei Wochen Einsatz aufnehmen und muss regelmäßig nachbunkern. Um keine Zeit zu verlieren findet dies meistens auf See statt.

Rechts: Wenn man 6300 Mann monatelang auf beschränktem Raum zusammenpfercht, treten medizinische Probleme auf. Ein Träger ist komplett mit Hospital und Zahnklinik ausgestattet.

Kantinen sind rund um die Uhr geöffnet. Es gibt Läden, Kinos und eine Fernsehstation. Vielleicht erscheint das alles für ein Kampfschiff zu luxuriös, doch es ist absolut notwendig für ein Schiff, das weit weg von der Heimat und den Angehörigen bis zu einem halben Jahr auf Einsätzen unterwegs sein kann.

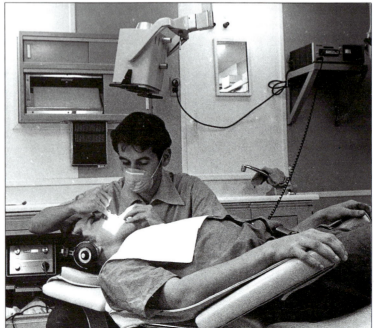

Oben: Im Friseurladen für Soldaten an Bord der USS Nimitz werden über 100 Köpfe pro Tag behandelt - eine Kundenfrequenz, die sich jeder Friseur an Land nur wünschen würde. Doch ausgefallene Schnitte, Dauerwellen und Färben stehen hier äußerst selten auf der Tagesordnung!

Rechts: Die Lebensbedingungen an Bord haben sich ohne Zweifel verbessert. Große Schiffe wie etwa Flugzeugträger haben sogar ihre eigenen Supermärkte. Doch eines, das man nicht bekommt, ist Alkohol: Auf See ist die US Navy streng trocken und erlaubt nicht einmal Bier.

Maschinenraum

Allein die Größe eines Flugzeugträgers flößt Ehrfurcht ein. Mit 90000 Tonnen ist er das größte Kriegsschiff, das jemals gebaut wurde. Ebenso gehört es zu den schnellsten Schiffen und kann seine Masse mit fast 65 km/h durch das Wasser schieben. Offensichtlich geschieht da etwas sehr Leistungsfähiges im Maschinenraum. Sämtliche Träger werden von Dampfturbinen angetrieben, auch wenn dieser Dampf von Atomreaktoren oder von konventionellen Speichern erzeugt werden kann. Der Dampf betreibt vier große Turbinen, die vier Schrauben drehen. Das ganze System erzeugt über 280000 Pferdestärken.

Der Betrieb dieser mächtigen Maschinen ist ein weiterer, fachlich höchst anspruchsvoller Job, bei dem Männer bei hohen Temperaturen und ohrenbetäubendem Lärm arbeiten müssen. Ohne diese Leute würde jedoch kein Dampf erzeugt werden und das Schiff würde sich nicht bewegen. Ohne Dampf gäbe es kein frisches Trinkwasser, keine Katapultstarts, keine Heizung, keine Klimaanlage, keine Elektrizität, um das Schiff zu beleuchten oder die 20000 Mahlzeiten pro Tag zu kochen, die die Mannschaft benötigt. Es mögen nicht die glanzvollsten Jobs sein, aber die Arbeit an den Maschinen ist lebenswichtig.

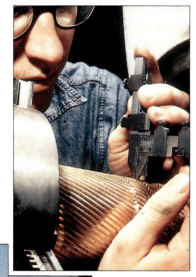

Rechts: Ein Flugzeugträger und seine Luftstaffel ergeben eine ganze Menge an komplexer Maschinerie. Träger sind komplett mit Werkstätten ausgestattet, in denen verschiedenste Reparaturarbeiten durchgeführt werden können.

Links: Es ist Aufgabe des Maschinenraums, den Träger am Laufen zu halten. Im Falle eines nuklear angetriebenen Schiffs befolgen sie das inoffizielle erste Atomsicherheitsgebot der US Navy: »Du sollst alle Anzeigen überwachen, und zwar ständig.«

Links: Wenn keine Flugeinsätze stattfinden, dann ist ein Flugzeugträger eines der wenigen Schiffe, auf denen man eine vernünftige Distanz joggen kann: zweimal rund um das Flugdeck ergibt etwa einen Kilometer.

Oben: Man kann ein Schiff nicht nach Bürozeiten betreiben. Die 24-stündigen Wachabläufe auf hoher See machen es erforderlich, dass immer ein Teil der Besatzung wach ist, Tag und Nacht. Sie müssen auch versorgt werden, und auf einem Flugzeugträger befinden sich mehrere Cafeterias und Kantinen, die rund um die Uhr Essen servieren. Dies ist eine der Kantinen für Soldaten: Unteroffiziere und Offiziere speisen in eigenen Räumlichkeiten.

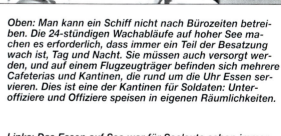

Links: Das Essen auf See war für Seeleute schon immer von großem Interesse. Gepökeltes Schweine- und Rindfleisch sowie steinharte Kekse, die jahrhundertelang bis zu Beginn des 20. Jahrhunderts die Standardration waren, machten dem Dosenessen Platz. Durch Tiefkühlung und regelmäßigen Nachschub sind frische Speisen heutzutage eher die Regel, nicht die Ausnahme. Die USA haben immer versucht, es ihren Beschäftigten so angenehm wie möglich zu machen, und das Essen an Bord ist reichlich und von guter Qualität. Für Soldaten ist das Essen gratis, Offiziere müssen ihre Menüs bezahlen!

IM KAMPF

TRUTHAHN-JAGD AUF DEN MARIANEN

Eine Spezialeinheit, geführt von der USS Essex, fährt 1944 in das Philippinische Meer ein. Die drei Träger, drei Schlachtschiffe und drei Kreuzer, die man hier sieht, sind nur ein kleiner Teil der mächtigen Pazifikflotte der US Navy.

Die Zuspitzung des Seekrieges im Pazifik schien zur damaligen Zeit nicht so wichtig, doch die »Truthahnjagd« im Philippinischen Meer läutete das Ende der japanischen Seestreitkräfte ein.

Der Flugzeugträger schaffte es in weniger als einer Lebensspanne, das Schlachtschiff als das wichtigste Schiff zu ersetzen. Jahrhundertelang gehörte die Herrschaft über die Meere der Nation mit den größten Kanonen. Von der Niederlage der spanischen Armada bis zur Versenkung der *Bismarck* war das Kriegsschiff die Königin der Meere. Doch der Seekrieg hatte sich bereits während des 2. Weltkrieges verändert. Das Zeitalter der Kriegsschiffe war zu Ende und das der Flugzeugträger hatte begonnen.

Der Krieg im Pazifik war zum größten Teil ein Krieg der Flugzeugträger. Von Pearl Harbor bis Okinawa erwies sich der effektive Einsatz der Luftwaffe auf See als entscheidend. Schlachten fanden über hunderte von Kilometern auf dem Ozean statt, ohne dass sich die Hauptgegner jemals sahen. Unter all diesen Gefechten war die Schlacht im Philippinischen Meer am wichtigsten. Natürlich kamen noch viele andere Kämpfe, doch dieser zweitägige Kampf im Juni 1944 zerschlug die japanische maritime Luftwaffe und die Macht ihrer kaiserlichen Marine.

Die amerikanische Invasion Saipans Mitte Juni 1944 zwang die Japaner, mit aller Kraft zurückzuschlagen, aus einem einfachen Grund: von Basen auf den Marianen aus wären die Amerikaner in der Lage, Ziele in Japan zu bombardieren. Um dies zu vermeiden, bot die Kaiserliche Japanische Marine ihre verbliebenen Flugzeugträger und erfahrenen Piloten auf. Admiral Jisaburo Ozawa, der die neu gegründete Erste Mobile Flotte kommandierte, wollte viele landgestützte Flugzeuge auf die Inseln Guam, Yap und Rota bringen. Diese würden die US-Träger westlich von Saipan angreifen, und sie wären gegenüber den Trägerflugzeugen in der Überzahl. Weil seine leichten Seeflugzeuge über 320 Kilometer mehr Reichweite hatten als die US Flugzeuge, könnte er seine Trägerluftwaffe von außerhalb der Reichweite amerikanischer Flugzeuge starten, die Träger angreifen, auf Guam Waffen und Treibstoff auffüllen und auf dem Rückweg ein zweites Mal angreifen. Theoretisch wären diese Angriffe für die amerikanischen Träger tödlich gewesen, weil sie von den Landflugzeugen schon schwer beschädigt gewesen wären.

In der Praxis kam es ganz anders. Gleich zu Beginn gelang es dem Kommandant der an Land stationierten Luftwaffe, Vizeadmiral Kakuta, nicht, den Flugzeugträgern ernsthaften Schaden zuzufügen. Stattdessen ließ der amerikanische Admiral Raymond Spruance die japanischen Flugfelder angreifen, wobei die Flugzeuge auf Guam und Rota vernichtet wurden. Was bis heute rätselhaft bleibt, ist, dass Kakuta Ozawa nicht von diesem Versagen des Plans in Kenntnis setzte, sondern ihm versicherte, dass die Amerikaner starke Verluste erlitten hätten. Auch waren die Amerikaner über Ozawas Bewegungen informiert, weil ihre U-Boote die Flugzeugträger zwischen den Philippinischen Inseln aufgespürt hatten.

Die japanische Flugzeugträgerstreitmacht war stark: Die leichten Träger *Zuiho*, *Chitose*, *Chiyoda*, *Hiyo*, *Junyo* und *Ryuho*, die Flot-

Links: Die alles bezwingende Zero aus 1941 konnte mit den schnelleren, zäheren amerikanischen Jägern 1944 mithalten. Doch gute japanische Piloten waren selten.

Oben: Ein japanischer landgestützter Jäger wird im ersten Stadium des Kampfes abgeschossen, als er vergeblich versucht, die amerikanische Invasionsflotte anzugreifen, die sich den Marianeninseln nähert.

Die Grumman F-6F Hellcat war der wichtigste trägergestützte Jäger der Amerikaner im philippinischen Meer. Schwärme dieser großen, bulligen Maschinen erhoben sich gegen die feindlichen Angriffe und rissen die Formationen der leichten japanischen Flugzeuge auseinander.

IJN *Taiho*

Dieser große Flugzeugträger überlebte den Kampf nicht. Er wurde vom US-Unterseeboot Albacore torpediert. Der Treffer beschädigte eine Tankleitung, und der Dampf von Flugtreibstoff verbreitete sich im gesamten Schiff. Stunden nach dem Angriff brauchte es nur noch einen Funken, um den Träger zu zerstören.

tenträger *Taiho*, *Shokaku* und *Zuikaku*, sowie fünf Kriegsschiffe, zwölf Kreuzer, 27 Zerstörer und 24 U-Boote.

Aber dieses Aufgebot war zwergenhaft im Vergleich zur Task Force 58. Die leichten Träger *Langley*, *Cowpens*, *San Jacinto*, *Princeton*, *Monterey*, *Cabot*, *Belleau Wood* und *Bataan*, die Flottenträger *Hornet*, *Yorktown*, *Bunker Hill*, *Wasp*, *Enterprise*, *Lexington* und *Essex*, sowie sieben Schlachtschiffe, 21 Kreuzer, 62 Zerstörer und 25 U-Boote. Dazu kam der zusätzliche Vorteil, dass die amerikanischen Piloten viel besser ausgebildet waren. Das japanische Pilotenausbildungsprogramm hatte verabsäumt, durch den Krieg entstandene Verluste zu ersetzen, und viele von Ozawas Piloten waren kaum fähig, auf ihren Trägern zu landen.

Spruance teilte seine Streitmacht in vier Spezialeinheiten (TG 58.1, 58.2, 58.3, 58.4) und eine Kampfeinheit (TG 58.7) unter Admiral Willis A. Lee. Um die Träger anzugreifen, mussten die Japaner zuerst durch das Luftabwehrsperrfeuer der Kampfeinheit fliegen, dann die Luftkampfpatrouille jeder einzelnen Spezialeinheit überwinden und sich dem Feuer ihrer Geleitschiffe stellen. Die Landangriffe konnten diese Abwehr nicht schwächen, und Ozawa hatte keine Ahnung, auf welche Gegenwehr seine Piloten treffen würden. Am 18. Juni begab sich das japanische Hauptkontigent westlich der Marianen in Position und koppelte eine Vorhut von drei leichten Trägern unter Vizeadmiral Takeo Kurita ab; sie planten die ersten Angriff für den nächsten Morgen.

Als die Vorhut mit 16 Jagdflugzeugen und 53 Bombern startete, wurden sie vom Radar der Kampfeinheit geortet; das gab den US-Trägern Zeit, alle verfügbaren Jäger in die Luft zu bringen. Sie fügten den Japanern hohe Verluste zu (42 Flugzeuge), und verzeichneten selbst bloß einen Bombentreffer auf dem Kriegsschiff *South Dakota*. Ein zweiter Angriff wurde von den sechs Trägern der Hauptflotte aus gestartet: 48 Jäger und 62 Bomber, doch zehn Minuten nach Beginn ihres Einsatzes torpedierte das US Unterseeboot *Albacore* den Träger *Taiho*. Wieder wütete das Sperrfeuer der Kampfeinheit unter der Fliegerstaffel und schoss 79 der 110 Flugzeuge ab, und alles, was sie erreichten, war ein knapper Fehlschuss. Einer dritten Angriffsgruppe von 47 Flugzeugen gelang es, die Kampfeinheit zu umfliegen, aber sie fanden kaum Ziele und verloren nur sieben Flugzeuge. Auch ein vierter Angriff um 11.30 Uhr verirrte sich; von 82 Flugzeugen fanden nur 33 die TG 58.2, und sie erlitten große Verluste. Die japanischen Träger hatten die größtmöglichen Anstrengungen unternommen, doch nur geringen Schaden bei TF 58 angerichtet. Um 12.22 Uhr erlitt Ozawa noch einen Rückschlag, als es dem U-Boot *Cavalla* gelang, die *Shokaku* mit vier Torpedos zu treffen. Sie explodierte und sank um 15.10 Uhr, gefolgt von der *Taiho*. Doch Ozawa gab nicht auf, weil er nach wie vor glaubte, dass Kakutas landgestützte Streitkräfte großen Schaden verursacht hatten; deshalb nahm er an, dass seine 102 Flugzeuge das Blatt gegen Spruance wenden könnten. Außerdem hatte ihm Kakuta berichtet, dass viele Überlebende der Trägerangriffe sicher auf Guam gelandet waren. Am nächsten Tag bewegten sich beide feindliche Flotten etwa auf Parallelkurs nach Nordwesten. Als Spruance am späten Nachmittag von Ozawas Position erfuhr, musste er eine schwere Entscheidung treffen. Ein Angriff auf die japanischen Träger würde in maximaler Distanz stattfinden, und der Rückflug müsste bei Dunkelheit erfolgen. Trotzdem gab er um 16.20 Uhr den Befehl zu einem Totalangriff mit 85 Jagdflugzeugen, 77 Sturzkampfbombern und 54 Torpedobombern.

Die Japaner konnten nur 80 Flugzeuge starten, bevor der Sturm der TF 58 über sie hereinbrach. Die *Hiyo* wurde durch zwei Torpedos versenkt; *Zuikaku*, *Junyo* und *Chi-*

Oben: Das oberste Ziel der Amerikaner war, die Amphibienstreitkräfte der Marine zu schützen. Die Japaner mussten die Amerikaner von der Eroberung der Inseln abhalten; ein Versagen würde Tokio in Reichweite der B-29-Bomber der US Air Force bringen.

Rechts: Ein japanischer Sturzkampfbomber stürzt vor den Marianen ins Meer, während amerikanische Soldaten an Bord eines Flugzeugträgers zusehen. Nur wenige japanische Flugzeuge konnten die massive Luftabwehr der Spezialeinheiten der US Navy überwinden.

USS Enterprise

Die »Yorktowns« waren die Prototypen für die schnellen amerikanischen Träger im Pazifikkrieg. Die Enterprise war die zweite dieser Klasse und kämpfte in nahezu jeder größeren Schlacht.

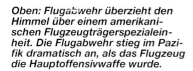

Oben: Flugabwehr überzieht den Himmel über einem amerikanischen Flugzeugträgerspezialeinheit. Die Flugabwehr stieg im Pazifik dramatisch an, als das Flugzeug die Hauptoffensivwaffe wurde.

Rechts: Kriegsschiffe begannen den Krieg mit sehr leichter Bewaffnung. Doch 1944 hatte ein Träger der »Essex«-Klasse 40 40-mm- und 50 20-mm-Kanonen an Bord und wurde von noch schwerer bewaffneten Schlachtschiffen begleitet.

Oben: Die japanische Luftmacht im Pazifik wurde über dem philippinischen Meer zerstört, doch nicht durch Versenken von Trägerschiffen, sondern durch Auslöschen der letzten erfahrenen Piloten Japans.

yoda wurden stark beschädigt und auch andere Schiffe getroffen. Ozawa konnte die Reste seiner Streitkräfte ohne weiteren Verlust zurückziehen, aber es war ihm bewusst, dass er die letzte Chance auf einen entscheidenden Sieg verloren hatte. Seine unerfahrenen Piloten waren in so großer Zahl abgeschossen worden, dass die Amerikaner den Luftkampf vom 19. Juni als »Grosse Truthahnjagd bei den Marianas« nannten. Sogar an ihrem Limit waren die Piloten der US Navy besser: nach dem Angriff vom 20. Juni kehrten die Flugzeuge um 22.45 Uhr zu ihren Trägern zurück, vielen von ihnen fast ohne Treibstoff. Vizeadmiral Mitscher befahl, die Landelichter der Träger einzuschalten, damit die Piloten in der Dunkelheit ein freundliches Deck fanden. Die Verluste waren zahlreich, aber 116 Flugzeuge landeten sicher. Die übrigen 80 machten eine Bruch- oder Wasserlandung in der Nähe, sodass Zerstörer die meisten Piloten auffischen konnten.

Rückblickend ist es schwierig, Ozakas Kriegsführung zu kritisieren. Der größte taktische Fehler, der Angriff auf die Kampfeinheit, war auf die Unerfahrenheit der Piloten zurückzuführen. Kakutas seltsame Lügen ließen Ozawa glauben, dass seine Angriffe viel mehr Effekt hätten als sie wirklich hatten, und er nahm sogar an, dass seine Flugzeuge sicher in Guam waren, obwohl sie in Wirklichkeit vernichtet worden waren. Angesichts dieser Umstände und der Tatsache, dass er zahlenmäßig weit unterlegen war, hätte man es wohl kaum besser machen können. Auch wenn Ozawa mehr Glück und einen tüchtigeren Unterstellten gehabt hätte, hätte er für einen Sieg über TF 58 ein Wunder gebraucht. Das Beste, das ihm passieren hätte können, wären einige schwer getroffene oder versenkte US Träger gewesen. Das hätte eine kurze Pause bedeutet, doch nun wurden die Japaner einfach zahlenmäßig überwältigt. Sie hatten nicht nur zu wenige ausgebildete Piloten; sogar Rohstoffe und Erdöl, für die Japan in den Krieg eingetreten war, konnten mangels Schiffen kaum nach Japan transportiert werden. Es war für die japanischen Werften unmöglich, den Vorkriegsstand an Schiffen zu halten. Die Flotte erhielt nicht genügend Raffinerieöl und war daher gezwungen, flüchtiges Öl aus Borneo zu verwenden - einer der Hauptgründe für die Explosion der *Taiho* und der *Shokaku*.

Auf amerikanischer Seite gab es bittere Anschuldigungen gegen Spruance, besonders von Admiral William Halsey und seinen Anhängern. Sie waren der Ansicht, dass Spruances Vorsicht der TF 58 die Chance genommen hätte, alle Träger von Ozawa zu versenken und somit die Kaiserliche Japanische Marine zu vernichten. Die Kritiker konnten nicht akzeptieren, dass Spruance bei all seinen Entscheidungen immer zu verhindern suchte, dass Ozawa seinen Einheiten entkam und die leicht verwundbaren Amphibienstreitkräfte vor Saipan angriff. Man hätte Spruance kein Mitleid gezeigt, wenn seine Träger Ozawa verloren hätten und die Invasionstruppen deshalb massive Verluste erlitten hätten. Die Kritiker neigen dazu, zu übersehen, dass Halsey drei Monate später in Leyte den Köder Ozawas schluckte. Obwohl die japanischen Träger arg bestraft wurden, kam die Hauptstreitmacht von Admiral Kurita bis in das Invasionsgebiet durch, und nur die verzweifelte Tapferkeit der leichten Träger- und ihrer Begleitschiffe rettete die Amerikaner vor der Katastrophe. Die Historiker waren Spruance freundlicher gesinnt als seine Admiralskollegen 1944.

TAKTIK

ABWEHR IM KAMPFVERBAND

Ein Flugzeugträgerkampfverband ist eine milliardenschwere Investition in einen Machtvorsprung, doch er ist auch ein Primärziel im Kampf. Deshalb sind viele seiner Ressourcen der Verteidigung gewidmet.

Ein moderner Flugzeugträgerkampfverband ist so ziemlich die stärkste militärische Einheit, die die Welt je gesehen hat. Sie kann Macht rund um die Welt transportieren, ob es nur darum geht, durch einen Besuch »Fahne zu zeigen«, oder ob es sich um den totalen Atomkrieg handelt.

Stärke und Vielseitigkeit machen den Kampfverband in Kriegszeiten zum primären Ziel. Die aktuellen US-Verteidigungsmassnahmen wurden gegen mächtige sowjetische Raketenbedrohung entwickelt. Obwohl der Zusammenbruch der Sowjetunion einen Seekonflikt eher unwahrscheinlich gemacht hat, besitzt die russische Flotte noch immer ein großes Potenzial in der militärischen Planung. Man bereitet sich auf das vor, wessen der Feind fähig ist, nicht auf das, was er wahrscheinlich tun wird. Und Die Russen wurden durch eine Vielzahl anderer Bedrohungen als mögliche Feinde ersetzt.

Die Verteidigung eines Kampfverbandes ist in drei verschiedene Zonen gegliedert:

1 Die äußere Luftabwehrzone wird von maritimen Jägern auf Luftkampfpatrouille (Combat Air Patrols, CAPs) bewacht. Flugzeuge mit luftgestützten Frühwarnsystemen (AEW), die über der Flotte patrouillieren, orten Ziele und kontrollieren die Jäger.

2 Die Boden-Luft-Raketen-Zone wird von Mittel- und Langstreckenraketen (SAMs) abgedeckt. Diese werden von den Geleitschiffen der Trägern abgefeuert; sie sollen Flugzeuge ausschalten, die den Abfangjägern entkommen sind, oder auch Raketen vernichten, die von den Angreifern gestartet worden sind.

3 Die innerste Zone ist die Domäne der »harten« und »weichen« Waffen. Zu den »weichen« Waffen gehören Köder und elektronische Abwehrmassnahmen, die das Steuersystem der Raketen, die der äußeren Verteidigung entschlüpft sind, irreführen sollen. Zu den »harten« Waffen zählen Schnellfeuergeschütze und Hochgeschwindigkeitsraketen.

Der Midway-Kampfverband zieht von seiner Basis in Yokosuka aus in den Pazifik, mit dem altehrwürdigen Flugzeugträger USS Midway *im Zentrum der Formation, umgeben von Geleitschiffen.*

1 Luftkampfpatrouille

Der äußerste Verteidigungskreis des Kampfverbandes wird von Grumman F-14 Tomcats abgedeckt. Im Alarmzustand fliegen F-14 in Paaren 350 Kilometer vom Träger entfernt Luftkampfpatrouille (CAPs). Das starke AWG-9 Radar der Tomcat kann viele Ziele gleichzeitig verfolgen, auch wenn sich das Flugzeug in großer Höhe und die Ziele am Wasser befinden; es kann sechs Raketen simultan kontrollieren, sodass der Jäger multiple Ziele angreifen kann. Die riesige AIM-54 Phoenix Luft-Luft-Rakete erreicht Mach 5 und dehnt mit einer Reichweite von 150 Kilometern den Radius der Trägerabwehr auf 500 Kilometer aus.

2 Die Bedrohung

Die technologische Revolution nach dem 2. Weltkrieg veränderte die Bedrohungen, denen große Schiffe ausgesetzt sind. Die Antischiffsrakete ersetzte Bomben und Torpedos. Sie kann von U-Booten, Oberflächenschiffen und Flugzeugen abgeschossen werden. Die neuesten sowjetischen luftgestützten Raketen sollen eine Reichweite von mehr als 800 Kilometern besitzen, was bedeutet, dass die Rakete von außerhalb der Verteidigunszone des Kampfverbandes angreifen kann. Nun müssen die CAP Jäger eher die Raketen abfangen, statt der Flugzeuge, die sie abfeuern.

Drei Flugzeuge aus der Fliegerstaffel des nuklear angetriebenen Flugzeugträgers USS Dwight D. Eisenhower, *sind typisch für den äußeren Verteidigungsring rund um den Kampfverband. Je eine Tomcat stammt von den beiden Geschwadern an Bord, dem VF-142 »Grim Reapers« und dem VF-143 »Pukin' Dogs«; beide werden angeleitet von einer Grumman E-2C Hawkeye vom VAW-121. Das starke Radar der Hawkeye kann Ziele in hunderten Kilometern Entfernung orten, während die Tomcats eine Raketen-Radar-Kombination besitzen, mit der sie Feinde in mehr als 100 Kilometern Entfernung ausschalten können.*

3 Kontrolle

Die erste Warnung vor einem Raketenangriff geht wahrscheinlich von einer Grumman E-2 Hawkeye ein. Der Flugzeugträger besitzt vier dieser Maschinen. Sie fliegen am Rand der Abwehrzone in einer Höhe von 9000 Metern, 350 Kilometer vom Träger entfernt. Das AN/APS-Radar der Hawkeye kann Flugzeuge in einer Entfernung von bis zu 450 Kilometern orten. Doch sie ist mehr als eine fliegende Radarstation. Das Kommando- und Kontrollsystem kann gleichzeitig bis zu 2000 Ziele verfolgen und zur selben Zeit mehr als 40 luftgestützte Abfangjagden steuern.

Die Informationen der zahlreichen und verschiedenartigen Sensoren des Kampfverbandes kommen via Datenverbindung in die Kampfinformationszentrale des Flugzeugträgers, von wo aus der Kapitän den Träger im Kampf befehligt, während der befehlshabende Zwei-Sterne-Admiral Pläne für den Verband macht.

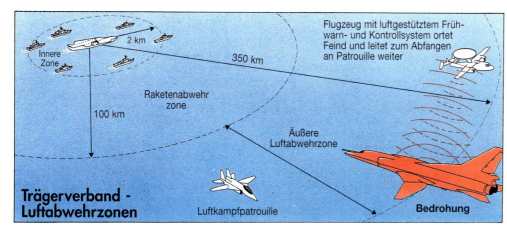

Zur Erleichterung der Kontrolle wird die Verteidigung des Kampfverbandes in Zonen eingeteilt. Der äußere Bereich ist das Revier der mit Langstreckenwaffen bestückten Jagdflugzeuge. Er kann sich bis zu 300 Kilometer rund um den Träger erstrecken. Eine Hawkeye, die hoch über diesem Bereich fliegt, dehnt den Radarhorizont auf fast 1000 Kilometer aus. Innerhalb davon liegt die innere oder Raketenabwehrzone. Diese wird von Lang- und Mittelstrecken-Boden-Luft-Raketen der Geleitschiffe abgedeckt und erstreckt sich bis auf 150 Kilometer. Alles, was hier durchkommt, muss der Nahkampfabwehr des Verbandes entgegentreten, die radargesteuerte Kurzstrecken-Schnellreaktionskanonen und -raketen umfasst, die in einem Bereich von mehreren Kilometern bis auf 50 Meter oder weniger effektiv sind.

4 Geleitzug

Die Boden-Luft-Abwehrzone erstreckt sich bis auf etwa 100 Kilometer rund um den Kampfverband. Die meisten Geleitschiffe der US Navy können Raketen abfeuern, von denen etwa die Hälfte der Luftabwehr dient. In jedem Kampfverband wird wahrscheinlich ein AEGIS-Kreuzer mitfahren. Das sind die fortschrittlichsten Luftabwehrschiffe, die jemals gebaut wurden. Ihr SPY-1-Radar kann hunderte Ziele orten und verfolgen. Computerisierte Systeme registrieren und beantworten jede Bedrohung, indem sie Raketen in rascher Folge aus vertikalen Abschussvorrichtungen starten. AEGIS-Kreuzer besitzen auch hoch entwickelte Kontroll- und Kommunikationssysteme, die Informationen von anderen Schiffen im Kampfverband und von patrouillierenden Hawkeyes sammeln. In letzter Folge wird ein AEGIS-Kreuzer sämtliche Raketenwerfer aller Schiffe im Kampfverband steuern.

Mit der Standard Boden-Luft-Rakete sind die meisten Geleitschiffe ausgestattet. Die neueste Variante der SM2-ER ist hoch präzise; ihre Reichweite wurde auf über 120 Kilometer ausgedehnt, während die Mittelstreckenvariante auf bis zu 40 Kilometer Distanz effektiv ist.

5 Letzte Verteidigung

Ein Flugzeug oder eine Rakete, die den äußeren und den mittleren Verteidigungsring durchdringt, muss sich der Nahkampfabwehr stellen. Diese kann verschiedenartig beschaffen sein. Es gibt Abwehrmassnahmen, die Raketenleitsysteme irreführen und sie von ihrem Hauptziel ablenken. »Harte« Waffensysteme umfassen Antischiffsraketen wie die BPDMS, die aus der AIM-7 Sparrow-Luft-Luft-Rakete entwickelt wurde. Häufig wurden sie aber durch CIWS (CLose-In Weapon System = Nahkampfwaffensystem) ersetzt, das gegen Raketen im Umkreis von 2000 Metern wirkt. Es handelt sich dabei um Schnellfeuergeschütze, die radargesteuerte Kugelströme in Richtung eintreffender Raketen schießen. Ein Träger besitzt für gewöhnlich vier solcher Systeme, und die anderen Geleitschiffe insgesamt weitere zehn oder zwölf.

Links: Das Phalanx CIWS (Close In Weapon System) ist eine Schnellfeuerkanone vom Typ Gatling, adaptiert von der Vulcan, die für die ersten Überschalljäger der USAF entwickelt worden ist. Sie ist auf einer schnell rotierenden, schwenkbaren Vorrichtung montiert und wird durch Radar gesteuert. Das Radar ortet ankommende Ziele und lenkt den Strahl von Projektilen aus ausgebeutetem Uran darauf.

Das amphibische Angriffschiff der »Tarawa«-Klasse, die USS Saipan, kann bis zu 26 Hubschrauber oder Harrier AV-88 Senkrechtstarter plus einer Angriffsstreitmacht von 1900 Marines an Bord nehmen.

BEWAFFNUNG UND AUSSTATTUNG

AMPHIBISCHER ANGRIFF

Sie können sich auf den Ozeanen der Welt frei bewegen. Sie können in jedem Land landen, das eine Küste hat. Von kleinen Landungsgruppen bis zu mehreren Divisionen starken Sturmtruppen sind amphibische Streitkräfte ein wichtiger Teil des Kriegswesens im 20. Jahrhundert.

Es ist die dunkelste Stunde vor dem Morgengrauen. In den letzten 40 Minuten haben zwei Zerstörer, die sich etliche Kilometer vor der Küste befinden, die feindlichen Stellungen auf dem Festland unter mörderischen Beschuss genommen. In geringerer Distanz zum Strand hat unterhalb der pfeifenden Geschosse ein etwas größeres Schiff seine Tanks geflutet, damit es tiefer im Wasser liegt.
Das Tor, das den großen Andockschacht am Heck des Schiffes schließt, wurde gesenkt, und die vier Landungsboote schaukeln unruhig in der Dünung des Kielwassers. Zwei davon befördern je 250 Mann, die mit ihrer sperrigen Ausrüstung eng zusammengepfercht stehen und lauwarme Witze flüstern. Die anderen beiden tragen je einen Chieftain Panzer. Von Davits hoch an den Seiten des Schiffes hängen vier andere, kleinere Boote, die mit vier Land Rovern und weiteren 70 Mann - höhere Offiziere, Signalgeber, Sanitäter und Mechaniker - beladen sind.
Über den Köpfen der Männer im Schacht lässt der erste Hubschrauber seine Motoren an. Die Ränder der zusammengeballten, tief hängenden grauen Wolken, glühen in zartem Rosa, und am östlichen Horizont zeigt sich ein schmaler Streifen Tageslicht. Auf den engen Brücken der Landungsboote sind Marinemannschaften am Ruder. Ungesichert schaukeln die Boote, als das erste vorsichtig aus dem Heck ausfährt, während der Lärm

US Marines stürmen aus ihren AAV-7P Amphibienfahrzeugen an Land, unterstützt von Raketen und Kanonen abfeuernden AH-1 Sea Cobra Angriffshubschraubern. Die Marines sind die größte Amphibienstreitmacht der Welt.

Zwei amerikanische Angriffsschiffe der »Tarawa«-Klasse hätten die gesamten britischen Streitkräfte im Falkland-Krieg landen können.

seiner Motoren das Dröhnen der startenden Hubschrauber übertönt. Nacheinander folgen die anderen, beschleunigen und rasen dann in Richtung Strand. Der Angriff hat begonnen.

Eine Armee an Land zu bringen war schon immer ein schwieriges Unterfangen, und mit zunehmender Größe von Schiffen und Ausrüstung wurden auch die Schwierigkeiten größer. Die Soldaten waren extrem im Nachteil, während sie sich aus den Booten mühten, durch sich überschlagende Wellen und den weichen Sand am Strand, und Geschwindigkeit war am allerwichtigsten. Während des 2. Weltkriegs wurden die ersten spezialisierten Landungsboote entwickelt: sie waren kaum mehr als Stahlkästen mit flachem Boden, mit denen man fast bis ans Ufer fahren konnte. Sie hatten eine Rampe am Bug, die man herunterlassen konnte, damit Truppen und Panzer rasch an Land stürmen konnten.

Andockbucht

Um diese Landungsboote für Fahrzeuge und Personal (LCVP) sowie Landungsboote für Panzer (LCT) zu transportieren, wurde die Andockbucht für Landungsboote (LSD) entwickelt. Dazu wurde der hintere Teil des Schiffes als tiefer Schacht gebaut, der bis zu einer Höhe geflutet werden

Bald erkannte man in Hubschraubern, die Truppen transportierten, eine wertvolle Ergänzung amphibischer Streitkräfte. In den 50er Jahren verwendeten die Amerikaner kleine Träger als Amphibienangriffsschiffe und entwickelten viele der heute gebräuchlichen Taktiken.

Amphibische Angriffe im 2. Weltkrieg

Amphibische Kriegsführung gibt es seit tausenden von Jahren, seit Länder von ihren Feinden durch Wasser getrennt waren. Doch erst im 2. Weltkrieg nahm sie die Form an, die wir heute kennen. Spezialisierte Landungsfahrzeuge und Schiffe, die diese Fahrzeuge unterstützen, traten in unvorhergesehenem Ausmaß in Erscheinung. Ohne solche Fahrzeuge wäre die Invasion und die anschließende Befreiung Europas fast unmöglich gewesen.

In der Normandie fand der größte amphibische Einsatz aller Zeiten statt. Für die Landung in Nordwesteuropa 1944 hatten die Alliierten über 4000 Landungsboote und -fahrzeuge gesammelt. Diese wurden unterstützt von mehr als 1000 Kriegsschiffen und etwa 14000 Flugzeugen. Nachdem zahlreiche Luftlandungen vorhergegangen waren, setzten die Alliierten am 6. Juni mehr als 150 000 Mann an Land. Innerhalb von zwei Monaten sollten die Alliierten über die Strände der Normandie mehr als zwei Millionen Soldaten, 500 000 Fahrzeuge und über drei Millionen Tonnen Versorgungsgüter nach Europa bringen.

konnte, die für die LCVPs und LTCs ausreichte. Solange das Schiff auf hoher See war, blieb das Heck durch ein hydraulisch gesteuertes Tor versiegelt, doch sobald der Schacht geflutet war, konnte das Tor gesenkt werden, damit die Landungsboote ausfahren konnten.

Nur einige von diesen Schiffen und nur wenige Landungsboote wurden nach dem Krieg behalten, und als General MacArthur seinen seegestützten Angriff auf Inchon im September 1950 plante, war nur eines, die USS *Fort Marion*, verfügbar. Doch der Erfolg der Landungen in Inchon weckte das Interesse an diesem Schiffstyp von neuem, und zwischen 1954 und 1957 stellte die US Navy acht neue Schiffe in Dienst, deren Klasse nach dem ersten, der USS *Thomaston*, benannt wurde.

Die »Thomaston«-Klasse war im Grunde nichts anders als eine moderne Version der LSD aus dem 2. Weltkrieg; sie wurden größer und vor allem seetüchtiger gebaut, mit einer Dauergeschwindigkeit von mehr als 20 Knoten, im Vergleich mit dem früheren Maximum von nur 15. Den hinteren Teil der Andockbucht überdeckte eine große Plattform, die für Frachthubschrauber benützt werden konnte, aber es gab weder Hangars noch Werkstätten.

Eine spätere Entwicklung der »Thomaston«-Klasse war die »Anchorage«-Klasse, von der fünf zwischen 1969 und 1972 in Dienst gestellt wurden.

AMPHIBISCHER ANGRIFF – Zum Nachschlagen

121 USA

»Tarawa«- und »Wasp«-Klasse

Die fünf Schiffe der »**Tarawa**«-**Klasse** waren bis vor kurzem weltweit die größten Schiffe zur amphibischen Kriegsführung. Jedes Schiff vereint in seinem Rumpf die Fähigkeiten eines Angriffsschiffes (Hubschrauber), eines Transportdocks, eines amphibischen Kommandoschiffes und eines amphibischen Lastentransportschiffes. Es kann ein 1903 Mann starkes Infanteriebataillon des Marine Corps unterbringen, sowie große Mengen an Fahrzeugen, Fracht und Treibstoff. Diese können vom großen Flugdeck aus mittels der an Bord befindlichen bis zu 26 Boeing Vertol CH-46 Sea Knight oder 19 Sikorsky CH-53 Sea Stallion Hubschrauber gelandet werden, oder vom flutbaren Andockschacht aus, der 81,7 Meter lang und 23,8 Meter breit ist und für die Benutzung durch 40 AAV-7P Amphibienfahrzeugen ausgelegt ist (vier größere oder mehrere kleinere).

Eine ähnliche Konfiguration wird bei der »**Wasp**«-**Klasse** verwendet, heute das größte Amphibienkriegsschiff der Welt, mit einer geplanten Stärke von sieben Einheiten. Bei einer Verdrängung von 40350 Tonnen kann jedes Schiff der »Wasp«-Klasse ein 1873 Mann starkes Marinebataillon und große Mengen an Ausrüstung aufnehmen, die von bis zu 42 CH-46 oder einer kleineren Anzahl von CH-53 Hubschraubern gelandet werden können, oder durch AAV-7P Landungsfahrzeuge und Luftkissenfahrzeuge, die von einer angemessenen Andockbucht aus operieren. Die Schiffe können auch Senkrechtstarter und Schlachtfeldhelikopter zur Unterstützung der Landungstruppen mitführen.

Beschreibung
»Tarawa«-Klasse
Typ: Allzweckschiff für amphibischen Angriff
Verdrängung: 39300 Tonnen voll beladen
Bewaffnung: drei 127-mm-Geschütze, sechs 20-mm-Kanonen, zwei 20-mm-Phalanx-CIWS-Vorrichtungen
Antrieb: zwei Dampfturbinen mit 26096 kW (35000 PS)
Leistung: Höchstgeschwindigkeit 24 kt (44,5 km/h); Reichweite 18500 km
Abmessungen: Gesamtlänge 249,9 m; größte Breite 32,5 m
Besatzung: 937

Sie sind größer und schneller als ihre Vorgänger, aber sonst sehr ähnlich.

1955 war das US Marine Corps sehr interessiert daran, bei amphibischen Angriffen Hubschrauber einzusetzen. Das führte zum Entwurf der »Iwo Jima«-Klasse, die 25 Hubschrauber und ein volles Marinebataillon mit all der dazugehörigen Ausrüstung befördern konnte. Zwischen 1961 und 1970 wurden sieben dieser Schiffe unter der Bezeichnung LPH (Landung/Plattform/Helikopter) in Dienst gestellt.

Zur selben Zeit wurden die ersten »balanced force«-Schiffe (»ausgewogene Streitkraft«) entworfen, die sowohl Truppen und schwere Lasten, als auch Landungsboote und Panzer in der Andockbucht transportieren konnten. Von diesen LPDs wurden zwei gebaut, die USS *Raleigh* und die USS *Vancouver*.

Nachkommen

Andere Länder ahmten das amerikanische Beispiel bald nach. Die Franzosen entwickelten das Hubschrauber- und Truppentransportschiff *Jeanne d'Arc*, das 1964 in Dienst gestellt wurde, sowie die LSDs der »Ouragan«-Klasse. Die Royal Navy hatte die LSLs (Logistische Landungsboote) der Klassen »Sir Lancelot« und »Sir Bedivere«, sowie die LPDs der »Fearless«-Klasse.

Unten: Im 2. Weltkrieg wurden auch sogenannte Dockschiffe entwickelt, hochseetüchtige Schiffe, die Landungsfahrzeugen ermöglichen, große Seedistanzen zu überwinden und Ladung aufzunehmen, ohne dazu in einen Hafen zu müssen.

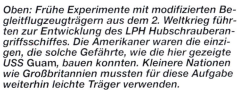

Oben: Frühe Experimente mit modifizierten Begleitflugzeugträgern aus dem 2. Weltkrieg führten zur Entwicklung des LPH Hubschrauberangriffsschiffes. Die Amerikaner waren die einzigen, die solche Gefährte, wie die hier gezeigte USS Guam, bauen konnten. Kleinere Nationen wie Großbritannien mussten für diese Aufgabe weiterhin leichte Träger verwenden.

---

122 — USA

»Iwo Jima« und »Blue Ridge«-Klasse

Die sieben Schiffe der »**Iwo Jima**«-**Klasse** sind ein sehr wichtiger Teil der amphibischen Streitkraft der USA. Anders als die meisten anderen Schiffe zur amphibischen Kriegsführung wurden sie konzipiert, Truppen und Ausrüstung mittels Helikopter anstelle von Fahrzeugen zu landen. Deshalb beruhte ihr Design auf den Begleitträgern aus dem 2. Weltkrieg, und jedes Schiff kann ein Landungsteam bestehend aus einem 2090 Mann starken Infanteriebataillon des Marine Corps aufnehmen, sowie weiters große Mengen an Ausrüstung auf Paletten, Waffen und ein beachtliches Treibstoffvolumen. Im Hangar können 19 Boeing Vertol CH-46 Sea Knight oder Sikorsky CH-53 Sea Stallion Hubschrauber untergebracht werden, und die schiffbare Hubschrauberstärke beträgt etwa 24. Auf dem Landedeck können sieben CH-46 und vier CH-53 gleichzeitig operieren. Im Notfall kann jedes Schiff Senkrechtstarter wie die McDonnell Douglas AV-8B Harrier II aufnehmen. Auf jedem Schiff befindet sich ein Hospital mit 300 Betten.

Derselbe Rumpf liegt auch den beiden amphibischen Kommandoschiffen der »**Blue Ridge**«-**Klasse** zugrunde, den beiden einzigen Schiffen dieses Typs weltweit. Für die 700 Mann starke Kommandogruppe gibt es umfangreiche Bord- und Kommunikationsausrüstung, die zur Kontrolle von wichtigen amphibischen Operationen entwickelt wurden, die See-, Land- und Luftstreitkräfte umfassen. Sie haben sich als so erfolgreich erwiesen, dass sie nun als Flaggschiffe der Flotten im Atlantik und im Pazifik dienen.

Beschreibung
»Iwo Jima«-Klasse
Typ: amphibisches Angriffsschiff (Hubschrauber)
Verdrängung: 18300 Tonnen voll beladen
Bewaffnung: zwei 76-mm-Zwillingsgeschütze, zwei 20-mm-Phalanx-CIWS-Vorrichtungen und zwei achtfache Raketenwerfer für Sea Sparrow Boden-Luft-Raketen
Antrieb: eine Dampfturbine mit 16043 kW (22000 PS)
Leistung: Höchstgeschwindigkeit 23 kt (43 km/h); Reichweite 18500 km
Abmessungen: Gesamtlänge 180,5 m; größte Breite 25,6 m

Die sechs Schiffe der »Sir«-Klasse hatten als Angriffsschiffe verschiedene Nachteile: sie waren mit Toren an Bug und Heck für »ro-ro« (»Hinaufrollen/Hinunterrollen«) ausgestattet, damit MBTs und Lastwägen direkt über Rampen an den Strand entladen werden konnten, doch sie hatten keine Andockeinrichtungen, und die Truppen mussten in kleine Landungsboote oder auf Mexeflotte Pontons umgeladen werden. Alle sechs wurden 1982 bei den Landungen auf den Falkland Inseln eingesetzt, und die *Sir Galahad* und die *Sir Tristam* wurden bei den Kampfhandlungen schwer beschädigt.

Alle wichtigen Seemächte besitzen heute Angriffsschiffe der verschiedensten Typen, und sie werden mit einer verwirrenden Vielfalt an Abkürzungen bezeichnet:

LST	Panzerlandungsschiff
LCC	Amphibisches Kommandoschiff
LPD	Amphibisches Transportdock
LSL	Logistisches Landungsschiff
LKA	Amphibisches Frachtschiff
LHA	Amphibisches Angriffsschiff
LPH	Amphibisches Helikopter-Angriffschiff

Frankreich entwickelte Dockschiffe, Panzerlandungsschiffe und Landungsboote. Die L9096, hier beim Entladen von AML Panzerwägen, ist ein EDIC (Engin de Débarquement Infanterie Chars = Panzerlandungsschiff) mit 650 Tonnen, stationiert in Lorient. In den 80ern war dieses Schiff einige Zeit lang im Libanon stationiert.

---

123 »Raleigh«- und »Austin«-Klasse

USA

Die drei Schiffe der **Raleigh**-Klasse sind amphibische Transportdocks mit 13600 Tonnen Verdrängung, ein aus dem Dockschiff entwickeltes Modell mit vergrößertem Fassungsvermögen für Truppen und Fahrzeuge durch einen verkleinerten Andockschacht. Bei den Schiffen in dieser Klasse ist der flutbare Schacht 51,2 Meter lang und 15,2 Meter breit, was ausreicht, um ein großes und drei kleine Landungsfahrzeuge oder 20 AAA-7P amphibische Soldatenlandungsfahrzeuge unterzubringen, ergänzt durch weitere zwei kleine Landungsfahrzeuge, die mittels Kran vom Hubschrauberdeck herabgelassen werden können, auf dem auch sechs Boeing Vertol CH-46 Sea Knight Hubschrauber mitgeführt werden können. Es können zwischen 930 und 1139 Soldaten transportiert werden. Die *La Salle* aus dieser Klasse wurde umgebaut, um im Indischen Ozean als Flaggschiff zu dienen. Das Design der **Austin**-Klasse ist im Wesentlichen eine Vergrößerung der »Raleigh«-Klasse. Sie umfasst zwölf Schiffe, einschließlich der *Coronado*, die zum Flaggschiff umgebaut wurde. Der Andockschacht hat die gleiche Größe wie bei der »Raleigh«-Klasse, doch an diesem Punkt wurde der Rumpf um zwölf Meter nach vorne verlängert, wodurch mehr Fahrzeuge und Fracht mitgeführt werden können und sich die Zahl der AAA-7Ps, die an Bord genommen werden können, auf 28 erhöht; die Anzahl der Landungsfahrzeuge bleibt unverändert. Das Hubschrauberdeck besitzt einen ausziehbaren Hangar für einen der sechs CH-46 Hubschrauber.

Beschreibung
»**Austin**«-Klasse
Typ: Amphibisches Transportdock
Verdrängung: 15900 bis 17000 Tonnen voll beladen
Bewaffnung: ein 76-mm-Zwillingsgeschütz und zwei 20-mm-Phalanx-CIWS-Vorrichtungen
Antrieb: zwei Dampfturbinen mit 9796 kW (12000 PS)
Leistung: Höchstgeschwindigkeit 21 kt (39 km/h); Reichweite 14265 km
Abmessungen: Gesamtlänge 173,8 m; größte Breite 30,5 m
Besatzung: 473

---

124 »Newport«-Klasse

USA

Die 20 Schiffe der »**Newport**«-Klasse wurden als letzte ausgesprochene Panzerlandungsschiffe der US Navy mit direkter Ableitung von Erfahrungen aus dem 2. Weltkrieg gebaut, doch sie wurden mit spitzem anstelle von runden Bugs versehen, um höhere Geschwindigkeiten zu erreichen. Anstelle einer Rampe in einem mit Toren versehenen Bug besitzen diese Schiffe eine 34,12 Meter lange Bugrampe in Form einer Aluminiumkonstruktion, die von zwei Auslegern gestützt wird. Es gibt auch eine Bugrampe, die AAA-7P amphibischen Truppenlandungsfahrzeugen direkten Zugang vom unteren Fahrzeugdeck aus in das Wasser gewährt, und auch Landungsschiffe können auf diese Weise Ladung aufnehmen. An den Seiten des Rumpfes können auch vier Abschnitte von Pontonbrücken mitgeführt werden, die mittels zweier Kräne bedient werden.

Jedes Schiff hat eine kleine Hubschrauberplattform und kann vier kleine Landungsflugzeuge unterbringen. 431 Soldaten können transportiert werden, während die Fahrzeugdecks 500 Tonnen Fracht oder verschiedene Fahrzeuge, wie etwa 17 Lastwägen zusätzlich zu 21 MTBs oder 25 AAA-7Ps, aufnehmen können. Es gibt relativ wenig Platz für Fahrzeug- und Hubschraubertreibstoff. Nur zehn dieser Schiffe dienen bei der US Navy, die anderen bei befreundeten Staaten.

Auf diesem Foto sieht man die einzigartige Bugrampe der »Newport«-Klasse und auch die vier Pontonabschnitte am Heck.

Beschreibung
»**Newport**«-Klasse
Typ: Panzerlandungsschiff
Verdrängung: 8450 Tonnen voll beladen
Bewaffnung: zwei 76-mm-Zwillingsgeschütze, die durch zwei 20-mm-Phalanx-CIWS-Vorrichtungen ersetzt werden
Antrieb: sechs Alco oder General Motors Dieselmotoren mit 1976 kW (2650 PS)
Leistung: Höchstgeschwindigkeit 20 kt (37 km/h); Reichweite 4625 km
Abmessungen: Gesamtlänge 159,2 m; größte Breite 21,2 m
Besatzung: 225

Oben: Ende des 2. Weltkrieges besaß die Royal Navy buchstäblich hunderte Landungsschiffe und Landungsfahrzeuge, doch heute ist deren Anzahl beträchtlich geschrumpft. Das königliche Flottenhilfsschiff *Sir Percival* ist ein Logistisches Landungsschiff (LSL), das ein Panzerregiment landen kann.

Oben: Die Sowjets besaßen immer schon eine kleine amphibische Streitmacht, die durch das massive Wachstum der sowjetischen Marine in Form von Panzerlandungsschiffen wie die der »Ropucha«-Klasse weiter vergrößert wurde.

Die bei weitem größte amphibische Flotte ist die der Amerikaner, die mehr als 60 Schiffe umfasst, und auch die größten Schiffe sind amerikanisch. Dies sind die LHAs der »Tarawa«-Klasse; ihre Größe wird bestimmt durch die Notwendigkeit, komplette Hubschraubereinrichtungen sowie eine Andockbucht zu bieten. Deshalb haben diese Schiffe einige Charakteristika von konventionellen Flugzeugträgern. Die neuesten Zugänge bei der amerikanischen Flotte sind die LSD 41, von denen die erste, die USS *Whidbey Island*, 1984 fertiggestellt wurde. Sie sollen die neue Genera-

125 »Tobruk«-Klasse

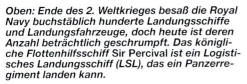 AUSTRALIEN

Australiens gewaltige Größe und lange Küsten machen es zur logischen Umgebung für Gefährte der amphibischen Kriegsführung. Das einzige größere Schiff im Dienst ist die HMAS *Tobruk*. Sie wurde als verbesserte Version der britischen logistischen Landungsschiffdesigns »Sir Galahad« entwickelt und besitzt ein Hebesystem, das sie dazu befähigt, mit bis zu 70 Tonnen schwerer Ladung zu hantieren. Die *Tobruk* hat Einrichtungen für Helikopter, aber keinen Hangar. Sie führt zwei wasserdüsengetriebene LCVPs mit, von denen jedes 20 Knoten macht. Auch Amphibien- und Landungsfahrzeuge können mitgeführt werden, ebenso an der Seite des Schiffes befestigte Pontons. Die normale Truppenladung umfasst 350 Soldaten, doch kurzzeitig können bis zu 500 transportiert werden.

Die Verwandtschaft zwischen der Tobruk und der britischen LSL der »Sir Lancelot«-Klasse sieht man gut, wenn man das australische Schiff mit dem königlichen Flottenhilfsschiff oben auf dieser Seite vergleicht. Der Hauptunterschied sind die schweren Hebekräne der Tobruk, vor dem Deckaufbau.

Zehn Panzerregimenter mit Leopard 1-Panzern finden neben Reifenfahrzeugen und Artilleriegerät Platz. Die volle Nutzlast beträgt 1300 Tonnen. Das Schiff wurde vorübergehend außer Dienst gestellt, damit die Besatzung neue Schiffe besetzen kann.

Beschreibung
»Tobruk«-Klasse
Typ: amphibisches Schiff für schwere Last
Verdrängung: 5800 Tonnen voll beladen
Bewaffnung: zwei 40-mm-Kanonen
Antrieb: zwei Dieselmotoren mit 7160 kW (9600 PS)
Leistung: Höchstgeschwindigkeit 18 kt (33 km/h); Reichweite ca. 12800 km bei 15 kt
Abmessungen: Gesamtlänge 127 m; größte Breite 18,3 m
Besatzung: 130
Benutzer: Australien

126 »Ouragan«-Klasse

FRANKREICH

Die beiden Schiffe der »Ouragan«-Klasse wurden in den 60er Jahren gebaut und waren offensichtlich von den amerikanischen LSD-Designs inspiriert, doch sie hatten eine Reihe von Merkmalen, die sie noch vielseitiger machten. Im großen, 120 Meter langen Andockschacht können zwei 650-Tonnen-EDIC-Panzerlandungsschiffe transportiert werden, von denen jedes elf Panzer aufnehmen kann. Für Fahrzeuge kann ein provisorisches Deck eingefügt werden, während auf dem Flugdeck über dem Dock und links von den Deckaufbauten gleichzeitig vier große Super Frélon Helikopter eingesetzt werden können. An Truppen können 343 Mann mitgeführt werden. Beide »Ouragans« sind mit Kommandoeinrichtungen ausgestattet, um amphibische Operationen zu befehlen, doch die *Orage*

Auf diesem Bild ist der kleine Deckaufbau der »Ouragan«-Klasse sehr auffällig. Weil er seitlich versetzt ist, bleibt Platz für ein Hubschrauberlandedeck, auf dem die Franzosen ebensoviele Helikopter einsetzen können wie die Sowjets, die Briten oder die Amerikaner auf ihren viel größeren Dockschiffen.

hat viele Jahre als Unterstützungsschiff für die französischen Testgelände im Pazifik fungiert.
Frankreich hat eine stark verbessere Klasse von TCDs gebaut (Transports de chalands de débarquement = Dockschiff), die *Foudre* und die *Scirocco*.

Beschreibung
»Ouragan«-Klasse
Typ: *Transports de chalands de débarquement*, Dockschiff
Verdrängung: 8500 Tonnen voll beladen
Bewaffnung: zwei 120-mm-Mörser und vier 40-mm-Kanonen
Antrieb: zwei Dieselmotoren mit 6410 kW (8600 PS)
Leistung: Höchstgeschwindigkeit 17 kt (31,5 km/h)
Abmessungen: Gesamtlänge 149 m; größte Breite 23 m
Besatzung: 238
Benutzer: Frankreich

Die USA bauten zwischen 1942 und 1945 über 5000 große amphibische Angriffsschiffe – mehr als die weltweite Gesamtzahl heute.

Bei zukünftigen Operationen wird man die natürlicherweise amphibischen Luftkissenfahrzeuge verwenden, obwohl sie aufgrund ihrer Bau- und Betriebskosten den großen Seemächten vorbehalten bleiben werden. Dies ist ein LCAC (landing-craft air-cushion) der US Navy.

tion der Landungsboote aufnehmen: LCUs werden durch Luftkissenboote ersetzt, die in der Lage sind, ihre Ladung durch seichtes Wasser, Sandbänke und Sümpfe zu transportieren und sie auf festem Boden abzusetzen.

Die Russen waren Pioniere auf dem Gebiet der Luftkissenfahrzeuge (ACVs): die »Aist«-Klasse, die 1975 entworfen wurde, waren die größten offensiven Luftkissenfahrzeuge der Welt; sie sind so konzipiert, dass sie in der Lage sind, unabhängig von russischen Dockschiffen zu agieren. Der Großteil der russischen Angriffsschiffe sind LSTs (Panzerlandungsschiffe) verschiedenster Größe, und die einzigen Dockschiffe sind die der »Ivan Rogov«-Klasse, die auf Russisch »Bolshoy Desantnyy Korabl (BDK)« genannt werden. Sie haben Bugtore zum Entladen der Panzer und ein Hecktor, das sich zu einer Andockbucht öffnet, in der zwei Truppen befördernde ACVs untergebracht werden können.

Ohne Zweifel werden die ACVs mehr und mehr von den Marinen in aller Welt akzeptiert werden. Abgesehen von ihrem offensichtlichen Vorteil, dass sie auch dort eingesetzt werden können, wo selbst das LCU mit dem geringsten Tiefgang nicht mehr durchkommt, und ihrer Fähigkeit, ihre Ladung auf trockenem Boden abzusetzen, können sie auch Minenfelder auf See mit geringem Risiko durchfahren.

Trotzdem bleibt wahrscheinlich immer noch Platz für die konventionelleren Schiffe. Historisch übernahmen Angriffsschiffe die Rolle der »Mutter«, und bis heute sind nur wenige von ihnen mit mehr Waffen ausgerüstet, als sie zu ihrer eigenen Verteidigung benötigen. Da allerdings Seefahrzeuge immer schneller werden, besteht durchaus die Möglichkeit, dass sie eines Tages unabhängiger agieren können.

Eine Angriffsstreitmacht benötigt Unterstützung durch Kanonen, und für diesen Zweck sind ACVs ungeeignet. Wenn seegestützte Kanonen genau treffen sollen, brauchen sie eine verhältnismäßig stabile Plattform. Daher ist es wahrscheinlich, dass die neue Generation von Angriffsschiffen nicht nur Hubschrauber, Lager, Werkstätten, schwere Kraftfahrzeuge, Kommandoeinrichtungen und Krankenstationen transportieren wird, eben alles, was die Sturmtruppen an logistischer Unterstützung benötigen, sondern dass sie auch zielsicheres Boden-Boden-Bombardement auf feindliche Stellungen bieten kann.

Die jüngsten Ereignisse im östlichen Mittelmeer haben den Wert einer wachsamen amphibischen Angriffstruppe gezeigt, um lokale Konflikte zu begrenzen. Wir erleben derzeit das Ende der großen Schlachtschiffe, doch in Zukunft könnten sehr wohl die amphibischen Streitkräfte der wichtigsten Seemächte zu den Hütern des Weltfriedens werden.

Die Sowjets betreiben die meisten militärischen Luftkissenfahrzeuge. Die 250 Tonnen schwere »Aist«-Klasse war lange Zeit das größte militärische Luftkissenboot; sie kann zwei Panzer oder 150 Soldaten oder drei leichte Panzerfahrzeuge und 50 Soldaten befördern.

Kampfvergleich

127 GROSSBRITANNIEN

»Fearless«-Klasse

Die Fähigkeiten Großbritanniens zum Truppentransport beruhten vor allem auf den beiden Einheiten der »Fearless«-Klasse. Dies sind amphibische Dockschiffe, die so konzipiert wurden, dass jedes Schiff eine Amphibiengruppe von 330, 500 oder 670 Mann jeweils bei reichlichen, normalen bzw. strengen Bedingungen aufnehmen konnte. Jedes Schiff besitzt auch die notwendigen Kommando- und Kommunikationseinrichtungen zur Kontrolle von See-, Erd- und Luftstreitkräften, die in eine Landungsoperation von Brigadegröße verwickelt sein könnten. Die Schiffe sollen von zwei neuen LPDs ersetzt werden, die auf die Bezeichnungen Albion und Bulwark getauft werden sollen.

Der Andockschacht ist über 60 Meter lang und kann vier 176-Tonnen-LCM9 Landungsschiffe beherbergen. Mittels Rampen können Lastwägen und AFVs von den Fahrzeugdecks aufgeladen werden.

128 FRÜHERE UdSSR

»Ivan Rogov«-Klasse

Die »Ivan Rogov«-Klasse besteht derzeit aus zwei Schiffen und soll letztendlich vier Stück umfassen, je eines für die vier sowjetischen Flotten. Dieses Modell ist ein amphibisches Dockschiff und bietet Unterbringungsmöglichkeiten für entweder ein verstärktes Bataillon der Marine-Infanterie (550 Mann und ihre gepanzerten Soldatentransporter plus zehn PT-76 amphibische leichte Panzer) oder ein Panzerbataillon der Marineinfanterie.

Jedes Schiff führt bis zu fünf Kamov Ka-25 »Hormone« oder Ka-27 »Helix« Kampf- und Transporthubschrauber in einem Hangar im Inneren der Hauptdeckaufbauten mit, welcher vorne und hinten Landeplattformen besitzt, mit Zugang von vorne über einer Rampe und von hinten über die Hangartore. Es gibt auch eine Bugrampe zwischen nach außen zu öffnenden Toren, zur Benützung durch amphibische Fahrzeuge. Am Heck befindet sich ein flutbarer Dockschacht. Dieser ist 79 Meter lang und beim Tor 13 Meter breit. Er kann entweder zwei vorher aufgeladene Luftkissenboote der »Lebed«-Klasse oder ein 145-

Der Andockschacht ist 79 Meter lang und 13 Meter breit; das ist tiefer, doch auch enger als bei der »Fearless«-Klasse. Wie bei den britischen Schiffen ist der Schacht über Rampen mit den Fahrzeugdecks verbunden.

Die drei Fahrzeugdecks jedes Schiffes können 20 MTBs unterbringen, ein gerüstetes Bergefahrzeug und 45 4-Tonnen-Lastwägen mit 50 Tonnen Ladung, oder alternativ 2100 Tonnen anderer Fracht. Amphibische Landungen werden durch das Mitführen von vier Geräte- und vier Truppenlandungsschiffen ermöglicht, die den flutbaren Dockschacht am Heck benützen können. Über diesem Dock befindet sich eine Hubschrauberlandeplattform, die 50,3 Meter lang und 22,9 Meter breit ist, und auf der jeweils vier Westland Sea King HC.Mk 4 Transporthubschrauber und drei Aérospatiale Gazelle oder Westland Lynx leichte Helikopter Platz finden.

Beschreibung
»Fearless«-Klasse
Typ: amphibisches Dockschiff
Verdrängung: 12210 Tonnen voll beladen
Bewaffnung: zwei 40-mm-Luftabwehrkanonen und vier vierfache Raketenwerfer für Sea Cat Boden-Luft-Raketen
Antrieb: zwei Dampfturbinen mit 8200 kW (11000 PS)
Leistung: Höchstgeschwindigkeit 21 kt (39 km/h); Reichweite 9250 km
Abmessungen: Gesamtlänge 158,5 m; größte Breite 24,4 m
Besatzung: 617

Die HMS Fearless ist für gewöhnlich mit vier Westland Hubschraubern bestückt, von denen jeder 16 Soldaten aufnehmen kann, doch das Flugdeck ist für alle Hubschraubertypen der NATO groß genug.

Jedes der vier LCM Landungsschiffe kann zwei Panzer oder 100 Tonnen Fracht aufnehmen. Zusätzlich hat die »Fearless«-Klasse vier LCVPs für je 35 Mann an Davits.

Die »Fearless«-Klasse ist mit zwei Mk 15 Phalanx 20-mm-CIWS und zwei 40-mm-Flugabwehrkanonen bewaffnet. Diese können mit Maschinengewehren und tragbaren Boden-Luft-Raketen der beförderten Truppen verstärkt werden.

Die beiden Schiffe der »Fearless«-Klasse sind viel seetüchtiger als ältere Modelle von Panzerlandungsschiffen. Ihre Reichweite von über 9000 Kilometern erzielen sie fast bei Höchstgeschwindigkeit.

Tonnen-Landungsboot der »Ondatra«-Klasse, oder drei Truppentransportluftkissenboote der »Gus«-Klasse beherbergen. Die Bewaffnung ist für die Luftabwehr optimiert, wobei die Raketenwerfer und die 30-mm-Kanone Mittel- und Kurzstreckenfähigkeit verleihen, während ein Raketenwerfer auf dem Deck vor dem Deckaufbau ausreichenden Feuerschutz für die Landung geben kann.

Beschreibung
»Ivan Rogov«-Klasse
Typ: amphibisches Dockschiff
Verdrängung: 14000 Tonnen voll beladen
Bewaffnung: ein 76-mm-Zwillingsgeschütz, vier mehrläufige 30-mm-Kanonen, ein zweiarmiger Raketenwerfer für SA-N-4 »Gecko«-Boden-Luft-Raketen und ein 122-mm-Mehrfachraketenwerfer
Antrieb: zwei Gasturbinen mit 16775 kW (22499 PS)
Leistung: Höchstgeschwindigkeit 26 kt (48 km/h); Reichweite 18500 km
Abmessungen: Gesamtlänge 159 m; größte Breite 24,5 m
Besatzung: 250

Die »Ivan Rogov«-Klasse hat im Hangar Platz für bis zu fünf »Helix«-Hubschrauber, die 14 Mann fassen und Landeplätze vor und hinter dem Hauptdeckaufbau benützen.

Gängiger russischer Praxis folgend ist die »Ivan-Rogov« schwerer bewaffnet als ihr britisches Pendant. Sie hat 76-mm-Zwillingsgeschütze, Boden-Luft-Raketen, Nahkampfwaffen und einen Mehrfachraketenwerfer.

Obwohl sie eine Buglandungsklappe besitzt, was für gewöhnlich die Geschwindigkeit eines Landungsschiffes einschränkt, ist die »Ivan Rogov« schneller als jedes vergleichbare westliche Schiff.

Schiffe der »Ivan Rogov«-Klasse sind so konzipiert, dass sie verschiedenste Landungsfahrzeuge einsetzen kann, befördern jedoch zumeist eine Kombination von drei oder vier Luftkissenbooten und 145-Tonnen-LCMs.

111

EINSÄTZE UND STATIONIERUNG

TARAWA
DIE EIN-SCHIFF-INVASIONSFLOTTE

Ihre massiven Seitenwände ragen aus dem Wasser, als ob ein riesiges Gebäude auf das Meer hinaus getrieben wäre. Doch die USS *Tarawa* ist eines der leistungsfähigsten Angriffsschiffe, die jemals gebaut wurden.

Amphibische Kriegsführung gibt es in diversen Formen seit langer Zeit. Julius Caesar brachte im 1. Jahrhundert v. Chr. eine Armee über den späteren Ärmelkanal. Die Briten transportierten ihre Armeen im Hundertjährigen Krieg gegen Frankreich in die umgekehrte Richtung. Aber Kunst und Taktik des amphibischen Angriffs erreichten ihren Höhepunkt bei den Kämpfen im Pazifik im 2. Weltkrieg und bei der Invasion der Normandie im Juni 1944.

Dazu entwarfen Royal und US Navy neue Schiffe und Landungsboote. Manche waren spezielle Frachtschiffe, die Landungsboote statt Rettungsbooten mitführten. Einige hatten Andockbuchten, um große Landungsboote zu befördern. Wieder andere sollten Panzer und schwere Ausrüstung transportieren.

Nach dem Krieg führte das Auftauchen des Hubschraubers zur Entwicklung spezialisierter Hubschrauberträger, häufig modifizierte leichte Flugzeugträger. Sie wurden erstmals 1956 bei den anglo-französischen Landungen in Suez eingesetzt. Amphibische Spezialfahrzeuge sind teuer, und nach dem Niedergang der europäischen Kolonialmächte brauchten nur noch die USA diese Art von Truppentransportkapazität mit großer Reichweite. Genauer gesagt konnte sich nur die US Navy Erhaltung und Entwicklung einer großen amphibischen Flotte leisten. Neue Modelle von amphibischen Fahrzeugen entstanden, zumeist weiterentwickelte Typen aus den 40er Jahren. Die »Tarawas«, die in den 70ern in Dienst gestellt wurden, sind etwas ganz anderes.

Sie haben die doppelte Verdrängung der britischen Träger der »Invincible«-Klasse und sind als »LHAs«, oder amphibische Mehrzweck-Kriegsschiffe, bekannt. Eine »Tarawa« vereinigt die Luftkapazität eines LPH-Hubschrauberträgers, die Andockbucht eines amphibischen LPD-Transportdocks, die Kommando- und Kontrolleinrichtungen eines amphibischen LCC-Flaggschiffs und die Frachtkapazität eines LKA-Angriffstransporters. Sie kann 1900 Mann eines verstärkten Marinebataillons mitsamt Ausrüstung aufnehmen. Die »Tarawas« und die nachfolgende »Wasp«-Klasse sind buchstäblich komplette Landungsstreitkräfte in einem einzigen Schiff.

Amphibische Angriff

Die Hauptaufgabe eines Angriffsschiffs ist es, Truppen in der kürzest möglichen Zeit an einen Strand abzusetzen. Landungsboote können den Dockschacht am Heck benutzen, um Truppen und schwere Ausrüstung wie Panzer aufzuladen, während die Sturmtruppen mit ihren AAV-7 amphibischen Landungsfahrzeugen direkt von ihrem Garagendeck in das Wasser und an den Strand fahren können.

USS *Tarawa* Mehrzweckangriffsschiff

Die Mehrzweckangriffsschiffe der »Tarawa«-Klasse und der nachfolgenden »Wasp«-Klasse sind die größten und leistungsfähigsten amphibischen Kriegsschiffe, die jemals gebaut wurden. Sie sind Mehrzweckschiffe und daher in der Lage, sowohl als Hilfsflugzeugträger, als Kommandoschiffe und als Herzstück einer großangelegten amphibischen Landungsstreitmacht zu fungieren.

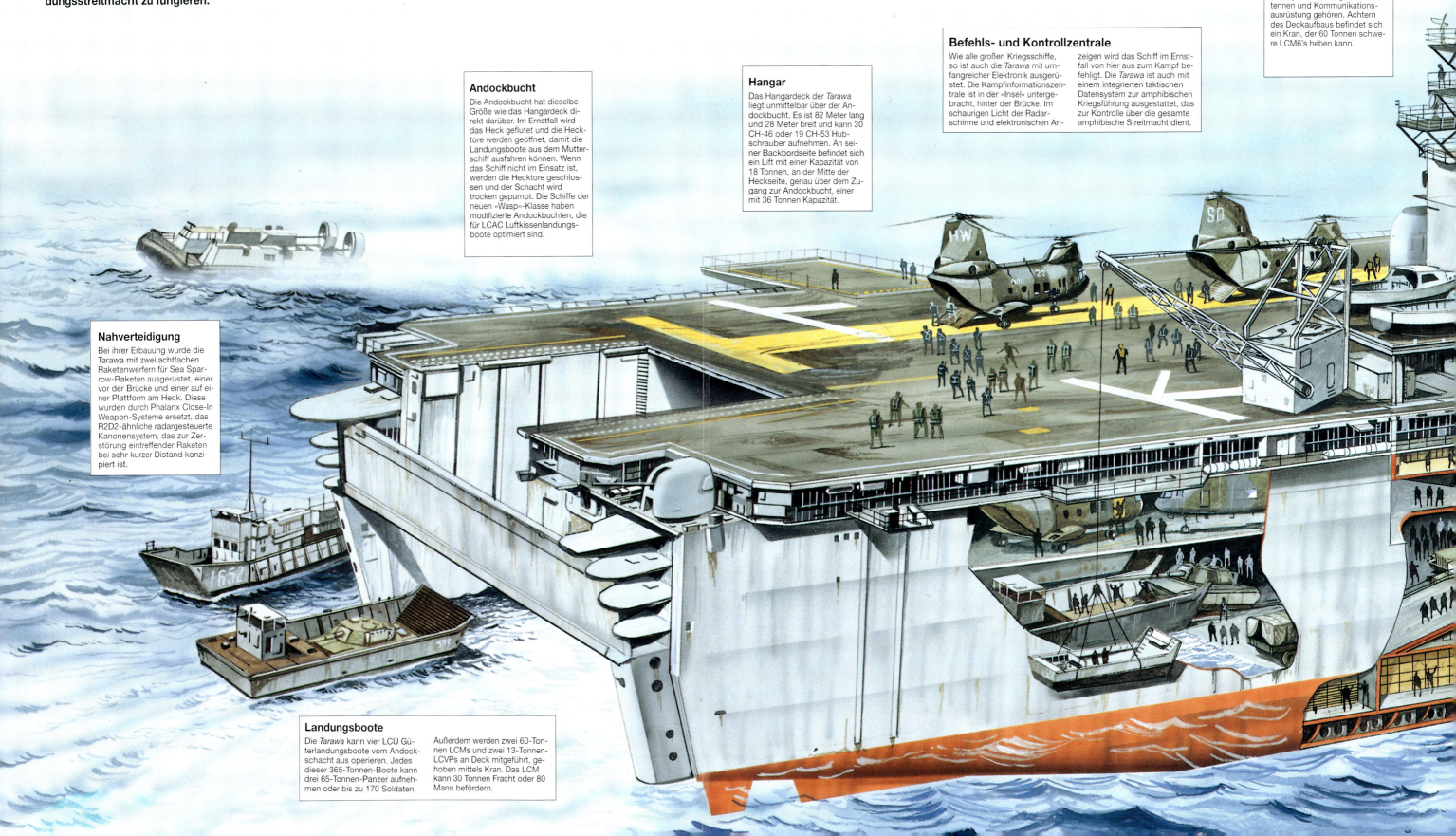

Andockbucht
Die Andockbucht hat dieselbe Größe wie das Hangardeck direkt darüber. Im Ernstfall wird das Heck geflutet und die Hecktore werden geöffnet, damit die Landungsboote aus dem Mutterschiff ausfahren können. Wenn das Schiff nicht im Einsatz ist, werden die Hecktore geschlossen und der Schacht wird trocken gepumpt. Die Schiffe der neuen »Wasp«-Klasse haben modifizierte Andockbuchten, die für LCAC Luftkissenlandungsboote optimiert sind.

Hangar
Das Hangardeck der *Tarawa* liegt unmittelbar über der Andockbucht. Es ist 82 Meter lang und 28 Meter breit und kann 30 CH-46 oder 19 CH-53 Hubschrauber aufnehmen. An seiner Backbordseite befindet sich ein Lift mit einer Kapazität von 18 Tonnen, an der Mitte der Heckseite, genau über dem Zugang zur Andockbucht, einer mit 36 Tonnen Kapazität.

Befehls- und Kontrollzentrale
Wie alle großen Kriegsschiffe, so ist auch die *Tarawa* mit umfangreicher Elektronik ausgerüstet. Die Kampfinformationszentrale ist in der »Insel« untergebracht, hinter der Brücke. Im schaurigen Licht der Radarschirme und elektronischen Anzeigen wird das Schiff im Ernstfall von hier aus zum Kampf befehligt. Die *Tarawa* ist auch mit einem integrierten taktischen Datensystem zur amphibischen Kriegsführung ausgestattet, das zur Kontrolle über die gesamte amphibische Streitmacht dient.

»Insel«
Der Großteil der »Insel« der *Tarawa* wird von den Rauchfängen des Dampfturbinen eingenöhmen. Doch es bietet eine bequeme Unterkunft für die Radarsysteme, zu denen Suchradar, Kanonen- und Raketenfeuerleitsysteme, Navigationsantennen und Kommunikationsausrüstung gehören. Achtern des Deckaufbaus befindet sich ein Kran, der 60 Tonnen schwere LCM6's heben kann.

Nahverteidigung
Bei ihrer Erbauung wurde die *Tarawa* mit zwei achtfachen Raketenwerfern für Sea Sparrow-Raketen ausgerüstet, einer vor der Brücke und einer auf einer Plattform am Heck. Diese wurden durch Phalanx Close-In Weapon-Systeme ersetzt, das R2D2-ähnliche radargesteuerte Kanonensystem, das zur Zerstörung eintreffender Raketen bei sehr kurzer Distand konzipiert ist.

Landungsboote
Die *Tarawa* kann vier LCU Güterlandungsboote vom Andockschacht aus operieren. Jedes dieser 365-Tonnen-Boote kann drei 65-Tonnen-Panzer aufnehmen oder bis zu 170 Soldaten. Außerdem werden zwei 60-Tonnen LCMs und zwei 13-Tonnen-LCVPs an Deck mitgeführt, gehoben mittels Kran. Das LCM kann 30 Tonnen Fracht oder 80 Mann befördern.

Eine AV-8 Harrier setzt zur Landung auf dem breiten Landedeck des ersten der LHS Mehrzweckamphibienschiffe an, der USS Tarawa. Es stehen fünf weitere Schiffe der »Tarawa«-Klasse im Dienst, und weitere zwölf der noch größeren »Wasp«-Klasse sind in Planung.

Kommando und Kontrolle

Der Kommandant einer amphibischen Spezialeinheit muss jederzeit Kontrolle über seine Streitkräfte haben. Die »Tarawa«-Klasse ist mit umfassenden Kommando- und Kontrolleinrichtungen sowie Satellitenkommunikationsausrüstung ausgestattet, damit die Flugzeuge, Waffen, Landungsboote und Sensoren einer amphibischen Spezialeinheit möglichst effektiv genutzt werden können.

Oben: Die Kommandozentrale der Spezialeinheit sieht wie die Brücke eines Raumschiffes aus, doch von hier aus können ganze Flotten befehligt werden.

Luftmacht

Hubschrauber sind seit den 50er Jahren, als die US Marines erstmals das Konzept der »vertikalen Umfassung« - die Vermeidung von feindlicher Abwehr, indem man sie überfliegt - aufstellten, ein wichtiger Teil der amphibischen Streitkräfte der US Navy. Doch erst die Anschaffung der von den Briten entwickelten senkrechtstartenden Harrier-Jagdflugzeuge gab den Marines und der amphibischen Flotte der US Navy echte, sofort verfügbare Luftmacht.

Eine AV-8B Harrier II bereitet sich neben dem Deckaufbau der USS Belleau Wood (LHA-3) auf einen Kurzstart vor. Die Harrier II ist ein sehr leistungsfähiges Flugzeug, das den Marines die direkteste Erdkampfunterstützung bietet. Sie kann von fast jedem Hubschrauberdeck oder Landeprovisorium aus operieren.

Links: Ein US Navy LCU Güterlandungsschiff wirkt zwerghaft neben dem massiven Heck des zweiten Mehrzweckangriffsschiffes der »Tarawa«-Klasse, der USS Saipan (LHA-2), als es in den Dockschacht des Schiffes einfährt.

Links: Ein AAV-7 amphibisches Landefahrzeug plumpst vom Heck eines Angriffsschiffes der US Navy ins Wasser. Jedes Schiff der »Tarawa«-Klasse kann bis zu 40 solcher großen Fahrzeuge mit je 25 Mann Kapazität aufnehmen.

Links: Das AAV-7 kann mit einer Geschwindigkeit von 12 km/h schwimmen und wird mit bis zu drei Meter hohen Wellen fertig. An Land kann es seine Ladung von Marines absetzen und sie mit Feuer vom Kaliber 0,5 unterstützen.

Oben: Eine Artilleriebatterie des Marine Corps tritt in Aktion, nachdem sie von einem Angriffsschiff in das Einsatzgebiet überstellt worden war. Massive CH-53 Sea Stallion-Hubschrauber können das sieben Tonnen schwere Artilleriegerät an Haken transportieren, während Munition und andere Ausrüstung in sein Inneres geladen oder von einem kleineren CH-46 Sea Knight mit Zwillingsrotor aufgenommen werden können.

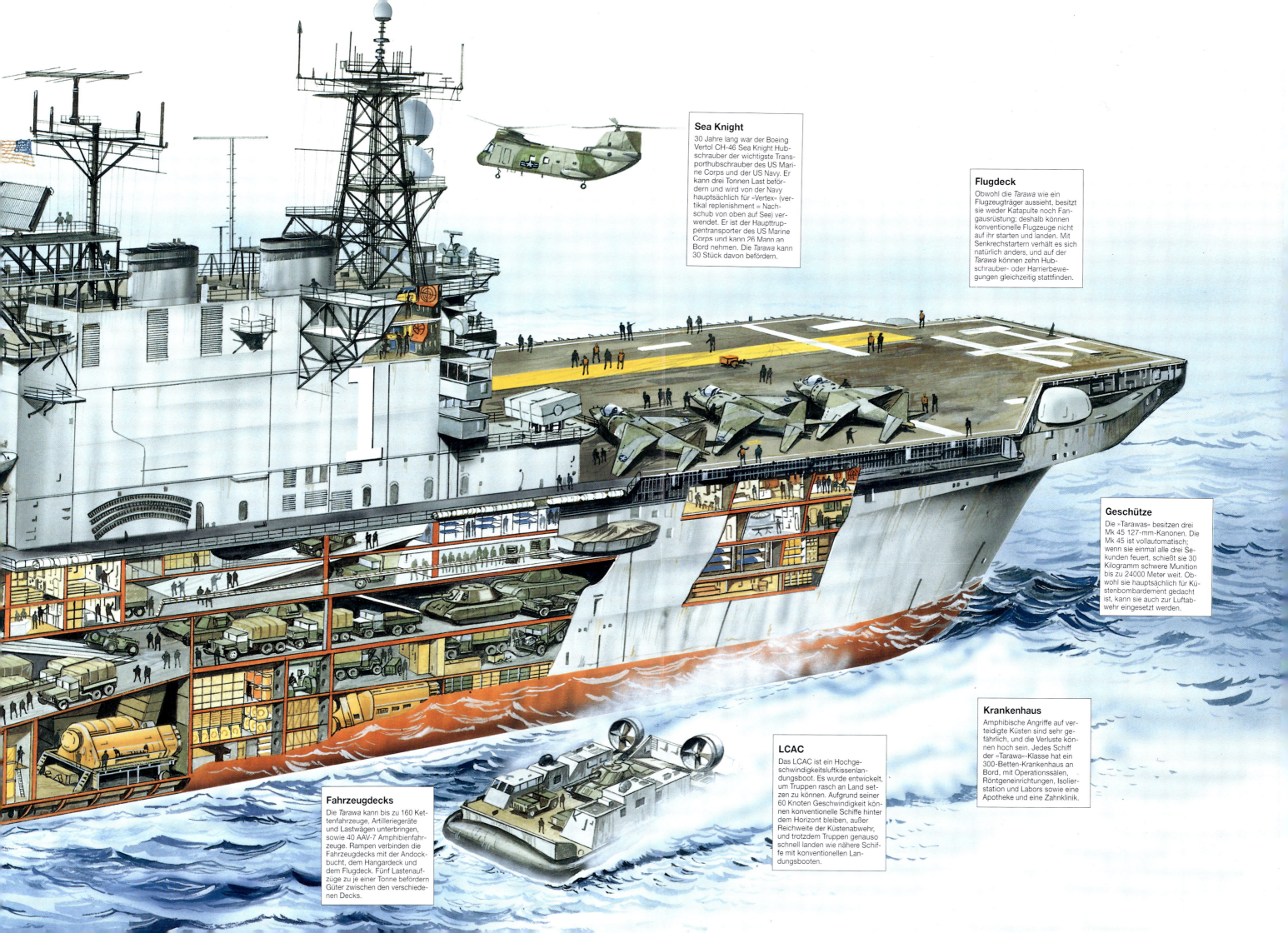

Die Kriegslast der *Tarawa*

Das leichte Panzerfahrzeug ist ein Schweizer Entwurf, der in Kanada für das US Marine Corps gebaut wurde. Das achträdrige Gefährt ist weitaus billiger in der Anschaffung und in der Erhaltung als Kettenfahrzeuge.

Die *Tarawa* trägt eine enorme Kriegsfracht. Dazu können gehören: Gebrauchs-, Transport- und Kampfhubschrauber; Harrier Jagdflugzeuge; leichte und mittelschwere Lastwägen; eine Batterie von 155-mm-Artillerie; eine Kompanie leichter Panzerfahrzeuge; eine Kompanie von Amphibienfahrzeugen; ein Panzerregiment; und die 1900 Mann eines verstärkten amphibischen Marinebataillons. Leichtere Güter werden mit leichterem Luftgerät als dem CH-53-Hubschrauber an Land gebracht; schwere Ausrüstungsstücke werden in einem der 200-Tonnen-LCU-Landungsboote zum Strand befördert.

Soldaten der Marineartillerie besetzen ihre Haubitze in den eisigen Temperaturen im nördlichen Norwegen. Die Tarawa muss ihre Fracht aus Männern und Ausrüstung zu Kampfzonen in aller Welt bringen, ob Dschungel, Wüste oder Tundra am Polarkreis.

Unten: Eine typische Kampfbeladung der USS Tarawa umfasst die gesamte Ausrüstung, die ein Marinebataillon im Kampf benötigt.

Oben: Ein amerikanischer M60-Kampfpanzer rast über das offene Gelände der ägyptischen Wüste. Der M60 bildet die gepanzerte Schlagkraft des Marine Corps. Panzer werden für gewöhnlich von Schiffen der »Newport«-Klasse transportiert, doch auch die »Tarawas« können mit diesen großen, schweren Fahrzeugen fertigwerden. Jedes der vier LCU Landungsboote eine »Tarawa« kann drei dieser Panzer vom Schiff zum Strand befördern.

Leichte Hubschrauber: Typischerweise führt die »Tarawa«-Klasse zwei Huey-Gebrauchshelikopter und vier »Sea Cobra«-Angriffshubschrauber mit.

Flugzeuge: Durch die Mitnahme von AV-8B Harrier II-Jagdflugzeugen an Bord der Tarawa haben die Marines ihre Erdkampfunterstützung sofort verfügbar.

Leichte Fahrzeuge: Dazu gehören Jeeps und »Hummer«.

Mittelschwere Laster: Die meisten davon wiegen etwa 2 1/2 Tonnen.

Landungsboote: Die vier Landungsboote können ein Drittel der Truppenladung auf einmal befördern.

Schwere Hubschrauber: Der Sikorsky CH-53 kann 55 Mann oder bis zu 14 Tonnen Last aufnehmen.

Schiffe der »Tarawa«-Klasse können eine beachtliche Zahl von »Hummern« (oben) und 2,5-Tonnen-Lastwägen (oben rechts) befördern.

Rechts: Es ist wichtig, dass die Ausrüstung in umgekehrter Reihenfolge, als sie bei der Landung benötigt wird, auf das Angriffsschiff geladen wird.

Artillerie: Die M198-Haubitze hat eine Reichweite von über 20 Kilometern. Sie kann von CH-53-Hubschraubern transportiert werden.

Truppentransport: Zwölf CH-46 können bis zu 300 Soldaten auf einmal befördern. Der Sea Knight kann auch für Lastentransporte eingesetzt werden.

Leichte Panzerfahrzeuge: Diese sind beweglicher als Kettenfahrzeuge und können für Aufklärungsaufgaben eingesetzt werden.

Panzer: Eine Kompanie von M60A3 Panzern verleiht der Landung von Marine erst wahre Schlagkraft.

AAV-7 Amphibienfahrzeug: Sie sind das Herz eines Marinesturms. Die Tarawa kann 40 davon befördern.

Die beste Ausrüstung der Welt ist nutzlos, wenn man keine Männer hat, um sie zu bedienen. Die Tarawa kann die **1900 Mann eines verstärkten Marinebataillons** befördern und sie mit ihrer gesamten Ausrüstung landen.

IM KAMPF

Landungsboote der HMS Fearless pflügen durch stürmische Gewässer im Südatlantik, während sich die britischen Spezialeinheiten auf die Landung auf den Falkland Inseln vorbereiten. Hätte die Royal Navy keine amphibische Streitmacht gehabt, wären die Inseln heute höchstwahrscheinlich unter der Bezeichnung Malvinen bekannt.

BERICHTE von denen, die kämpften

D-DAY SAN CARLOS

Im Falklandkrieg machten die Briten die größte Landung seit dem 2. Weltkrieg. Sie bewies, dass amphibische Streitkräfte in der modernen Kriegsführung nach wie vor eine wichtige Rolle spielen.

»Der Obersergeant befahl: 'Partykleider und Make-up, Mädels. Zeit zu gehen.' Und so war es. Voller Tarnanzug, schwarze Creme auf alle exponierten Teile, 'damit eure kleinen Gesichter nicht wie Eddystone Licht leuchten'. Die schweren Bergens wurden angezogen, und das alles um 1 Uhr nachts.

Es war die erste Stunde des 21. Mai 1982, und Jeremy Hands von der ITN war bereit, in der Bucht von San Carlos von der HMS *Fearless* an Land zu gehen, gemeinsam mit Anführern und 40 Kommando-RM.

»Für welchen Zweck die Angriffsschiffe Fearless und Intrepid auch immer gebaut wurden, Angriff war es nicht. Diese alternden, rostenden, überfüllten Schrotthaldenflüchtlinge sollten die Speerspitze der britischen Landungen sein.«

Nach sechswöchiger Seefahrt auf der *Canberra* in Richtung Süden wurden die Truppen auf Landungsbooten in die Andockbucht der Angriffsschiffe überstellt. »In diese Höhlen aus Stahl, Rohren, schweren Maschinen und Männern, die sich nur schreiend verständigen konnten ... dicke, stickige Dieselabgase hingen wie Nebel in der Luft ... Die Schiffe waren so vollgestopft mit Menschen und Ausrüstung, dass der Fußboden buchstäblich mit den Pappkartons der »ratpacks« bedeckt war - das sind die Rationspackungen, von denen sich die Soldaten 24 Stunden ernähren konnten, wenn sie an Land waren.

Captain Hugh McManners von der 148. Batterie RA, der die Aufgabe hatte, von der Küste aus die seegestützte Kanonenunterstützung zu befehlen (NGS), beschrieb ähnliche Szenen an Bord der *Intrepid*:

»Unsere Heimatbasis war die HMS *Intrepid*, wo wir unser Gemini und die Außenbordmotoren aufbewahrten, Ersatzfunkgeräte und Batterien, die großen Haufen Rationen, Munition und das wenige persönliche Zeug ... Eine leere Kajüte, in der ich allein war, füllte sich plötzlich ganz leise, ohne dass das Licht anging, und am Morgen war alles voll mit schnarchenden, todmüden Körpern in allen Kojen und auf dem Boden, und überall waren Waffen, von Pistolen bis zu Raketenwerfern, die an Haken hingen oder auf Schreibtischen lagen. Der Gang war blockiert von schmutzigen Bergschuhen und sorgfältig gefalteteten Netzen, die nach dieser eigenartigen Mischung aus Torf und Gewehröl rochen.«

An Bord der *Fearless* mühten sich Männer in voller Ausrüstung rutschige Stege entlang, die nur halb so breit waren wie sie selbst, und über enge Leitern hinunter. »Dann in das schwache rote Glühen des Docks, zum wartenden Landungsboot. Schlangen von Soldaten aus anderen Teilen des Schiffes balancierten langsam enge Gänge entlang, um ebenfalls dorthin zu gelangen…

Landung bei San Carlos, 21. Mai 1982

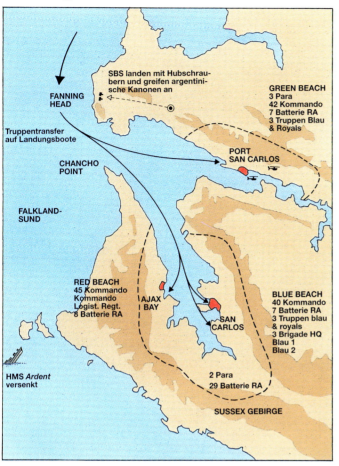

Links: Weil die Argentinier erwarteten, dass die Briten bei Port Stanley landen würden, kam die Landung 70 Meilen entfernt bei San Carlos völlig überraschend.

Unten: Royal Marines marschieren von einem LCM9 an den Strand. Man wollte eine britische Streitmacht landen, um die Inseln zurückzuerobern.

Ein Landungsboot fährt durch die Gewässer vor San Carlos. Die Nordseefähre im Hintergrund ist typisch für die vielen, stark beanspruchten Schiffe, die die Operation erst möglich gemacht hatten.

»'Viel Glück und Gottes Geschwindigkeit, Kommando 40. Es war uns ein Vergnügen, Sie an Bord zu haben', tönte es aus dem Lautsprecher, als sich das Hecktor senkte und das offene Meer der San Carlos-Mündung hereinfloss. Die vier Landungsboote legten von der *Fearless* ab, hinein in die sanften Wellen. Das war alles; die Landung war unterwegs…«

Aber dann kamen Verzögerungen. An Bord der Foxtrott 1 waren 30 Männer zuviel; das Boot beförderte die Offiziere der Zentrale. Sie mussten auf ein kleineres LCVP von der »roro«-Fähre *Norland* warten, um umzusteigen. Und auf der *Norland* gab es eine Verzögerung, weil ein Mann von 2 Para in der Dunkelheit auf den Stiegen stürzte, sich die Hüfte brach und alles hinter ihm aufhielt. Aber schließlich waren alle Mann an Bord, die Überfüllung auf Foxtrott 1 wurde behoben und die Phalanx des 40. Kommandos bewegte sich in der Dunkelheit vor Sonnenaufgang erwartungsvoll auf die Gewässer von San Carlos zu.

»Rundherum donnerten ständig die Kanonen, während die Kriegsschiffe die argentinischen Stellungen auf Fanning Head umbarmherzig beschossen… Zwanzig Meter vor dem Stand rief der Mann am Bug des Landungsbootes: 'Macht euch auf was ge-

IM KAMPF

Unten: Die Präsenz der Invasionstruppen provozierte bald eine energische Reaktion der Argentinier. Hier überfliegt ein Dagger Jagdbomber der argentinischen Luftwaffe sehr tief das Deck der HMS Fearless. Die Luftangriffe wurden stürmisch und mutig durchgeführt, reichten jedoch nicht aus, um die Landungen aufzuhalten.

Rechts: Einer der größten Unterschiede zwischen modernen amphibischen Operationen und denen im 2. Weltkrieg ist der enorme Beitrag der Hubschrauber. Im Falklandkrieg opertierten Helikopter von allen Schiffsarten aus, wie Fregatten, Zerstörer, Angriffsschiffe (hier zu sehen) und Flugzeugträger.

Während ein frachtbeladener Hubschrauber vorüberfliegt, fährt ein LCU der HMS Fearless (erkennbar an der »Tigerstreifen«-Tarnbemalung) zur schwer beanspruchten Fähre Norland.

fasst, wir sind da.' Und nach einem heftigen Ruck war es so. Die Rampe wurde heruntergelassen, und die zwei leichten Panzer im Bug gaben ein Stottern von sich. Mit kurzer Verzögerung, die ewig zu dauern schien, kroch der erste ins Wasser.«

Die Marines folgten und stapften durch das eiskalte Wasser. Ihr Befehl lautete, dass sie sich neben einem großen weißen Felsen gruppieren sollten, aber in dieser dunklen Stunde war weit und breit kein weißer Felsen zu sehen. Den Strand hatten sie gefunden, aber nicht ganz den richtigen. »Um gerecht zu sein,« schrieb Jeremy Hands, »nach fast 13000 Kilometern war es nicht schlimm, sich um hundert Meter zu verschätzen. Aber es reichte aus, um die besten Pläne durcheinander zu bringen.«

Robert McGowan vom Daily Express landete in einem LCU mit 3 Paras von der »A«-Kompanie der *Intrepid*. Sie sollten den Para 2 folgen, aber wegen der Verzögerung an Bord der *Norland* waren sie immer noch damit beschäftigt, ihre Landungsboote für den Angriff zu gruppieren.

Ein Para-Sanitäter meinte: 'Nur so ein Gedanke... Die verdammte Navy hat uns die Schwimmwesten abgenommen, als wir an Bord gingen. Was ist, wenn es sinkt?' 'Dann gehst du baden, Kamerad,' war die Antwort.

Als das LCU der »A«-Kompanie den Strand erreichte, mussten sie feststellen, dass er nicht steil genug abfiel, damit die Boote nahe genug herankamen. Man brachte ein kleineres LCVP längsseits, über dessen Deck die Soldaten in seichteres Wasser gelangen konnten. Ein paar Ungeduldige sprangen in das brusttiefe Wasser und schwammen an Land. Dann tauchten die argentinischen Flugzeuge auf, doch zur Erleichterung der Truppen am Strand, schienen sie sie nicht zu sehen und richteten ihren Angriff nur gegen die Schiffe. »In Wellen kreischten die feindlichen Jets heran, spuckten Kanonenfeuer und warfen 227- und 454-kg-Bomben ab... Furchterregende Feuerwände taten sich vor den Kampfflugzeugen auf, als die Schiffsmannschaften mit allem, was sie hatten, zurückschossen. Grüne und Rote Leuchtspurgeschosse webten ein freuriges Netz um sie herum, aber sie flogen trotzdem weiter, oft direkt über den Wellen.

Hugh McManners beschrieb, wie es in der »Bombengasse« an Bord der Intrepid zuging: "Das Mobilar wurde gegen Wände und Stützpfosten geschleudert, und alle, die nicht auf Kampfstation waren, murmelten sich gegenseitig etwas durch die Feuerschutzmasken aus grobem weißen Leinen zu... Wir saßen einfach da im roten Schein der Notlichter, rauchten Zigaretten, hörten den Lageberichten zu, die vom diensthabenden Offizier über die Sprechanlage durchgegeben wurden, und grinsten, als die Sea Cats ihre Geschosse mit Knall, Getöse und Rauschen direkt vor der Türe abfeuerten...

Alle waren auf Zulu-Zeit, das heißt auf britischer Zeit, um die Planung einfacher zu machen... Alles, was wir tun mussten, war, zu registrieren, dass der Sonnenaufgang um etwa 11.00 Uhr stattfand, und der Sonnenuntergang um 22.30 Uhr. Alle Diensthabenden standen zur üblichen Zeit auf und hatten ihr Frühstück, bevor sie um 10.00 Uhr auf ihre Posten gingen. Die ersten Luftangriffe kamen meistens bald darauf und hörten bis 10.00 oder 11.00 Uhr Nachts nicht auf. »Krafthappen« oder Hot Dogs, Suppe, Sandwiches und Nüsse, die wir in unseren Gasmasken aufbewahrten, hielten den Hunger in Grenzen, bis wir gegen Mitternacht oder etwas später eine warme Mahlzeit erhielten.«

An Land war die Spezialeinheit auf keinerlei Widerstand gestossen und verschanzte sich rund um die Siedlung San Carlos und das gegenüberliegende Ajax Bay. Beim ersten amphibischen Angriff der Briten seit Suez 1956 waren die verschiedensten organisatorischen Probleme aufgetreten, und es gab offensichtlich viele Lehren für die Zukunft daraus zu ziehen. Doch sie war ein Erfolg, und die Befreiung der Falkland Inseln kam gut voran.

Links: Kanonenrauch durchzieht den Himmel über der HMS Fearless. Die beiden Schiffe dieser Klasse waren von immenser Bedeutung für den Erfolg der Landungen bei San Carlos.

Unten: Im Andockschacht eines der Angriffsschiffe der Royal Navy übernehmen Sanitäter einen verwundeten argentinischen Piloten. Er wurde bei San Carlos aus dem Wasser gefischt, nachdem er sich nach dem erfolglosen Wettkampf mit einer britischen Rakete aus seinem Jäger katapultiert hatte.

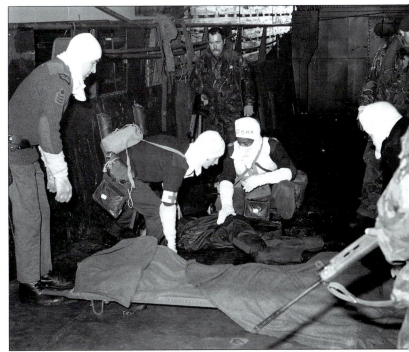

TAKTIK

Sowjets aus dem Meer

Obwohl es die amphibischen Streitkräfte der sowjetischen Marine nie mit denen der US Navy aufnehmen konnten, waren sie für ihre begrenzten Aufgaben solide ausgebildet und gut gerüstet.

Oben: Zu einer Zeit vor dem Ende des Kalten Krieges rast ein sowjetisches Luftkissenboot der »Aist«-Klasse über die Ostsee, begleitet von sowjetischen und ostdeutschen Mil Mi-8 Hubschraubern. Die sowjetische Marine ist weltweit der stärkste Benutzer militärischer Luftkissenboote, weil sie schnell sind und zu Wasser und zu Land fahren können.

Rechts: Ein 25 Mann starker Aufklärungstrupp der Marineinfanterie verlässt ein Luftkissenboot der »Gus«-Klasse der sowjetischen Marine.

Die Sowjets teilten amphibische Angriffe in verschiedene Kategorien ein. **Strategische Landungen** dienten ausschließlich der Unterstützung von taktischen Streitkräften, die weitere Einsatzfronten erschlossen. Die Sowjets verfügten nicht über die Ressourcen für diese Art von Angriffen, die amphibische Einheiten und Fahrzeuge erfordern, die derzeit nur der US Navy und dem US Marine Corps zur Verfügung stehen. **Operative Landungen** dienten zur Unterstützung von Bodentruppen, um feindliche Stellungen im Küstengebiet zu umzingeln und zu zerstören. **Taktische Landungen** schlugen an der Flanke oder bei den hintersten Linien der feindlichen Einheiten an der Küste zu, oder sie zielten auf die Eroberung eines bestimmten Objektes ab. Diese Einheiten hatten entweder die Größe von Regimentern oder Bataillonen. Die Größe von **Aufklärungs- und Sabotagelandungen** schließlich konnte von Bataillonen bis hinunter zu Kompanien und Zügen reichen. Sie hatten die Aufgabe, Informationen zu sammeln, gegnerischen Einrichtungen schweren Schaden zuzufügen oder Verwirrung zu stiften.

Sowjetische amphibische Angriffstaktik war sehr genau, klar definiert und wurde von der maritimen Infanterie, den natürlichen amphibischen Streitkräften der sowjetischen Marine, äußerst diszipliniert ausgeführt. Ihre Operationen waren in fünf Teile gegliedert:

1 Die Ausrüstung wird jederzeit einsatzbereit gehalten, und die Marineinfantrieeinheiten werden dazu ausgebildet, Operationen vom Meer oder vom Stützpunkt an Land aus zu starten. Abhängig von der Größe der Operation können Reserveeinheiten einberufen werden.

2 Wenn die amphibischen Angriffseinheiten an einer Küstenbasis alarmiert werden, schultern sie ihre Ausrüstung und begeben sich zum Verladepunkt, wo sie an Bord von Transportschiffen gehen. Das Einladen geschieht in umgekehrter Reihenfolge, deshalb werden jene Angriffsfahrzeuge, die als erstes angreifen werden, als letzte aufgeladen.

3 Nach dem Aufladen fahren die Schiffe im Convoy, begleitet von Schiffen und Flugzeugen. Während der Fahrt sprechen politische Offiziere zu den Soldaten, um ihren Kampfgeist zu steigern. Dann überprüfen die Männer ein letztes Mal Waffen und Ausrüstung, und die Kommandanten der Einheiten gehen nochmals ihre Mission, die Pläne und ihre Befehle durch.

4 Dem tatsächlichen Angriff gehen Luftoperationen, Luftangriffe und Bombardement seegestützter Kanonen auf feindliche Artillerie, Truppenstellungen und Funkeinrichtungen voran. Erst danach beginnt die Marineinfantrie mit ihrem Angriff.

5 Nachfolgend werden Armee-Einheiten gelandet, häufig mittels sowjetischer Handelsschiffe, die eine sekundäre Verwendungsmöglichkeit für amphibische Kriegsführung haben, und deren Kommandanten für gewöhnlich Reserveoffiziere der Marine sind. Sobald die Armee an Land ist und kämpft, kann die Marineinfantrie abgezogen werden.

1 Luftgestützter Angriff

Die sowjetische Lehrmeinung zu amphibischen Angriffen verlangt nach luftgestützten Sturmtruppen, die hinter den feindlichen Linie abgesetzt werden, bevor der amphibische Hauptangriff beginnt. Für den Angriff eines Batallions würde man eine Kompanie von Fallschirmspringer benötigen. Diese Elitetruppen haben den Auftrag, die Kommunikation des Feindes zu unterbrechen, wichtige Landschaftsmerkmale, wie Brücken oder Flugfelder zu sichern und den Nachschub abzuschneiden. Den klassischen luftgestützten Sturmangriff vor einer amphibischen Operation machten die Briten und Amerikaner im 2. Weltkrieg, als drei luftgestützte Divisionen in der Nacht vor der Invasion der Alliierten in Europa im Juni 1944 in der Normandie landeten.

Links: Luftgestützte sowjetische Truppen überprüfen ihre Ausrüstung, bevor sie an Bord des Antonov An-12 »Club« Transportflugzeuges gehen. Zu sowjetischen amphibischen Landungen gehören »desantny« oder »Luftangreifer«, die mit Fallschirmen oder Helikopter zur Unterstützung des Hauptsturms abgesetzt werden.

Links: Eine Antonov An-12 kann bis zu 100 voll ausgerüstete Fallschirmjäger aufnehmen. Das reicht aus, um ein luftgestütztes Element bei einer amphibische Landung in der Größe eines Batallions zu bilden.

Rechts: Hinter den Linien haben Fallschirmjäger die Aufgabe, möglichst viele zentrale Punkte zu sabotieren, wie etwa Brücken, Funkzentralen und Flugfelder.

2 Den Strand säubern

Noch während die Fallschirmtruppen ihre Missionen erledigen, nähern sich Luftkissenboote und Hubschrauber dem Strand mit hoher Geschwindigkeit, gedeckt von Luftangriffen und seegestütztem Kanonenfeuer. Sie befördern einen Zug von Pionieren, das sind äußerst trainiert Männer wie die SEALs der US Navy oder das Special Boat Squadron der Royal Marines. Ihre Aufgabe ist es, Minen und Hindernisse am Strand aufzuspüren. Das Pionierbataillon hat den Strand zu säubern und die letzten drei Durchgangswege durch die Verteidigungslinien zu markieren. Es wird erwartet, dass es dabei 50 Prozent Verluste hinnehmen muss.

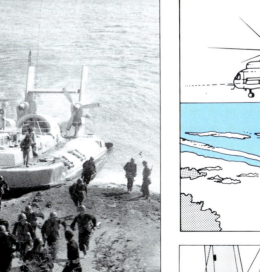

Links: Ein 200-Tonnen-Luftkissenboot der »Aist«-Klasse kann 220 Männer der Marineinfanterie mit bis zu 80 Knoten befördern. Für gewöhnlich besteht die erste Fuhre jedoch aus vier leichten Panzern oder APCs und 50 Mann Besatzung.

127

TAKTIK

3 Aufklärung

Während die Pioniere landen, um den Strand zu säubern, setzt sich die Aufklärungseinheit des Bataillons mit seinen Fahrzeugen von einem Angriffsschiff ungefähr 600 Meter vor der Küste ab. Sämtliche leichte Panzerfahrzeuge der Sowjets sind amphibisch, deshalb müssen die BRDM-Spähwägen und die leichten Panzer PT-76 für Küstenangriffe kaum oder nicht modifiziert werden. Die seegestützten Kanonen werden auf Festlandziele gerichtet, wenn die Aufklärungstruppen an Land gehen. Die Truppe steht in Kontakt mit dem Batallionskommandanten. Ihre Aufgabe ist es, das Gebiet zu sondieren und verbliebene feindliche Stellungen zu melden.

Oben: Ein leichter PT-76 Panzer fährt landeinwärts, während die anderen Fahrzeuge der Aufklärungstruppen an Land kommen.

Alle leichten Panzerfahrzeuge der Sowjets sind amphibisch; deshalb braucht ihre Marineinfanterie keine Spezialfahrzeuge wie die US Marines.

4 Sturmangriff

Der ersten Sturmtrupp landet. Er fährt entweder selbst von Angriffsschiffen an Land oder er wird von Landungsbooten wie die der »Polnocny«-Klasse abgesetzt. Wenn der Sturm fährt, wird er von einer Kompanie Marineinfanterie in bereiften APCs Type BRT-70 oder -80 angeführt und von leichten Panzern PT-76 begleitet. Während sie sich dem Strand nähern, feuern die Fahrzeuge auf verbliebene feindliche Stellungen. Am Strand fahren sie landeinwärts, während sich die zweite Angriffswelle nähert.

Links: Die Angriffswelle wird von leichten PT-76 Panzern begleitet, die ihre 76-mm-Kanonen gegen die Küstenabwehr einsetzen können.

Rechts: Landungsschiffe der »Polnocny«-Klasse können Fahrzeuge direkt am Strand landen oder wenige Meter davor absetzen.

5 Brückenkopf vergrößern

Während die erste Angriffswelle landeinwärts vordringt, landet die zweite Welle an ihrer linken Flanke. Sie führt die Mörser, Panzerabwehrwaffen und Flugabwehrtruppen des Bataillons mit. Bei dieser Gruppe befindet sich auch der Bataillonskommandant, ebenso die spezialisierten Beobachtungsteams, die die Aufgabe haben, taktische Luftangriffe und die seegestützten Kanonen zu dirigieren. Die dritte Welle landet an der rechten Flanke, und wenn das ganze Bataillon an Land ist, bewegt es sich in Linie vorwärts, um den Brückenkopf zu vergrößern.

Rechts: Ein amphibischer Angriff landet in Wellen, wobei jede Welle an den Flanken der unmittelbar vorhergehenden eintrifft. Auf diese Weise kommen sie sich nicht ins Gehege und können sich rasch entlang des Strandes ausdehnen.

6 Strategie

Während das Infanteriebataillon weiter vordringt, um Kontakt mit der Luftkompanie herzustellen, landen Serviceeinheiten, um Versorgungs- und Evakuierungsrouten zu etablieren. Wenn das Bataillon die Routen landeinwärts gesichert hat, wartet es in Position, bis Formationen der sowjetischen Armee mit schwerer Ausrüstung, wie Panzer und Artillerie, landen. Die Armeeeinheiten übernehmen den Angriff; was von Luftkompanie und Marineinfanteriebataillon übriggeblieben ist, wird zurückgezogen.

Links: Der Zweck einer Landung ist nicht die Landung selbst, sondern Truppen an Land zu bringen, um zu kämpfen.

Rechts: Die Marineinfanterie sind Pfadfinder. Ihre Aufgabe ist es, den Weg für mächtige sowjetische Armeeformationen vorzubereiten.

BEWAFFNUNG UND AUSSTATTUNG

LEICHTE TRÄGER

Die US Navy nennt sie »Träger für arme Leute«, und vielleicht können sie mit Superflugzeugträgern auch nicht mithalten. Doch der moderne leichte Träger ist eine wirtschaftliche und effektive Möglichkeit, Luftstreitkräfte auf See zu bringen.

Als der Prototyp des de Havilland Vampire Düsenjets am 3. Dezember 1945 auf dem Deck der HMS *Ocean* landete, löste das eine Revolution in den Ansichten über die Rolle und das Designs von Flugzeugträgern aus. Diese Revolution ist heute so weit fortgeschritten, dass die meisten modernen Trägerschiffe zu einer von zwei sehr unterschiedlichen Kategorien gehören: entweder sie zählen zu den riesengroßen »Superträgern«, die 80 oder mehr Flugzeuge befördern können, von denen mehr als die Hälfte starrflügelige Jagdmaschinen sind; oder sie gehören zu den leichten Trägern, auf dem senkrecht- oder kurzstartende (V/STOL) Flugzeuge mit relativ geringer Kampf- und Angriffsreichweite sowie eine Vielfalt an Hubschraubern stationiert sind. Diese Divergenz entstand hauptsächlich aufgrund der eskalierenden Kosten großer Träger, gemeinsam mit dem ungewöhnlichen Ausmaß an Veränderung in der Politik der wichtigsten Seemächte in den 50er und 60er Jahren.
Ende des 2. Weltkrieges entschied die US Navy, dass kein Bedarf mehr für ihre riesige Trägerflotte im Pazifik bestand, doch der Wert von trägerstützten Fluzeugen im Koreakrieg 1950-52 überzeugte sie vom Gegenteil, und sofort unterzog man einige auf dem Reservedock liegende Träger einem Aufrüstungsprogramm. Noch wichtiger war, dass der erste Superflugzeugträger entworfen wurde - in Form der USS *Forrestal*.

Reduktion der britischen Trägerstärke

Die Royal Navy, mit ihren weitreichenden Commonwealth-Verpflichtungen, sah sich durch fininzielle Kürzungen gezwungen, ihre Trägerastärke zu reduzieren, wobei eine Anzahl von Schiffen an kleinere Nationen verkauft wurde und nur wenige für den Betrieb von Düsenjets mit starren Flügeln umgebaut wurden. Zur selben Zeit trugen einige britische Erfindungen, wie zum Beispiel das schräge Flugdeck und das Dampfkatapult, dazu bei, die Jetaufnahmekapazität der Träger enorm zu vergrößern, und einige schon fertig entworfene Rumpfformen wurden an die neue Spezifikationen angepasst.

Der leichte italienische Flugzeugträger Giuseppe Garibaldi *pflügt durch das Mittelmeer, mit einer Staffel AV-8B Harrier II an Deck. Durch Senkrechtstarter können auch kleinere Marinenationen maritime Luftstreitkräfte unterhalten, da konventionelle Flugzeugträger durch die enormen Kosten nicht in Frage kommen.*

Flugzeuge von britischen Trägerschiffen vollendeten 99 Prozent ihrer auf den Falkland Inseln angesetzten Missionen.

Eine neue Klasse von Trägern für die Royal Navy - die CVA-01- war in den 60er Jahren geplant, doch finanzielle Erwägungen (gemeinsam mit der Überzeugung, dass Luftunterstützung für Truppen außerhalb der Reichweit von landgestützten Flugzeugen wahrscheinlich nur in einer Auseinandersetzung notwendig war, an der auch die US Navy beteiligt war) führten zur Streichung dieses Programms. Der Falklandkrieg sollte zeigen, dass es auch Krisen gibt, bei denen man die Amerikaner nicht zur Unterstützung rufen kann, doch da war es bereits zu spät. *Ark Royal, Eagle, Centaur* und *Victorious* wurden verschrottet, und jetzt unterhält die Royal Navy nur noch V/STOL-Träger, auf denen Sea Harrier und Hubschrauber stationiert sind.

Einige Seemächte benützen heute Schiffe dieser Art, die sich wieder in drei Gruppen gliedern: die größten dieser Schiffe sind die Kreuzer mit durchgehendem Flugdeck. Diese sind gekennzeichnet durch eine Startbahn über die volle Länge, die in einem Winkel zwischen vier und 8,5 Grad an der Backbordseite ansetzt. Im Gegensatz zu Superträgern brauchen sie keine Dampfkatapulte, wodurch in vielen Fällen das Vorderdeck für eine große Anzahl von Raketenwerfern und konventionellen Kanonen freibleibt.

Träger dieser Art gab es in verschiedenen Größen, von der *Giuseppe Garibaldi* mit einer Verdrängung von 13500 Tonnen, die der italienischen Marine gehörte, über die umgebauten konventionellen Träger *Vikrant* und *Viraat* der indischen Marine

bis zu den vier Schiffen der »Kiev«-Klasse mit je 38000 Tonnen Verdrängung, die bei der sowjetischen Marine in Dienst standen.

Die zweite Gruppe dieser Schiffe sind die großen amphibischen Angriffsschiffe der US Navy. Obwohl sie entwickelt wurden, um verstärkte Marinebataillons zu landen, besitzen sie auch komplette Flugdecks, wodurch sie neben ihrer angestammten Aufgabe als Ersatzträger verwendbar sind. In der Hochseeüberwachungsrolle können die Schiffe der 40000-Tonnen-»Wasp«-Klasse 20 AV-8B Harrier II-Jagdflugzeuge und sechs SH-60 LAMPS III-Unterwasserabwehrhubschrauber

Vier Yak-38 »Forger« auf dem Flugdeck der Minsk, einem sowjetischen Träger der »Kiew«-Klasse. Ihre kleine Luftstaffel beschränkt die Minsk trotz der 44000 Tonnen Verdrängung auf leichte Trägermissionen. Die sowjetische Marine klassifiziert die »Kiew«-Klasse als takticheskoyw avianosny kreyser, »flugzeugtragende Kreuzer«.

anstelle der üblichen Fluggerätbestückung von 30 oder 40 Angriffshubschraubern befördern. Zuletzt ist eine kleine Zahl von hybriden Hubschrauberträgern im Einsatz, in der Größe von Kreuzern, aber mit einem großen Flugdeck am Heck. Sie sind aber nicht wirklich für Senkrecht- und Kurzstarter geeignet, und die meisten werden zur Unterwasserabwehr eingesetzt.

Die Erfindung der »Schischanze«

Die britische Erfindung der »Schischanze« stellte einen großen Durchbruch bei der Entwicklung von Flugzeugträgern dar. Sie ist billig, einfach zu konstruieren und einzubauen, und die Flugzeuge, die sie benützen wollen, müssen nicht modifiziert werden. Die »Schischanze« wurde bereits bei den Royal Navy-Trägern *Hermes* (heute die *Viraat* der indischen Marine) und bei drei Schiffen der »Invincible«-Klasse eingebaut; bei der italienischen *Giuseppe Garibaldi* und der spanischen *Principe de Asturias* ist sie ein integrierter Bestandteil des Flugdecks, was diesen Schiffen eine äußerst ungewöhnliche Silhouette verleiht.

In Kombination mit den Senkrecht- und Kurzstart-Fähigkeiten der Sea Harrier führte die

---

RÜCKBLICK

Ein-Schuss-Träger

Im Jahr 1940 begannen die Deutschen Langstreckenflugzeuge, die britischen Nachschublinien zur See zu bedrohen. Sie spähten Convoys jenseits der Reichweite britischer Luftabwehr aus, schickten U-Boote zum Angriff dorthin und schalteten Nachzügler selbst aus. Allein im Jahr 1940 versenkte nur die Luftwaffe 192 Schiffe - mehr als eine halbe Million Tonnen Fracht. CAM Schiffe (Catapult Armed Merchantmen = mit Katapult bestückte Handelsschiffe) stellten eine verzweifelte Gegenmaßnahme dar. Sie führten Fracht mit, waren jedoch mit einer einzelnen Hurricane auf einem Katapult ausgerüstet. Wenn der Jäger gestartet war, gab es für ihn keine Möglichkeit, wieder zu landen. Wenn er (mit Glück) den Eindringling zerstört hatte, musste der Pilot notlanden oder mittels Schleudersitz in der Nähe des Convoys aussteigen, wissend, dass er, wenn man ihn nicht schnell rettete, im eiskalten Wasser erfrieren würde. CAM Schiffe wurden bis zur Ankunft der Geleitträger eingesetzt.

Eine Hawker Hurricane thront auf dem Katapult eines CAM-Schiffes. Obwohl sie Ein-Schuss-Notlösungen waren, bis Geleitträger gebaut werden konnten, waren CAM-Schiffe besser als gar nichts.

LEICHTE TRÄGER - Zum Nachschlagen

323

 SPANIEN

Principe de Asturias

Spaniens erster Flugzeugträger war die *Dedalo*, ein leichter, aus dem 2. Weltkrieg stammender, amerikanischer Träger, den die spanische Marine in den 60er Jahren erwarb. Sie wurde ursprünglich als Hubschrauberträger verwendet, später jedoch mit British Aerospace AV-8A Matador Senkrechtstartern bestückt. Sie wurde in den 80er Jahren ausbezahlt und kehrte als Museumsschiff in die USA zurück.

Obwohl sich die *Dedalo* als überraschend nützlich erwies, war sie fast ein halbes Jahrhundert nach ihrem Stapellauf doch zu alt für den Dienst. Spanien begann 1977 mit der Planung für einen Ersatz. Die *Principe de Asturias* beruht auf einem amerikanischen Entwurf für einen leichten Hubschrauberträger, der als Seekontrollschiff bekannt ist. Sie wird von Turbinen angetrieben und besitzt ein 175 Meter langes Flugdeck mit einer 12-gradigen »Schischanze«. Es sind zwei Flugzeuglifte eingebaut, einer davon am Heck des Flugdecks. Die Luftbesetzung umfasst bis zu acht AV-8B Harrier II und ein Dutzend SH-60 Sea Hawk und SH-3 Sea King ASW Hubschrauber. Einige der letzteren sind als Teil eines luftgestützten Frühwarnsystems mit Wassersuchradar bestückt. Die 1987 in Dienst gestellte *Principe de Asturias* bildet das Herz der größten Unterwasserabwehr der spanischen Marine. Sie ist mit vollständig digitalen Kommando- und Kontrollsystemen ausgestattet und kann daher auch als Flaggschiff fungieren.

Wenn die Finanzierung es zuließe, würde die spanische Marine gerne ein zweites Schiff dieser Klasse bauen, doch das ist in näherer Zukunft sehr unwahrscheinlich.

Beschreibung
Principe de Asturias
Typ: leichter Flugzeugträger
Verdrängung: 14700 Tonnen voll beladen
Bewaffnung: zwölfläufige Meroka-Nahkampfwaffensysteme
Antrieb: zwei Gasturbinen mit 34750 kW (46600 PS), eine steuerbare Schiffsschraube
Leistung: Höchstgeschwindigkeit 26 kt (48 km/h); Reichweite 13000 km bei 20 kt
Abmessungen: Länge 196 m; Flugdeckbreite 27 m; Tiefgang 9,1 m
Besatzung: 790, ohne Luftgruppe

BEWAFFNUNG UND AUSSTATTUNG

Die HMS Invincible *war das erste einer neuen Gruppe von Trägerschiffen, die eigens für Senkrechtstarter und Hubschrauber gebaut wurden. Das Design stammte aus den 60er Jahren, aus einem Bedarf an einem spezialisierten ASW-Hubschrauberträgerschiff zum Geleit für die Träger der CVA-01-Klasse und entwickelte sich in den 70ern zu einem leistungsfähigen Schiff. Obwohl eher für Unterwasserabwehr gedacht, wurde sie bei Falkland als Angriffsschiff eingesetzt.*

»Schischanze« zu einem revolutionären Konzept, das es ermöglichte, ein normales Frachtschiff innerhalb weniger Tage zu einem Flugzeugträger umzubauen. Das bordgestützte Luftabwehrsystem ist in 230 Standardcontainern untergebracht, die auf dem Deck eines Containerfrachters montiert und mit einer »Schischanze« überdacht werden. In den leeren Containern können Personal, Kommandoposten, Treibstofflager, Flugzeugwerkstätten und sogar Raketenwerfer untergebracht werden.

Eine weitere Entwicklung, die von British Aerospace hervorgebracht wurde, ist die »Skyhook« (»Himmelshaken«), die überhaupt kein Flugdeck mehr benötigt. Ein hoher Kran, der auf dem Schiff montiert ist, würde eine Sea Harrier über Bord heben, das Flugzeug würde in Schwebeflug übergehen und wenn sich der Pilot überzeugt hät-

Die Ansicht des Profis:
Leichte Träger

»Wenn man mit landgestützter Luftunterstützung operiert, reichen meiner Ansicht nach leichte Träger aus. Doch man muss auf das Unerwartete vorbereitet sein. Das lernten die Briten bei den Falklands. Ihre kleinen Glattschiffe funktionierten gut, aber es gab ein paar Probleme. Vor allem waren sie zu klein gebaut. Stahl ist das am wenigsten teure Element bei einem Schiff, also hätten sie ein größeres Schiff mit einer vernünftigen Luftstärke um nicht viel mehr Geld bauen können. Das teure Zeug, wie die Elektronik, hätte nahezu dasselbe gekostet. Innerhalb ihrer Grenzen machen leichte Träger ihre Aufgabe gut.«

Strategieanalytiker der US Navy

324　　　　　　　　　　INDIEN

Vikrant/Viraat

Die indische Marine setzt seit über 30 Jahren Flugzeugträger ein, seit der Indienststellung der INS *Vikrant* 1961. Sie war als einer der leichten Flugzeugträger der »Majestic«-Klasse der Royal Navy konzipiert und wurde 1971 im Krieg zwischen Indien und Pakistan kampferprobt, besetzt mit einer Gruppe von Hawker Sea Hawks und Breguet Alizés.

Ende der 70er Jahre wurde die *Vikrant* umgebaut, um Senkrechtstarter betreiben zu können, und 1983 wurde eine »Schischanze« hinzugefügt. Heute besteht ihre Luftgruppe aus bis zu 20 Sea Harriers und Sea King Antischiffs-/Antiunterwasserhubschraubern.

Seitdem bekam die *Vikrant* im Dienst Gesellschaft von der größeren INS *Viraal* - der früheren HMS *Hermes*. Die *Hermes* war 1959 als »mittlerer« Flottenträger fertiggestellt und 1977 zu einem »Kommandoträger« umgebaut worden, bevor sie 1980 neuerlich modifiziert wurde, als sie zum Träger für Senkrechtstarter wurde. Als Flaggschiff der Falkland-Spezialeinheit wurde ihre Flugzeugbestückung von 14 auf 30 erhöht, einschließlich 21 Harriers.

Im Mai 1986 wurde sie von der indischen Marine gekauft, auf *Viraat* umgetauft und einer Generalüberholung unterzogen. Derzeit ist geplant, sowohl die *Vikrant* als auch die *Viraat* irgendwann im folgenden Jahrzehnt durch neuere Träger zu ersetzen, doch angesichts der außer Dienst gestellten *Vikrant* und der über 40 Jahre alten *Viraat* könnte bald der russische Träger *Admiral Gorshkov* als Zwischenlösung erworben werden.

Beschreibung
Vikrant
Typ: leichter Flugzeugträger
Verdrängung: 19500 Tonnen voll beladen
Bewaffnung: neuen einzelne 40-mm-Luftabwehrgeschütze
Antrieb: geregelte Dampfturbinen mit 29825 kW (40000 PS), zwei Schiffsschrauben
Leistung: Höchstgeschwindigkeit 24,5 kt (45,3 km/h); Reichweite 20000 km bei 14 kt
Abmessungen: Länge 213,4 m; Flugdeckbreite 39 m; Tiefgang 7,3 m
Besatzung: 1345 (Kampfbesatzung, einschließlich Luftgruppe)

Rechts: Die HMS Hermes durchlief in ihrer Karriere mehrere Metamorphosen: sie war ein konventioneller Träger, ein »Kommandoträger« und ein Träger für Senkrechtstarter; heute dient sie als INS Viraat bei der indischen Marine.

Links: Helikopterträger gibt es in vielen Formen und Größen. Die Shirane ist ein 5200 Tonnen schwerer, Helikopter tragender Zerstörer der japanischen maritimen Selbstverteidigungskräfte und kann drei oder vier große ASW Hubschrauber transportieren.

Unten: In den 50er Jahren konnten Träger wie die HMS Centaur konventionelle Jets einsetzen, doch mit zunehmender Größe der Flugzeuge wurden die Schiffe zu klein.

te, dass alles in Ordnung ist, würde es losgelassen. Für die Landung müsste der Pilot den Schwebeflug beibehalten, während er das Flugzeug mit der Geschwindigkeit des Krans vorwärtsbewegt - ein Manöver, das dem Auftanken in der Luft sehr ähnlich ist. Ein technisch hoch entwickeltes Robotersystem in der Mechanik des Krans würde die »Skyhook« in der gleichen Richtung halten, wenn das Schiff schwankt oder sich neigt. Die »Skyhook« könnte sogar auf Schiffen mit nur 5000 Tonnen angebracht werden.

Die Verwendung der *Hermes* und der *Invincible* als Angriffsträger im Falklandkonflikt erwies sich als so erfolgreich, dass die drei Schiffe der »Invincible«-Klasse auch heute noch in dieser Rolle eingesetzt werden. 1998 operierte die HMS *Invincible* im Persischen Golf mit 22 Flugzeugen und Hubschraubern, einschließlich sieben GR.3 Harriers der RAF für Bodenangriffe.

Kleine Träger sind verwundbar, weil sie nur kleine Fliegergruppen mit sich führen. Sehr große Träger sind im Gegensatz dazu sehr schwierig zu

---

325 — Vittorio Veneto

ITALIEN

Die **Vittorio Veneto** sollte das dritte Schiff der »Andrea Doria«-Klasse werden und wurde während ihrer Konstruktion radikal verändert und vergrößert, als man erkannte, dass die früheren Schiffe zu klein waren, um eine wirksame Hubschraubergruppe zur Unterwasserabwehr zu befördern. Deshalb wurde der neue Kreuzer beträchtlich vergrößert, mit einem erhöhten, 40 x 18,5 Meter großen Flugdeck und darunterliegendem Hangar. Die Flugbesetzung umfasst neun AB.212 oder sechs SH-3D oder EH.101 ASW Hubschrauber.

Vor dem Flugdeck ist die *Vittorio Veneto* ein mächtiger, mit Lenkwaffen bestückter Kreuzer. Ihre Hauptwaffe ist ein amerikanischer MK 20 Zwillingsraketenwerfer mit 40 Standard SM-1ER Langstreckenraketen und 20 ASROC ASW-Raketen. Der Kreuzer ist auch mit Abschussvorrichtungen für Otomat Antischiffsraketen ausgestattet, sowie mit acht 76-mm-Doppelzielkanonen und zwei 40-mm-Zwillingsgefechtstürmen für die Nahkampfverteidigung, gesteuert durch zwei Dardo Feuerleitsysteme.

Die *Vittorio Veneto* wurde 1969 in Dienst gestellt und diente als Flaggschiff der italienischen Seestreitkräfte, bis sie von der *Giuseppe Garibaldi* ersetzt wurde.

Beschreibung
Vittorio Veneto
Typ: Helikopter-Kreuzer
Verdrängung: 8870 Tonnen voll beladen
Bewaffnung: ein Standard SAM/ASROC ASW-Zwillingsraketenwerfer mit vergrößerter Reichweite; vier Teseo (Otomat) Antischiffsraketenwerfer, acht 76-mm-Kanonen, drei 35-mm-Zwillingsgeschütze für Nahkampf, zwei dreifache 324-mm-Leichttorpedorohre
Antrieb: geregelte Dampfturbinen mit 54435 kW (73000 PS), zwei Schiffsschrauben
Leistung: Höchstgeschwindigkeit 31 kt (57 km/h); Reichweite 9250 km bei 17 kt
Abmessungen: Länge 179,6 m; größte Breite 19,3 m; Tiefgang 6 m
Besatzung: 565

---

326 — Giuseppe Garibaldi

ITALIEN

Gedacht als Ersatz für die beiden Hubschrauberträger der »Andrea Doria«-Klasse der italienischen Marine wurde die **Giuseppe Garibaldi** 1981 konzipiert und 1985 in Dienst gestellt.

Vom ersten Entwurf an veränderte sich das Design in beträchtlichem Ausmaß, wobei zusätzliche Merkmale hinzugefügt wurden, wie etwa eine 6-gradige »Schischanze«, um den Einsatz von V/STOL-Flugzeugen zu erleichtern. Das war ein spekulatives Unterfangen, da ein Gesetz, das noch aus den Tagen von Mussolini stammte, alle Flugzeuge mit fixen Flügeln dem Kommando der Luftstreitkräfte unterstellte. Doch eine Übereinkunft zwischen See- und Luftbefehlshabern stellte sicher, dass die Marine weiterhin ihre AV-8B Harrier II Plus betreiben durfte.

Die Luftbesetzung der *Giuseppe Garibaldi* besteht aus einer Mischung aus Hubschraubern und AV-8B Harrier II Plus STOVL-Jägern.

Der Täger dient derzeit als Flaggschiff der italienischen Marine und ist dazu gedacht, Unterwasserabwehr zum Schutz für Spezialeinheiten und Convoys zu leisten. Sie kann kurzzeitig auch bis zu 600 Soldaten befördern.

Beschreibung
Giuseppe Garibaldi
Typ: leichter Flugzeugträger
Verdrängung: 13500 Tonnen voll beladen
Bewaffnung: zwei achtfache Albatros Boden-Luft-Raketen-Systeme; vier Otomat 2 Boden-Boden-Raketen; drei 40-mm-Zwillingsgeschütztürme zur Fliegerabwehr; zwei dreifache Leichttorpedorohre
Antrieb: vier Gasturbinen mit 59650 kW (80000 PS), zwei Schiffsschrauben
Leistung: Höchstgeschwindigkeit 30 kt (55,5 km/h); Reichweite 13000 km bei 20 kt
Abmessungen: Länge 180,2 m; Flugdeckbreite 30,4 m; Tiefgang 6,7 m
Besatzung: 825 (einschließlich Luftgruppe und Flaggbesatzung)

BEWAFFNUNG UND AUSSTATTUNG

327

BRASILIEN

Minas Gerais

Bei der brasilianischen Marine als *navio-aeródromo ligeiro* bekannt, begann die **Minas Gerais** ihre Karriere 1945 als HMS Vengeance, einem Träger der »Colossus«-Klasse der Royal Navy. 1948 unternahm sie eine experimentelle Fahrt in die Arktis und wurde 1953 an die Royal Australian Navy verliehen. Nach ihrer Rückgabe 1955 wurde sie 1956 an die Basilianer verkauft und in den Niederlanden 1957 und 1960 generalüberholt. In Dienst gestellt wurde sie im Dezember 1960.
Die Minas Gerais ist ein auf Unterwasserabwehr spezialisierter Träger. Ihre Luftgruppe bestand in den 70er Jahren aus acht Gumman S-2 Trackers (die von der brasilianischen Luftwaffe befehligt werden, weil der brasilianischen Marine Flugzeuge mit fixen Flügeln verboten sind) und vier Sikorsky SH-3 Sea King ASW-Hubschrauber, weiters drei Aérospatiale Ecureil und zwei Bell 206 JetRanger Gebrauchshelikopter.
Zwei große Generalüberholungen in den 80er Jahren stellen sicher, dass das Schiff noch bis ins 21. Jahrhundert hinein operieren wird. Über einen Ersatz wurde noch keine Entscheidung getroffen, obwohl die Marine einen konventionellen, atomgetriebenen Träger mit 40000 Tonnen oder zwei leichte Träger für Senkrechtstarter in Erwägung gezogen hat. Auch wenn man die Finanzierung zum Bau dieser Schiffe aufstellen könnte, ist keine der beiden Optionen vor dem Jahr 2010 realistisch.

Beschreibung
Minas Gerais
Typ: leichter Flugzeugträger
Verdrängung: 19890 Tonnen voll beladen
Bewaffnung: eine Zwillings- und zwei vierfache Luftabwehrkanonenvorrichtungen
Antrieb: geregelte Dampfturbinen mit 29825 kW (40000 PS), zwei Schiffsschrauben
Leistung: Höchstgeschwindigkeit 25,3 kt (46,8 km/h); Reichweite 20000 km bei 14 kt
Abmessungen: Länge 211,8 m; Flugdeckbreite 37 m; Tiefgang 7,5 m
Besatzung: 1300 (einschließlich Luftgruppe)

328

FRÜHERE UdSSR

»Moskva«-Klasse

Von den Sowjets als *protivolodochny kreyser* klassifiziert - das bedeutet Antiunterwasserkreuzer - war die **Moskva** ein hybrider Hubschrauberträger/Raketenkreuzer, der entwickelt wurde, um ballistischen Raketenunterseebooten in regionalen Gewässern nahe der Sowjetunion entgegenzutreten. Sie stellte den ersten Versuch der Sowjets dar, ein Fluggerät tragendes Schiff zu bauen, doch sie war kein durchschlagender Erfolg. Deshalb kam diese Klasse auch nicht über zwei Einheiten hinaus. Für gewöhnlich waren sie im Mittelmeer stationiert, als Teil der Fünften Kompanie der Schwarzmeerflotte, doch gelegentlich unternahmen sie als Teil einer Antiunterwasserspezialeinheit längere Fahrten in den Atlantik, die Ostsee oder den Indischen Ozean.
Im vorderen Teil, vor dem Dampfabgasrohr, waren die »Moskvas« Raketenkreuzer. Zwischen den Dampfeinlässen und dem Deckaufbau befand sich ein Hangar. Das Heck des Schiffes nahm ein 86 x 34 Meter großes Flugdeck ein, zu dem zwei Flugzeuglifte führten. Die Luftgruppe bestand aus 14 Kamov »Hormone« oder »Helix« ASW Helikoptern.

Beschreibung
»Moskva«-Klasse
Typ: Hubschrauberkreuzer
Verdrängung: 17000 Tonnen voll beladen
Bewaffnung: acht Zwillingsraketenwerfer SA-N-3 »Goblet« für Boden-Luft-Raketen; zwei Zwillingsgefechstürme mit 57-mm-Kanonen; ein Zwillingsraketenwerfer SUW-N-1 für Anti-U-Boot-Raketen; zwei zwölfläufige Antiunterwasser-Raketenwerfer RBU-6000
Antrieb: geregelte Dampfturbinen mit 74500 kW (100000 PS), zwei Wellen
Leistung: Höchstgeschwindigkeit 30 kt (55,5 km/h); Reichweite 16600 km bei 18 kt
Abmessungen: Länge 189 m; Flugdeckbreite 26 m; Tiefgang 7,7 m
Besatzung: 850
Schiffe in dieser Klasse: *Moskva* und *Leningrad*

Man bräuchte sämtliche Fliegerstaffeln der britischen, indischen, italienischen und spanischen Luftwaffe, um der Stärke der Fliegerstaffel eines Superträgers der US Navy zu entsprechen.

Das US Marine Corps verwendet weltweit die meisten Senkrechtstarter; sie werden von Küstenbasen und Angriffsschiffen der US Navy aus eingesetzt. Die AV-8B wurde aus der British Aerospace Harrier entwickelt und ist der leistungsfähigste Bodenangriffsjäger dieses Typs.

knackende Nüsse. Ihre Flugzeugbestückung kann Raketen tragende Flugzeuge abfangen, bevor diese die Möglichkeit haben, ihre Waffen zu verwenden. Der große Rumpf kann auch schwere Angriffe überstehen, wie im Vietnamkrieg bewiesen wurde, als große Explosionen auf dem Deck und im Hangar schwere Schäden anrichteten.

Die Bewaffnung moderner Träger

Aufgrund dieser Erfahrungen wurden leichte Träger mit Raketenabwehrsystemen und Nahkampfwaffensystemen, wie etwa der Phalanx, ausgerüstet. Die »taktischeskoye avianosny kreysera« (»taktische flugzeugtragende Kreuzer«) der russischen »Kiew«-Klasse waren besonders bemerkenswert wegen ihrer Raketenbewaffnung, die aus acht SS-N-12 Antischiffsraketenabschussvorrichtungen, zwei SA-N-3 und zwei SA-N-4 Zwillingsluftabwehrraketenwerfern, zwei 76,2-mm-Zwillingskanonen und acht 30-mm-Gatling Nahkampfwaffensystemen bestand, sowie einer Bandbreite von Ausrüstung zur Unterwasserabwehr und Torpedos.

Durch die gegenwärtigen Veränderungen in den internationalen Beziehungen zeichnet es sich immer deutlicher ab, dass bordgestützte Flugzeuge, die in der Lage sind, weit entfernt von einem freundlich gesinnten Flugfeld zu operieren, von immenser strategischer Bedeutung sind. Das Pendel ist wieder stark in Richtung der großen Flugzeugträger zurückgeschwungen. Die US Navy plant derzeit eine neue Klasse nuklear getriebener Träger, und die Royal Navy wird innerhalb des nächsten Jahrzehnts zwei Schiffe mit je 50000 Tonnen Verdrängung bauen.

Eine AV-8B hebt vom Deck des großen Angriffsschiffes USS Belleau Wood ab. Die LHAs und LHDs haben so lange Flugdecks, dass »Schischanzen« überflüssig sind.

Kampf- vergleich

| 329 | UdSSR |

»Kiew«-Klasse

Die *Kiew* war bei ihrem Stapellauf 1976 das größte Schiff, das die Sowjets je gebaut hatten. Wie die »Moskvas« waren auch die Schiffe der »Kiew«-Klasse hybride Fluggerätträger/Kreuzer, doch sie waren weitaus stärker. Vor dem Hintergrund der sowjetischen Doktrin, dass die Aufgabe von Oberflächenschiffen darin bestand, Unterseeboote zu unterstützen, dürften die vier Schiffe der »Kiew«-Klasse dazu gedacht gewesen sein, sowjetische Bastionen zu schützen und SSBNs der NATO zu jagen. Die Luftgruppe eines »Kiew«-Schiffes bestand für gewöhnlich aus etwa 35 Flugzeugen, einschließlich zwölf senkrechtstartenden Yak-38 »Forger«-Jäger. Bewaffnung und elektronische Systeme variierten von Träger zu Träger, wobei sich das vierte Schiff signifikant von den anderen unterschied. Es war klar, dass die *Admiral Gorshkov* als Probeschiff fungiert hatte, als viele ihrer Systeme auf dem ersten echten Flugzeugträger der Sowjets, der *Admiral Kuznatsov*, auftauchten.

| 330 | GROSSBRITANNIEN |

»Invincible«-Klasse

Zu Beginn der 70er Jahre sah es so aus, als ob die britische Trägerschifffahrt der Vergangenheit angehörte. Die noch im Dienst stehenden Träger waren schon betagt, und seit dem Abbruch des revolutionären Flottenträgerdesigns CVA-01 waren keine neuen Träger mehr geplant worden. Doch in den späten 60er Jahren war bei der Marine das Bedürfnis nach einem speziellen Träger zur Unterwasserabwehr entstanden, der ursprünglich »Durchgangsdeckkreuzer« genannt wurde, um gegen Flugzeugträger eingestellte Politiker nicht zu verärgern. Die HMS *Invincible* wurde 1980 als erster leichter Träger für Senkrechtstarter in Dienst gestellt. Die drei »Invincibles« sind die größten mit Gasturbinen betriebenen Kriegsschiffe der Welt. Sie sind mit »Schischanzen« ausgestattet und sollen Antiunterwassereinheiten leiten. Die Luftgruppe umfasste acht Sea Harriers, neun Sea Kings oder EH.101 und drei AEW Sea Kings, obwohl die *Invincible* im Falklandkrieg ein dutzend Sea Harriers mitführte; seitdem wurde die Luftgruppe vergrößert.

Beschreibung
»Invincible«-Klasse
Typ: leichter Flugzeugträger
Verdrängung: 19500 Tonnen voll beladen
Bewaffnung: ein Sea Dart Boden-Luft-Raketenwerfer; vier Sea Wolf Boden-Luft-Raketenwerfer; drei 30-mm-Nahkampfwaffensysteme »Goalkeeper«; zwei 30-mm-Zwillingsgeschütze
Antrieb: vier Gasturbinen mit 75000 kW (100000 PS), zwei Schiffsschrauben
Leistung: Höchstgeschwindigkeit 28 kt (52 km/h); Reichweite 9250 km bei 18 kt
Abmessungen: Länge 207 m; Flugdeckbreite 27,5 m; Tiefgang 7,3 m
Besatzung: 1320 einschließlich Luftgruppe
Schiffe dieser Klasse: *Invincible, Illustrious* und *Ark Royal*

Beschreibung
»Kiew«-Klasse
Typ: Unterwasserabwehrträger/schwerer Kreuzer
Verdrängung: 44000 Tonnen voll beladen
Bewaffnung: vier SS-N-12 »Sandbox« Boden-Boden-Zwillingsraketen; zwei SA-N-3 »Goblet« Zwillingsraketenwerfer für Bereichsabwehr durch Boden-Luft-Raketen; zwei SA-N-4 »Gecko« Zwillingsraketenwerfer für Punktabwehr durch Boden-Luft-Raketen; zwei 76-mm-Kanonen; acht sechsläufige 30-mm-Nahkampfwaffensysteme; zwei zwölfläufige Raketenwerfer MBU-600; ein Zwillingsraketenwerfer SUW-N-1 für Unterwasserabwehr; zwei fünffache 533-mm-Torpedorohre
Antrieb: vier Dampfturbinen mit 134225 kW (180000 PS), vier Schiffsschrauben
Leistung: Höchstgeschwindigkeit 32 kt (59 km/h); Reichweite 13500 km bei 18 kt
Abmessungen: Länge 275 m; maximale Flugdeckbreite 50 m; Tiefgang 9,5 m
Besatzung: 1200 ohne Luftgruppe
Schiffe dieser Klasse: *Kiev, Minsk, Novorossiysk* und *Baku*

Rechts: Die Novorossiysk *wurde im August 1982 als drittes Schiff der »Kiev«-Klasse in Dienst gestellt. Wie die anderen Schiffe dieser Klasse führte sie eine schwere Kreuzerbewaffnung mit, mit Boden-Luft-, Boden-Boden- und Antiunterwasserraketen, die am Deckaufbau und am Vordeck montiert waren.*

Weil es so groß war, konnte ein Schiff der »Kiew«-Klasse eine beachtliche Flugstaffel von 35 Flugzeugen und Hubschraubern befördern, die alle auf dem Hangardeck festgezurrt werden konnten.

Die Schiffe der »Kiew«-Klasse waren dazu konzipiert, Spezialeinheiten zur Unterwasserabwehr zu leiten, und waren deshalb mit umfangreichen Kommando-, Kontroll- und Kommunikationseinrichtungen ausgestattet.

Die schwere Bewaffnung der »Kiews« umfaßte Antischiffsraketen, Antiunterwasserwaffen und Boden-Luft-Waffen, zu denen sowohl Gatling-Kanonen für den Nahkampf als auch Raketen mit 50 km Reichweite gehörten.

Rechts: Die HMS Invincible *wurde entworfen, als man der Royal Navy die Aufgabe zuwies, der Bedrohung durch sowjetische Atomunterseeboote im Nordatlantik zu begegnen. Die geplante Luftgruppe von neun Sea Kings und fünf Harriers sollte U-Boote und die gelegentlich umherstreifenden seegestützten Tupolev »Bear«-Patrouillenflugzeuge ausschalten.*

Ursprünglich sollte die Luftgruppe aus neun Hubschraubern und fünf Jagdflugzeugen bestehen, doch die Erfahrungen in Falkland führten zur Verdoppelung des Jägerkontingents, obwohl die zusätzlichen Flugzeuge an Deck transportiert werden müssen.

Wie die »Kiew«-Klasse sollen auch die »Invincibles« im Herz einer Antiunterwassereinheit agieren; die Hubschrauber sollen U-Boote fixieren und zerstören, die von den mächtigen Sonars der Fregatten im Verband geortet werden.

Träger der »Invincible«-Klasse werden von vier Rolls-Royce Olympus Gasturbinen angetrieben. Sie sind Varianten der Motoren, die den Vulcan-Bomber und das Concorde-Flugzeug antreiben.

Die *Invincible* ist viel schwächer bewaffnet als ihr sowjetisches Pendant. Bei Falkland war die wichtigste Defensivbewaffnung ein Sea Dart Zwillingsraketenwerfer für Bereichsabwehr, der seither durch Nahkampfwaffensysteme und Kurzstreckenraketen verstärkt wurde.

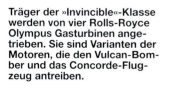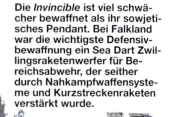

BEWAFFNUNG UND STATIONIERUNG

KLEINER IST AUCH SCHÖN

Leichte Träger galten stets als weniger effektiv als größere Schiffe. Doch sie haben einen enormen Vorteil: Sie sind sowohl in der Konstruktion als auch im Betrieb weitaus kostengünstiger.

Seit dem 2. Weltkrieg haben Flugzeugträger die Meere beherrscht. Sie können vielfältige Missionen übernehmen, Streitkräfte in alle Welt bringen und sind die flexibelsten Kriegsschiffe, die je zur See gefahren sind.
Diese Flexibilität hatte ihren Preis. Flugzeugträger sind teuer. Sie sind riesig, haben große Mannschaften und sind mit teuren Instrumenten und Waffen ausgestattet. Jeder, der maritime Luftstreitkräfte einsetzen will, muss eine große finanzielle Investition tätigen, und nur sehr wenige Nationen können sich die hohen Kosten leisten. Es sei denn, sie finden eine billigere Methode.

Und hier kommen die leichten Träger ins Spiel.
In den Frühzeiten, nach dem 1. Weltkrieg, als die Flugzeuge noch kleiner und weniger leistungsfähig waren, reichten relativ kleine Träger aus. Die britische HMS *Hermes* war das erste Schiff, das eigens für diesen Zweck gebaut wurde, doch sie war so klein, dass ihre Effektivität im Kampf zweifelhaft war. Der Umbau der großen amerikanischen Schlachtkreuzer *Lexington* und *Saratoga* brachte eine ganz andere Art von Trägern hervor. Groß und mit beachtlicher Luftgruppe bestückt, waren sie ohne Probleme ausbaufähig. Der Flottenträger wurde zum Kern der Kriegsflotte im Zweiten Weltkrieg.

Zu Beginn des Krieges gab es jedoch einen Engpass an geeigneten Schiffen, gerade als der Bedarf an seegestützter Luftwaffe zunahm. Convoys mussten begleitet, U-Boote gejagt werden - doch die wenigen großen Träger waren für die Flotte reserviert. Es musste eine Alternative gefunden werden.
Leichte Träger kosten weniger als große. Durch Modifikation von im Bau befindlichen Kreuzern verbesserte die US Navy die Lage, und durch die britische Idee, Frachtschiffe mit Flugdecks zu versehen und damit Flugzeugträger von begrenzter Leistungsfähigkeit zu schaffen, wurden schließlich mehr als 100 solcher Schiffe gebaut. Obwohl man sie scherzhaft »Wool-

Die Giuseppe Garibaldi dient heute als Flaggschiff der italienischen Marine. Dieses kleine, aber sehr leistungsfähige Schiff ist ein gutes Beispiel für die neueste Generation leichter Flugzeugträger.

HMS Ark Royal
Leichter Flugzeugträger

Ark Royal war ursprünglich der Name einer englischen Galeone, die 1588 gegen die spanische Armada kämpfte. Er ist seit dem 1. Weltkrieg mit den Flugzeugträgern der Royal Navy verbunden. In den Jahren vor dem 2. Weltkrieg trug der größte britische Flugzeugträger diese Bezeichnung, und ihr Nachfolger war der letzte konventionelle Träger in der britischen Flotte. Die heutige *Ark Royal* ist das dritte Schiff der »Invincible«-Klasse.

Radar
Das Hauptradarsystem der *Ark Royal* ist das Langstreckenüberwachungsradar Type 1022 oberhalb der Brücke. Das Suchradar Type 992R, das auf dem Mast zwischen den Abgaskaminen mitgeführt wurde, wurde durch Type 996 ersetzt. Zwei Feuerleitradars Type 909 Sea Dart unter den Kuppeln an beiden Enden des Deckaufbaus wurden mittlerweile auf Typ 909I aufgerüstet.

»Schischanze«
Die zwölf Grad ansteigende »Schischanze« am vorderen Ende des Flugdecks der *Ark Royal* ist eine britische Erfindung, die den Sea Harriers einen Kurzstart bei voller Beladung ermöglicht. Ein Senkrechtstart ist nur mit reduzierter Waffenlast möglich. Die »Schischanzen« der früheren Schiffe *Invincible* und *Illustrious* hatten nur sieben Grad Neigung.

Nahkampfwaffensystem
Die Ark Royal wurde mit drei amerikanischen MK 15 Phalanx Nahkampfwaffensystemen ausgestattet. Phalanx basiert auf der Kanone des Vulcan-Flugzeugs, und seine sechs rotierenden Läufe können 3000 Stück 20-mm-Geschosse pro Minute abfeuern. die Systeme sind auf dem Bug sowie auf Plattformen am Heck und an der Steuerbordseite des Deckaufbaus montiert. Sie stellen die letzte Verteidigung gegen knapp über der Wasseroberfläche nahende Raketen dar. Heute sind sie durch das noch schlagkräftigere »Goalkeeper«-System ersetzt.

Sea Dart
Die Träger der »Invincible«-Klasse sind mit GWS.30 Sea Dart Boden-Luft-Raketen für Bereichsverteidigung ausgerüstet. Die Zwillingsabschussvorrichtung befindet sich an Steuerbord in der Nähe der »Schischanze« und ist mit einem Magazin von 22 Raketen verbunden. Sea Dart hat eine effektive Reichweite von 65 Kilometern und kann Ziele erfassen, die in einer Höhe zwischen 30 und 18000 Metern fliegen. Als erstes Schiff soll die HMS *Illustrious* den Sea Dart Raketenwerfer und das dazugehörige Magazin verlieren. Dieser Platz wird gebraucht, um GR.3 Harriers zu parken, und deren Bodenangriffswaffen haben ein eigenes Magazin.

Flugdeck
Weil auf leichten Trägern kurz- und senkrechtstartende Jagdflugzeuge operieren, braucht man weder Katapult noch Fangvorrichtungen, die die Größe moderner Superflugzeugträger bestimmen. Das Deck der Ark Royal ist 167 Meter lang und 35 Meter breit; darauf befindet sich eine Startbahn für die Harriers am Bug, sowie neun numerierte Hubschrauberlandepunkte, die über die Länge des Schiffes verteilt sind.

worth-Träger« oder »Jeep-Träger« nannte, leisteten diese billigen Schiffe einen bedeutenden Beitrag zum Sieg der Alliierten.
Nach Kriegsende wurden die kleinen Träger im Zuge des allgemeinen Flottenabbaus beseitigt. Einige wurden Hubschrauberträger oder Flugzeugtransporter. Weiterverkaufte Träger ermöglichten einigen kleinen Seemächten Erfahrungen mit seegestützten Lufteinsätzen, doch selbst sie wurden bald zu teuer. Erst infolge der Entwicklung senkrecht- und kurzstartender Jagdflugzeuge wurden die leichten Träger wiedergeboren. Jetzt scheint die Zukunft gesichert, da immer mehr Länder Mitglied im Club der leichten Träger werden.

Die Ryujo wurde 1933 fertiggestellt. Sie besaß einen doppelten Hangar, der auf den Rumpf eines Kreuzers aufgebaut worden war, und beförderte genauso viele Flugzeuge wie die britische »Courageous«-Klasse, obwohl sie nur die halbe Verdrängung hatte. Leider führte dieser Versuch, das Unmögliche zu verwirklichen, nur zu einem leicht gebauten Träger, der überladen und instabil war.

Links: Moderne leichte Träger wie die britische »Invincible«-Klasse sind nur aufgrund der Entwicklung von senkrechtstartenden Jagdflugzeugen praktikable Lösungen.

Rechts: Leichte Träger hatten kleine Decks; deshalb musste der Deckaufbau auf ein Minimum beschränkt werden, um für die Flugzeuge maximalen Platz zu schaffen.

Unten: Anders als amerikanische Schiffe waren die leichten Schiffe der Briten abgespeckte Versionen der großen Flottenträger.

Leichte Flottenflugzeugträger

Der Mangel an Flottenträgern in der US Navy führte zur Entwicklung von leichten Trägern, die von damals im Bau befindlichen Kreuzern adaptiert wurden. Die Schiffe der »Independence«-Klasse waren nie sehr zufriedenstellend, weil sie zu klein waren, um die großen Flugzeugstaffeln aufzunehmen, die die US Navy brauchte. Doch sie waren schnell genug, um mit den Trägerkampfverbänden mitzuhalten, die in den letzten beiden Jahren des 2. Weltkriegs durch den Pazifik zogen. Nach der Expansion des Krieges in den Pazifik infolge von Pearl Harbor, begann Großbritannien 1942 mit der Konstruktion von leichten Trägern. Die Klassen »Colossus« und »Majestic« wurden verkleinert und zu viel leichter gebauten Versionen der großen Flugzeugträger, die damals in Dienst standen, modifiziert, und obwohl sie im Krieg keinen großen Beitrag leisteten, wurden sie in den Nachkriegsjahren wichtig. Die andere große Trägermacht war Japan, das auch eine Anzahl leichter Träger besaß. Einige davon, wie die *Ryujo*, waren Vorkriegsexperimente, bei denen möglichst viele Flugzeuge in einen möglichst kleinen Rumpf gestopft wurden. Die meisten jedoch waren planmäßige Modifikationen von Wasserflugzeugtendern und Depotschiffen, um in möglichst kurzer Zeit an möglichst viel Flugdecks zu kommen.

Geleitträger

Durch die Eroberung Europas 1940 gelangte Deutschland an Luftwaffenbasen, Häfen und U-Boot-Stützpunkte, von denen aus es Englands lebenswichtigen Seehandel angreifen konnte. Um diese Bedrohungen mit verstärkter Luftwaffe zu beantworten, gab es jedoch zu wenig Flugdecks. Also wurden Flugdecks auf Handelsschiffen eingebaut. Diese konnten genügend Flugzeuge aufnehmen, um über Convoys U-Boot-Patrouillen zu fliegen oder Langstreckenbomber abzuwehren. Der erste dieser Geleitträger war die HMS *Audacity*, für die 1941 ein erbeutetes deutsches Frachtschiff umgebaut wurde. Obwohl sie durch ein deutsches U-Boot versenkt wurde, bewies sie den Erfolg des Konzepts; sie war die erste von vielen solcher Geleitträger. Nirgendwo zeigte sich die industrielle Macht der USA derart wirkungsvoll wie bei der Produktion dieser Schiffe, von denen noch vor Kriegsende mehr als 100 erbaut wurden. Auf dem Höhepunkt stellte die Firma Henry J. Kaiser einen Träger der »Casablanca«-Klasse pro Woche fertig. Geleitträger wurden für verschiedenste Aufgaben verwendet, einschließlich Convoygeleit, U-Boot-Jagd, Unterstützung amphibischer Operationen und Transporte.
Wie die anderen beiden Seemächte produzierte auch Japan Geleitträger, indem es Handelsschiffe modifizierte. Doch es konnte wegen seiner miserablen industriellen Organisation bloß ein halbes Dutzend Schiffe fertigstellen.

Rechts: Mit Fortschreiten des Krieges fanden Geleitträger mehr offensive Verwendungszwecke. Die gezeigten Schiffe unterstützten 1944 die amphibischen Landungen im Süden Frankreichs.

Links: Corsairs der US Navy starten von einem Geleitträger. Ihr Dienst endete bald nach dem Krieg, denn die neuen Jets der späten 40er Jahre waren zu groß für ihre winzigen Flugdecks.

Unten links: MAC-Schiffe waren umgebaute Großfrachter, die ihre Ladekapazität behielten, aber ein Flugdeck hatten. Da es keinen Hangar gab, wurden die vier Flugzeuge permanent an Deck mitgeführt.

Unten: Geleitträger leisten in allen Ozeanen gute Dienste; sie trotzten Taifunen und anderen Stürmen im Pazifik und im Nordatlantik.

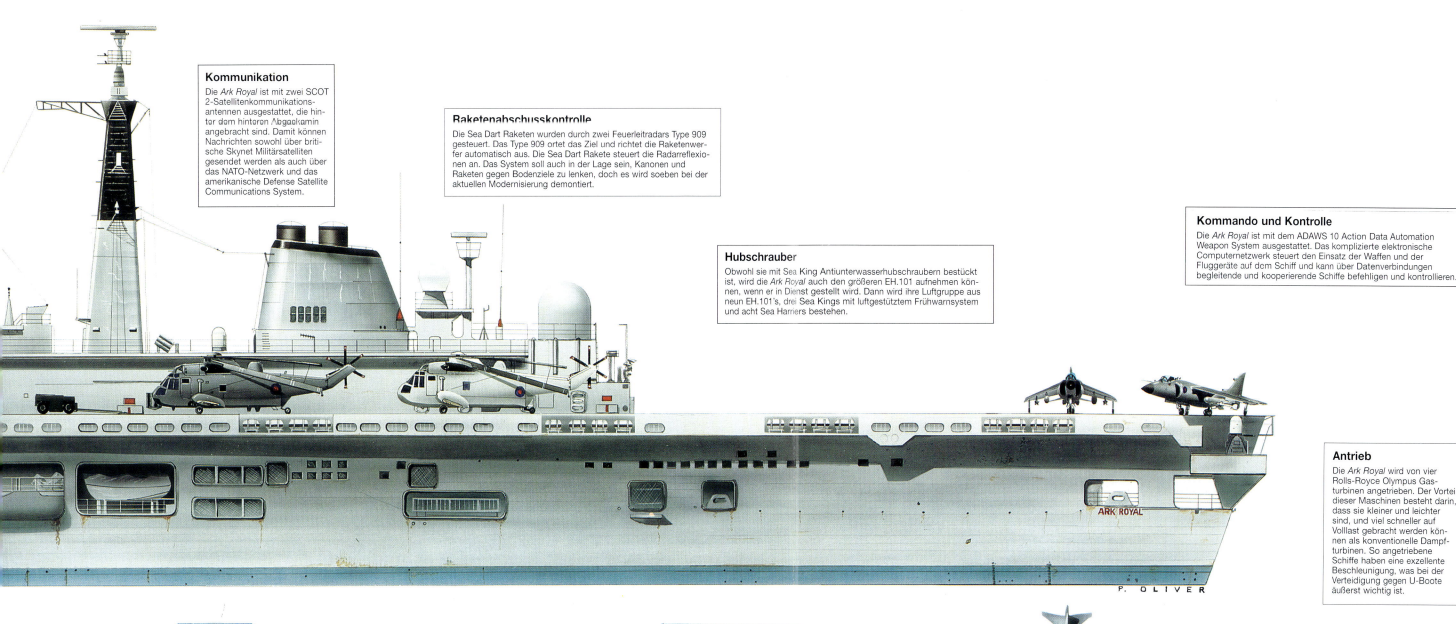

Kommunikation

Die *Ark Royal* ist mit zwei SCOT 2-Satellitenkommunikationsantennen ausgestattet, die hinter dem hinteren Abgaskamin angebracht sind. Damit können Nachrichten sowohl über britische Skynet Militärsatelliten gesendet werden als auch über das NATO-Netzwerk und das amerikanische Defense Satellite Communications System.

Raketenabschusskontrolle

Die Sea Dart Raketen wurden durch zwei Feuerleitradars Type 909 gesteuert. Das Type 909 ortet das Ziel und richtet die Raketenwerfer automatisch aus. Die Sea Dart Rakete steuert die Radarreflexionen an. Das System soll auch in der Lage sein, Kanonen und Raketen gegen Bodenziele zu lenken, doch es wird soeben bei der aktuellen Modernisierung demontiert.

Hubschrauber

Obwohl sie mit Sea King Antiunterwasserhubschraubern bestückt ist, wird die *Ark Royal* auch den größeren EH.101 aufnehmen können, wenn er in Dienst gestellt wird. Dann wird ihre Luftgruppe aus neun EH.101's, drei Sea Kings mit luftgestütztem Frühwarnsystem und acht Sea Harriers bestehen.

Kommando und Kontrolle

Die *Ark Royal* ist mit dem ADAWS 10 Action Data Automation Weapon System ausgestattet. Das komplizierte elektronische Computernetzwerk steuert den Einsatz der Waffen und der Fluggeräte auf dem Schiff und kann über Datenverbindungen begleitende und kooperierende Schiffe befehligen und kontrollieren.

Antrieb

Die *Ark Royal* wird von vier Rolls-Royce Olympus Gasturbinen angetrieben. Der Vorteil dieser Maschinen besteht darin, dass sie kleiner und leichter sind, und viel schneller auf Volllast gebracht werden können als konventionelle Dampfturbinen. So angetriebene Schiffe haben eine exzellente Beschleunigung, was bei der Verteidigung gegen U-Boote äußerst wichtig ist.

Bestückung mit Flugzeugen

Die »Invincible«-Klasse sollte fünf Sea Harriers befördern, doch nach dem Falklandkrieg wurde die Standardbestückung auf acht erhöht. Die neueste Variante F/A.2 kann vielfältige Luft-Boden- und Luft-Luft-Waffen mitführen, und ihr Blue Vixen-Radar verleiht dem Jäger »lookdown/shootdown«-Fähigkeiten.

Flugzeugträger nach dem Krieg

Ende des 2. Weltkrieges waren die Streitkräfte in aller Welt erschöpft. Geleitträger waren kaum Kriegsschiffe, doch in den 50er Jahren fanden sie eine neue Aufgabe als Hubschrauberträger zur Unterstützung amphibischer Operationen. Einige der größeren britischen Träger dienten bis in die 60er und 70er Jahre. Als »Kommandoträger« bezeichnet, entsprachen sie grob den amerikanischen LPH Angriffsbooten, die auf dem Geleitträgerdesign des 2. Weltkriegs basierten. Während die Amerikaner die Entwicklung des Superflugzeugträgers vorantrieben, verwendeten die Briten ihre kleineren Schiffe für Angriffsaufgaben. Die HMS *Triumph* war einer der ersten Träger, die im Juni 1950 vor Korea eintrafen, und andere Schiffe der »Colossus«-Klasse hielten die Präsenz der Royal Navy in diesem Konflikt aufrecht.

Die leichten Träger der Briten waren auch für die Verbreitung seegestützter Luftmacht in aller Welt wichtig. Schiffe der Klassen »Colossus« und »Majestic« dienten in der Marine von Argentinien, Australien, Brasilien, Kanada, Holland, Frankreich und Indien. Die einzigen amerikanischen Träger, die bei anderen Flotten eingesetzt waren, gehörten zur »Independence«-Klasse: die *Cabot*, die bis in die 80er Jahre die spanische *Dedalo* war, sowie die *Belleau Wood* und die *Lafayette*, die in den 50ern an Frankreich verliehen wurden.

Links: Der amerikanische leichte Träger Belleau Wood wurde in den 50ern an Frankreich verliehen. Sie wurde 1954 in Haiphong beim ersten indochinesischen Krieg gesichtet und als Bois Belleau 1960 an die USA zurückgegeben.

Unten: Die vielseitige Karriere der HMS Hermes geht weiter. Das Flaggschiff der Falklandstreitmacht wurde als altgedienter Träger an Indien verkauft, wo sie als Viraat bis zum Ende des 20. Jahrhunderts dienen soll. Da sie größer als andere Träger für Senkrechtstarter ist, hat sie eine effektive Luftgruppe.

Links: Britische Träger der Klassen »Colossus« und »Majestic« wurden in den 50er Jahren von mehreren Seemächten eingesetzt. Die HMAS Melbourne war die frühere Majestic, und zusammen mit der HMAS Sidney diente sie der maritimen Luftwaffe Australiens bis in die 80er Jahre. Die Melbourne sollte zu Beginn der 80er ersetzt werden, doch das wurde ohne Nachfolger aufgeschoben.

Revolution der Senkrechtstarter

Großbritanniens revolutionärer »Jump-Jet« hat das Gesicht der Seekriegsführung verändert. Er kann von kleinen Trägern aus operieren und braucht keine teuren Katapulte oder Fangvorrichtungen. So kann er mittelgroße Seemächte mit echter Hochleistungsluftwaffe ausstatten. Das US Marine Corps führte Harriers auf seinen Angriffsschiffen mit, und die Royal Navy verwendete Träger für Senkrechtstarter, um eine Luftmacht mit Starrflüglern aufrechtzuerhalten, nachdem ihr letzter konventioneller Träger 1979 abgewrackt worden war. »Harrier carrier« («Harrierträger«) lieferten ihr Kampfdebut 1982 im Südatlantik, und es ist keine Übertreibung zu sagen, dass die britische Streitmacht die Falkland Inseln ohne sie nicht zurückerobern hätte können.

Der andere Pionier auf dem Gebiet der Senkrechtstarter war die Sowjetunion. Obwohl die Yak-38 »Forger« in ihrer Leistungsfähigkeit weitaus eingeschränkter ist als die Harrier, wurde sie auf einem sehr eindrucksvollen Schiff stationiert. Die *Kiew* war das erste von vier mächtigen Kriegsschiffen, die schwer bewaffnet waren und von denen aus sowohl »Forger« als auch Hubschrauber operierten. Seitdem ist die sowjetische Marine dabei, ihren ersten Superflugzeugträger zu bauen.

Mit 44000 Tonnen war die sowjetische Kiew größer als alle anderen Träger im 2. Weltkrieg, doch als Schiff zur U-Bootabwehr war sie ein Nachkomme der Geleitträger.

Ein Träger der »Kiew«-Klasse fährt in Begleitung eines Zerstörers der »Sovremenny«-Klasse durch den Bosporus. Moderne sowjetische Schiffe wie dieses waren mit hoch entwickelter Elektronik und Radar ausgerüstet, und schwerer bewaffnet als ihre westlichen Pendants.

Oben: Die HMS Ocean, *ein Träger der »Colossus«-Klasse, passiert in koreanischen Gewässern die Oriansky, einen Träger der »Essex«-Klasse. Die »Colossus«-Klasse trug die Hauptlast des britischen Beitrags zum Koreakrieg, wobei alle fünf Schiffe im Einsatz waren. Die Ocean erlangte Berühmtheit, weil auf ihrem Flugdeck im Dezember 1945 die weltweit erste Trägerlandung eines Düsenjets stattfand.*

Links: Der brasilianische Träger Minas Gerais ist die frühere Vengeance, ein britischer Träger der »Majestic«-Klasse. Brasilien setzt sie als Schiff zur Unterwasserabwehr ein.

Maritime Luftmacht im 21. Jahrhundert

Die Zukunft des leichten Trägers scheint sichergestellt. Der Rückgang der Spannungen des Kalten Krieges hat die Gefahr nuklearer Vernichtung reduziert, aber gleichzeitig die Büchse der Pandora geöffnet, was regionale Konflikte betrifft. Durch die Abhängigkeit der Welt vom internationalen Handel können solche lokalen Kriege das Wohlergehen von Nationen auf der anderen Seite der Welt gefährden. Deshalb muss dieser Handel geschützt werden. Schifffahrtsrouten müssen offengehalten werden, und das geschieht am besten durch einen Träger. Die Superträger der US Navy werden oft als Friedenswächter eingesetzt, aber sie sind zu viel mehr fähig. Meistens wird es so sein, als ob man mit einem Vorschlaghammer eine Nuss knacken wollte. Auch wenn kleinere Schiffe weniger leistungsfähig sind, können sie den Job erledigen, außer in den gefährlichsten Gebieten. Und durch neue Entwicklungen bei Flugzeugen, Waffen und Elektronik werden die Fähigkeiten der leichten Träger in den nächsten Jahrzehnten stark anwachsen.

Oben: Die Entwicklung von kurz und senkrecht startenden Jägern wird derzeit stark gefördert, nachdem Harrier und Yak-38 viele Jahre die einzigen operativen Beispiele dafür waren. Dieses US-Konzept eines leichten Trägers mit »Schischanze« und zwei Rümpfen ist eine mögliche Plattform für diese Jäger.

Oben: Ein anderes Konzept der US Navy zeigt eine andere Art von Senkrechtstart mit auf dem Heck stehenden Flugzeugen. Das ist ziemlich unpraktisch, weil so gestartete Jäger niemals jene Waffenlast transportieren können, die ähnliche Flugzeuge bei einem Start von der »Schischanze« mitführen können.

IM KAMPF

FALKLAND-
KÄMPFER

Am 18. April 1982 begann der Trägerkampfverband TG317.8 in Ascension seine Reise südwärts zu den Falkland Inseln durch die stürmische See im südatlantischen Herbst. Tag und Nacht flogen drei Sea King Hubschrauber Wache über der kleinen Flotte: Die Träger *Invincible* und *Hermes* (das Flaggschiff), gefolgt von ihrem »Torhüter«, der Fregatte *Broadsword*. Der Zerstörer *Glamorgan* sowie die Fregatten *Yarmouth* und *Alacrity* bildeten eine breite Sperrspitze und fuhren ungefähr 50 Kilometer voraus, um als Luft- und Unterwasserabwehr zu fungieren, und die Versorgungsschiffe *Olmeda* und *Resource* folgten nach.

Eine Sea Harrier startet im Morgengrauen. Ohne die zwei leichten Träger hätte Großbritannien die Falkland Inseln niemals zurückerobern können.

Im April 1982 näherte sich ein britischer Trägerkampfverband den Falkland Inseln. Mehrere Mitglieder der Spezialeinheit beschreiben die Reise gen Süden, die ersten Angriffe und die Bedeutung der Träger für den Sieg.

Links: Die HMS Hermes durchpflügt den stürmischen Südatlantik, längsseits der Type 22-Fregatte HMS Broadsword. Obwohl sie hauptsächlich Plattformen zur Unterwasserabwehr sind, sind Type 22-Schiffe mit hoch wirksamen Sea Wolf Boden-Luft-Raketen ausgestattet; sie wurden bei den Falkland Inseln als »Torhüter« eingesetzt, als Nahkampfunterstützung zur Luftabwehr. Ein erfolgreicher Angriff auf die Träger hätte die britischen Chancen auf den Sieg vernichtet.

Rechts: Die Spezialeinheit der Royal Navy fährt südwärts. Die leichten Träger wurden von Fregatten und Zerstörern eskortiert und von Versorgungsschiffen begleitet. Sie waren unterwegs zu einem Krieg, den niemand erwartet hatte. Obwohl zur Unterwasserabwehr oder als Kommandoschiffe konzipiert, dienten sie nun als offensive Träger.

Hier sieht man Sea Harrier, Harrier GR Mk 3 und Sea King an Bord der HMS Hermes. Bei Kriegsende hatte die Hermes eine Luftgruppe von 15 Sea Harriers, sechs Harrier GR Mk 3s, fünf Sea Kings und zwei Westland Lynxes.

An Bord der *Hermes* befand sich der Kommandant der Spezialeinheit, Konteradmiral J. F. Woodward, der die Szene beschrieb: »Die Einsatzzentrale auf der *Hermes* war etwa fünf mal fünf Meter groß, minimal beleuchtet, damit wir die verschiedenen Radarschirme und Monitore beobachten konnten. Etwa 20 Leute arbeiteten hier, überprüften die Daten mit diensthabenden Kriegsoffizieren und dirigierten von Minute zu Minute das Management des Kampfverbandes. »Normalerweise hätten relativ junge Offiziere hier die Stellung gehalten, doch sie hätten alle paar Minuten den Admiral rufen müssen, um eine Entscheidung zu fällen. Ich nahm an, dass wir noch geraume Zeit im Süden sein würden, und wenn ich stets um Entscheidungen gebeten würde, die jeder Kapitän treffen könnte, wäre ich ständig am Laufen und könnte mich nicht mehr auf längerfristige Überlegungen und Planung konzentrieren. Also änderte ich das System und übertrug die Aufgabe Kapitän Buchanan und Kapitän Woodhead. Sie arbeiteten in 12-Stunden-Schichten, von Ende April bis Juli.

Eindringling entdeckt

Ab 19. April waren alle Schiffe in Verteidigungsbereitschaft; zwei Tage später wurde ein Flugzeug entdeckt, das sich dem Verband näherte. Rasch stiegen zwei Sea Harriers vom Geschwader 800 der *Hermes* auf. Zwischen den tiefen Wolken wurde der Eindringling als Boing 707 der argentinischen Luftwaffe identifiziert, die in 11600 Meter Höhe Aufklärung flog. Obwohl die Sea Harriers bereits mit Sidewinder-Raketen bestückt waren, befand sich die unbewaffnete 707 außerhalb der 200-Meilen-Sperrzone, und das Kriegsrecht untersagte einen Angriff. Stattdessen wurde sie nur hinweg eskortiert. Diese Prozedur fand mehrmals statt – einmal stellte sich der Eindringling als fahrplanmäßiges DC-10-Linienflugzeug der brasilischen Fluglinie Varig heraus!«
Am 25. April traf der Trägerverband mit den Zerstörern *Sheffield*, *Conventry* und *Glasgow*, der Fregatte *Arrow* und dem Versorgungsschiff *Appleleaf* zusammen. Am 29. April kamen die Fregatten *Brilliant* und *Plymouth* hinzu, die die D-Geschwader 22 SAS und Nr. 2 SBS zu den Trägern beförderten. Der Kampfverband war nun etwa 800 Kilometer östlich von Port Stanley. Im Schutz der Dunkelheit tankten die Schiffe nach und beeilten sich auf die Inseln zu.
Die HMS *Brilliant* war »Torhüter« für die *Invincible*, wie ihr Kapitän, John Howard, beschrieb: »Was immer ich sonst noch zu tun hatte, beim ersten Licht musste ich achtern der *Invincible* sein, und die HMS *Broadsword* tat dasselbe für die *Hermes*. Alle befürchteten, dass eine Exocet vom Himmel fallen würde, und das Sea Wolf-Raketensystem an Bord der Type 22-Fregatten war die einzige verfügbare Waffe, die eine Chance hatte, so eine Rakete abzuschießen.« Flugleutnant David Morgan von der RAF, der mit dem Geschwader 800 der Navy auf Tour war, flog im ersten Angriff auf das Flugfeld in Port Stanley mit. »Vor dem Morgengrauen des 1. Mai flogen die Vulcans hin und warfen eine Bombe in der Mitte der Rollbahn ab. Wir folgten mit zwölf Harriern kurz vor 8 Uhr... Als ich zur *Hermes* zurück kam, ließ ich alle

147

anderen vor mir landen, da meine Maschine Flakfeuer abbekommen hatte und ich nicht sicher war, ob ich das Ding landen konnte. (Später fand ich heraus, dass meine Heckflosse ein ziemlich großes Loch abgekriegt hat.) Ich rollte sie das Deck entlang. Ich wollte nicht senkrecht landen, falls die Steuerung beschädigt war, so kam ich vorsichtig herein und stoppte. Das war das Ende des ersten Einsatzes. Er dauerte nur eine halbe Stunde… »Am 4. verloren wir Nick Taylor in Goose Green verloren und die Sheffield wurde getroffen. Ich war an Deck, als ich diesen großen Rauchball sah… Und dann kamen die Verwundeten auf die Hermes zurück und alle waren alle bedrückt und knirschten mit den Zähnen. Wir haben uns gesagt, 'Okay, das reicht. Jetzt geht es diesen Bastarden an den Kragen.'

Ab diesem Zeitpunkt mussten wir über den Wasserspiegel schlafen, wegen der U-Boot-Gefahr, und das war ziemlich ungemütlich. Ich schlief mit fünf anderen auf dem Boden der Tageskajüte des Kapitäns. Die meisten von uns hatten Klappbetten, aber einige schliefen bloß auf Kissen. Ungefähr 40 Mann schliefen in der Bar… In den ersten paar Wochen wurden wir alle sehr, sehr müde und die Leute sind sogar im Cockpit an Deck eingeschlafen.«

Luftkampfpatrouillen und Bombenangriffe wurden je nach Wetterlage fortgesetzt, aber wie Konteradmiral Woodward erklärte: »Aus verschiedensten Gründen konnten wir bis ungefähr Mitte Mai keine Landungstruppe aufstellen, und wir mussten bis 1. Juli fertig sein (weil auf den Falkland Inseln der Winter begann), also hatten wir nur sechs Wochen Zeit für den Landkrieg. Wie sich herausstellte, wurde es relativ knapp, da wir erst Mitte Juni fertig waren. Zum Glück hatten wir genügend Sea Harriers, was eine große Erleichterung war, und auch die Träger liefen zufriedenstellend: die Hermes über drei Monate und die Invincible länger als vier.

Britischer Träger getroffen

D-Day kam endlich am 20. und 21. Mai. Die Harrier GR Mk3 des Geschwaders Nr. 1 der RAF kam auf die Hermes von der Atlantic Conveyor, kurz bevor sie am 25. Mai versenkt wurde. Fluglieutenant Morgan erinnert sich: »Wir hatten sehr viel Glück… Es hätte viel ausgemacht, wenn sie die Hubschrauber rechtzeitig weggebracht hätten. Aber hätten die Argentinier 24 Stunden früher zugeschlagen, wäre es sehr schwierig für uns gewesen.« Dieser Verlust kostete das Kommando 3 die gesamte Flugkapazität - drei Chinooks und sechs Wessex HU Mk 5 - ein Faktor, der zweifellos ihr Vordringen verlangsamte. Konteradmiral Woodward schrieb: »Ich würde sagen, es gab während dieses Krieges nur einen einzigen Tiefpunkt. Das war der 25. Mai, der argentinische Seetag, sogar ihr Flugzeugträger ist danach benannt. Ich schrieb in mein Tagebuch: 'Wahrscheinlich werden sie heute etwas unternehmen.' Später am selben Tag schrieb ich: 'Nun, scheinbar haben sie nicht viel getan, vielleicht kommen wir ungeschoren davon.' Das war ein Fehler…«

Trotz aller Verluste war der Krieg ein Erfolg. Die Falkland Inseln wurden zurückerobert, und nur drei Wochen nach der Landung in San Carlos, konnte die Spezialeinheit sehen, wie wieder der Union Jack über Port Stanley wehte.

Oben: *Die* Broadsword *bleibt längsseits der* Hermes *auf Station. Die Fregatte trennt sich für Nachtoperationen vom Träger, um ihn dann bei Tageslicht wieder vor Angriffen argentinischer Jäger zu schützen.*

Unten: *Das Hangardeck der* Hermes *ist überfüllt mit Harriern und Marinesoldaten, die sich für die Landung bei San Carlos vorbereiten. Sie diente sowohl als offensiver als auch als Kommandoträger.*

Oben, kleines Bild: Deckarbeiter rollen Streubomben über das Deck der Hermes, zur Vorbereitung für einen Angriff. Obwohl sie für amerikanische Verhältnisse klein waren, führten »Harrier carrier« eine beachtliche Waffenlast mit.

Oben: Die HMS Invincible war schwerer bewaffnet als die Hermes, denn ihre Sea Dart-Raketen konnten den Feind in über 40 Kilometer Distand erreichen. Doch man lernte in diesem Krieg die Lektion, dass man auch Nahkampfwaffen benötigte.

Unten: Die HMS Invincible kehrt im August 1982 nach Portsmouth zurück, zwei Monate später als die restliche Spezialeinheit. Sie musste auf Station bleiben, bis die brandneue HMS Illustrious, die in Rekordzeit fertiggestellt werden musste, als Ablösung eintraf.

TAKTIK

ÜBERAUS VIELSEITIGES DING

Weil leichte Träger für kleinere Seemächte die einzige Möglichkeit darstellen, hochleistungsfähige Flugzeuge auf See zu bringen, werden sie auch für Aufgaben eingesetzt, für die sie ursprünglich nicht geplant wurden, doch die sie besser erledigen als alle anderen, ausgenommen Superträger.

Flugzeuge veränderten die Kriegsführung auf See im 2. Weltkrieg unwiderruflich. Nun wurde der Flugzeugträger zum wichtigsten Schiff, das Mittel zur Verschiebung von Streitkräften über weite Strecken. Nach dem Krieg setzten die siegreichen Seemächte USA und Großbritannien die Entwicklung von Flugzeugträgern fort, doch da Flugzeuge immer größer und schneller wurden, war es bald klar, dass die Träger riesig werden mussten. Die Superträger, die erstmals in den 50ern auftraten, waren doppelt so groß wie ihre Vorgänger aus Kriegszeiten, und der hinzugefügte Nuklearantrieb gab ihnen fast unbegrenzte Ausdauer. Leider sind Flugzeugträger auch extrem teuer. Großbritannien, längst keine Supermacht mehr und nach dem Krieg in schlimmen finanziellen Nöten, konnte mit der wirtschaftlichen Stärke der USA nicht mithalten, und die Trägerstreitmacht der Royal Navy schrumpfte zu einem Nichts, nachdem die altersschwache Ark Royal 1979 abgewrackt wurde.

Doch Starrflügler hatten in der Royal Navy noch immer eine Zukunft, und die Indienststellung der HMS *Invincible* wies den Weg. Tatsächlich ist das Konzept, dass senkrecht oder kurzstartende Flugzeuge von leichten Trägern aus operieren, für mehrere Seemächte attraktiv, die gerne seegestützte Luftstreitkräfte hätten, sich aber die enormen Kosten konventioneller Flugzeugträger nicht leisten können.

Von den finanziell gut ausgestatteten Theoretikern der US Navy wurden sie »Träger für arme Leute« genannt. Sie gelten als zu klein, um eine angemessene Fliegerstaffel zu betreiben, und als nicht flexibel genug, um jene Streitkräfte zu verschieben, die die Seestrategie des Pentagon verlangt. Doch der moderne leichte Träger hat eine ganze Anzahl von Vorteilen, die die Verfechter der großen Flugdecks ignorieren. Das Fehlen von Katapulten und Fangvorrichtungen, die die Größe eines Träger und auch der Flugzeuge, die er mitführt, bestimmen, und die weitaus einfacheren Start- und Landevorgänge machen den Bau eines Trägers für senkrecht- und kurzstartende Flugzeuge viel billiger, und sein Betrieb ist lange nicht so schwierig wie der eines konventionellen Trägers.

Die Rolle der leichten Träger heute

Wie sich im Falklandkrieg zeigte, können die neuen leichten Träger unter Bedingungen operieren, bei denen sich ein konventionelles Schiff vielleicht geschlagen geben müsste. Mit ihrer kleineren Fliegergruppe sind sie nicht wirklich eine offensive Waffe wie die amerikanischen Riesen, doch für den Schutz des Handels, Unterwasserabwehreinsätze und sogar amphibische Angriffe in weniger gefährlichen Gebieten, sind sie durchaus akzetabel.

Das andere Argument, das gegen leichte Träger vorgebracht wurde, ist, dass die Flugzeuge klein sind, nur geringe Waffenlast mitführen und von begrenzter Effektivität wären. Dieses Argument wurde durch die Vorstellung der Harrier im Falklandkrieg vom Tisch gefegt; die neuesten AV-8B stehen konventionellen Jagdflugzeugen kaum nach und sind so vielseitig wie eh und je.

1 Streitmachttransport

Der Transport von Streitkräften ist die Aufgabe der großen Träger der US Navy. Die Hälfte der 85 Flugzeuge starken Luftstaffel jedes Trägers sind Angriffsflugzeuge, die es mit den kompliziertesten landgestützten Verteidigungsanlagen aufnehmen können. Kleinere Träger, wie die *Invincible* der Royal Navy, haben keinen solchen Luxus; hier muss ein einziger Flugzeugtyp mehrere Funktionen erfüllen. Die Aufgaben der Sea Harrier umfassen Angriff, Aufklärung und

Nach dem Falklandkrieg löst die HMS Illustrious die HMS Invincible im Südatlantik ab. Die Lektionen des Kampfes sind deutlich sichtbar in Form der weißen Kuppeln für das Phalanx Raketenabwehr- und Nahkampfwaffensystem am Bug und am Heck der Illustrious (näher bei der Kamera).

2 Seekontrolle

In den spätern 60er Jahren überlegte die US Navy, ein »billiges«, speziell für den Eskort von Convoys konzipiertes Trägerschiff zu produzieren. Das Sea Control Ship (SCS, Seekontrollschiff) beförderte Hubschrauber mit aktiven Sonars und sollte gemeinsam mit auf U-Boot Abwehr spezialisierten Fregatten agieren. Die Hubschrauber sollten die U-Boote zerstören, die vom Sonar der Fregatten geortet wurden. Einige Senkrechtstarter sollten als Luftabwehr dienen, die außerhalb der Reichweite der Boden-Luft-Raketen des Verbandes operierte. Jedes SCS könnte einen großen Flugzeugträger von Geleitpflichten befreien, und für die Kosten eines einzigen Schiffes der »Nimitz«-Klasse würde man fünf SCS's bekommen. Obwohl das Konzept erfolgreich mit dem Angriffsschiff USS Guam getestet wurde, wurden keine SCS bestellt. Trotzdem sind die meisten Angriffsschiffe der US Navy fähig, die Seekontrollmission zu übernehmen, ebenso die Senkrechtstarter-Träger anderer Marinen. Das SCS-Konzept wurde an Spanien verkauft und modifiziert als *Principe de Asturias* gebaut.

Unten: Obwohl die US Navy die Heimat der Superträger darstellt, hat sie auch die Möglichkeit, leichte Träger zu Wasser zu lassen. Die USS Guam wird für gewöhnlich als Hubschrauberträger eingesetzt, doch in den 70er Jahren diente sie als Prototyp eines Sea Control Ship, mit einer gemischten Gruppe von Harrier Jägern und Sea King Haubschraubern.

Die eindrucksvolle Masse des Flugzeugträgers Kiew markierte einen neuen Aufbruch der sowjetischen Marine, als sie Mitte der 70er Jahre in Dienst gestellt wurde. Obwohl sie nicht der stärkste jemals gebaute Flugzeugträger war, besaß sie eine schwere Bewaffnung, beachtliche Unterwasserabwehrfähigkeiten und genügend Platz, um all die notwendige Ausrüstung unterzubringen, um als Flaggschiff zu fungieren. Am wichtigsten war jedoch, dass sie der sowjetischen Marine die Möglichkeit bot, wertvolle Erfahrungen mit der delikaten Operation von Flugzeugen auf See zu sammeln.

Luftabwehr, und im Falklandkrieg erwies sie sich in allen drei Rollen als höchst erfolgreich. Ohne die Träger *Hermes* (heute die indische *Viraat*) und *Invincible* hätte die britische Spezialeinheit die Landungen nicht unterstützten und die Inseln nicht zurückerobern können. Hier erwiesen sich die kleinen Träger als sehr effektive Truppentransporter, obwohl sie einer leistungsfähigen Luftwaffe gegenüberstanden, die näher an ihren Basen operierte.

TAKTIK

3 Spezialeinheit zur Unterwasserabwehr

Die britischen Träger der »Invincible«-Klasse sollten die neuesten nuklearen U-Boote der Sowjetunion herausfordern. Sie waren groß genug, um in den stürmischen Gewässern zwischen Grönland, Island und Großbritannien zu operieren, konnten die größten ASW-Hubschrauber einsetzen und ein Geschwader spezieller U-Boot-Abwehr-Fregatten anführen. Damit bildeten die »Invincibles« das Herz der leistungsfähigsten Unterwasserabwehrstreitmacht, die jemals entwickelt wurde. Anders als bei den Sea Control Ships, die einen Convoy nur gegen angreifende U-Boote verteidigen, gehört zu einer ASW-Mission das aktive Jagen und Zerstören von U-Booten. Dabei sollte eine Harrier-Staffel feindliche Bomber abwehren, obwohl ursprünglich geplant war, dass die Schiffe in Reichweite landgestützter Luftstreitkräfte agieren oder unter dem Schutzschirm von Jägern der US Navy, wenn sie mit US-Kampfverbänden zusammenarbeiteten. Spaniens Principe de Asturias und Italiens Giuseppe Garibaldi sind beide für Antiunterwassermissionen ausgerüstet, wobei Spanien LAMPS III und Sea King Hubschrauber einsetzt, die Italiener aber den anglo-italienischen EH.101 stationieren werden.

Oben: Der sowjetische Hubschrauberträger Moskva bildete das Herz einer sowjetischen Unterwasserabwehreinheit, die mit Kamov Helikoptern weite Meeresgebiete »säuberte«.

Große Flugdecks erlauben den Betrieb großer Hubschrauber, was man am deutlichsten bei den Schiffen zur amphibischen Kriegsführung der US Navy beobachten kann.

4 Amphibischer Angriff

Das Leben der leichten Träger wurde nach dem 2. Weltkrieg durch die Entwicklung der Hubschrauber verlängert. Die US Navy verwendete veraltete Geleitträger als Plattformen für amphibische Angriffe. Die Briten benützten ähnliche »Kommandoträger« bis in die 70er Jahre. In den späten 70ern wurde die HMS *Hermes* zu einem »Harrier carrier« umgebaut, rechtzeitig, um im Falklandkrieg eine entscheidende Rolle zu spielen. Seitdem wurde mit wenig Erfolg versucht, die Schiffe der »Invincible«-Klasse mit amphibischen Angriffsaufgaben zu betrauen. Dazu gab die Royal Navy ein stark modifiziertes »Invincible«-Design in Auftrag, die LPH HMS »Ocean«.
Die US Navy besitzt weltweit die größte Flotte amphibischer Angriffsschiffe. Die meisten Schiffe können einige Marinehubschrauber aufnehmen, doch man operiert auch mit der größten Streitmacht von seegestützten Senkrechtstartern. Sie unterstützen amphibische Operationen von Angriffsschiffen wie der »Iwo Jima«-Klasse oder von den riesigen Mehrzweckschiffen der Klassen »Tarawa« und »Wasp« aus.

BEWAFFNUNG UND AUSSTATTUNG

ZUM KAMPF!

Nach dem 2. Weltkrieg, in einer Welt der nuklearen Unterseeboote, schien das Schlachtschiff der Vergangenheit anzugehören. Doch wider Erwarten ist es zurückgekehrt.

Die libanesischen Schützen in ihren Stellungen hoch in den Bergen schienen leichtes Spiel zu haben. Die US Marines waren in einer schwierigen Position, dort unten beim Flughafen, und die US Navy hatte bereits einige Flugzeuge im Himmel über dem Libanon verloren. Natürlich war da dieses große neue Schiff am Horizont, aber es war 34 Kilometer entfernt. Es konnte nicht gefährlich sein.
Doch sie irrten sich. Eines schönen Tages gab es ein großes Aufleuchten am Horizont, und in Begleitung eines überirdischen Heulens wurde die gesamte Gegend durch eine gigantische Folge von Explosionen zerstört. Die USS *New Jersey* war wieder im Dienst. Und wie gewaltig das große Schlachtschiff zurückkehrte!

Furcht erregende Stärke

Seit der Zeit Drakes und der spanischen Armada haben Schiffe mit großen Kanonen die Meere beherrscht. Über fünf Jahrhunderte wuchsen Größe und Feuerkraft der Schlachtschiffe an, bis sie im 2. Weltkrieg zu gigantischen Maschinen geworden waren, die von starken Panzerplatten geschützt wurden und Kanonen an Bord hatten, deren Stärke und Zerstörungskraft nie zuvor gesehen wurde. Doch als das Schlachtschiff seinen Höhepunkt erreichte, sollte es bald der Vergangenheit angehören. In der modernen Kriegsführung findet sich kaum mehr Platz dafür.
32 große Schiffe mit Kanonen wurden während des 2. Weltkrieges versenkt, doch nur acht davon durch Schiffe ihrer Art. Der Rest fiel Flugzeugen und Unterseebooten zum Opfer. Diese beiden klassischen Waffen des 20. Jahrhunderts schienen den Untergang des Schlachtschiffes endgültig zu besiegeln, damit es seine letzten Jahre als Geleitschiff für die neue Königin der Meere, den Flugzeugträger, verbringe oder sich durch unterstützendes Küstenbombardement nützlich mache.
Nur um das klarzustellen, das Schlachtschiff war in diesen Rollen sehr wichtig. Seine immense

Die furchterregende Detonation einer 400-mm-Kanone erleuchtet den Himmel, als ein Schlachtschiff der »Iowa«-Klasse einen Weitschuss vom zentralen Gefechtsturm abgibt.

Erst 17 Bomben und 19 Torpedos konnten 1944 das japanische Schlachtschiff *Musashi* versenken.

Feuerkraft machte amphibische Landungen viel einfacher. In der Normandie fürchteten die Deutschen 1944 die Salven der Schlachtschiffe mehr als alles andere, und all die Landungen im Pazifik konnten nur im unterstützenden Kanonenfeuer der Schlachtschiffe stattfinden. Und als die selbstmörderischen Kamikazes vor Leyte und Okinawa vom Himmel auf die Schiffe der Alliierten fielen, war es die massive Luftabwehrbewaffnung der großen Schiffe, die die Verteidigung der Flotten übernahm.

Nach dem 2. Weltkrieg erlebte das Schlachtschiff seinen Niedergang. Für große Schiffe braucht man große Mannschaften, und ihr Betrieb ist teuer; in den finanziell mageren Nachkriegsjahren gab es wenig Platz für solchen Luxus. Die HMS *Vanguard*, das letzte der britischen Schlachtschiffe, wurde 1960 abgewrackt, wobei sie den Großteil ihrer letzten Jahre als Trainingsschiff oder im Dock verbracht hatte. Die US Navy behielt ihre vier Schiffe der »Iowa«-Klasse, doch abgesehen von der Pflichterfüllung als Küstenbombardierungsschiffe vor

Oben: Das französische Schlachtschiff Gaulois *wurde 1899 fertiggestellt und ist ein typisches Beispiel für ein Schlachtschiff der Jahrhundertwende. Sie sollte innerhalb von sechs Jahren durch die revolutionäre britische* Dreadnought *überholt sein.*

Versenkt die *Tirpitz*!

Anders als die *Bismarck* zog das deutsche Schlachtschiff *Tirpitz* niemals aus, um die Macht der Royal Navy herauszufordern. Doch ihre bloße Existenz in einem nordnorwegischen Fjord und die Bedrohung der arktischen Convoys blockierte große Teile der Royal Navy, die anderswo gebraucht wurden. Die *Tirpitz* musste beseitigt werden. Bombardement und trägergestützte Luftangriffe zeitigten wenig Wirkung. Schließlich setzte die Navy »X-Boote« ein - kleine U-Boote für vier Mann - um in den Altenfjord zu gelangen und am Rumpf des riesigen Schiffes Sprengladungen anzubringen. Der Erfolg kostete sechs X-Boote und zehn Leben, doch die *Tirpitz* wurde schwer beschädigt. Das Schlachtschiff wurde schließlich von Lancastern des 617. Spezialgeschwaders der RAF im September 1944 versenkt.

Das deutsche Schlachtschiff Tirpitz *hatte sich im Krieg kaum etwas zu Schulden kommen lassen; sie war nur zur Bombardierung Spitzbergens aus ihrem norwegischen Fjord herausgekommen (oben links). Trotzdem musste sie beseitigt werden. Nach Beschädigung durch »X-Boote« genannte Kleinunterseeboote (unten links) wurde sie schließlich von der RAF versenkt.*

Oben: Die HMS Queen Elizabeth *war das ultimative Dreadnought-Schiff im 1. Weltkrieg. Schwer bewaffnet und gut gepanzert diente die* Queen Elizabeth *ehrenvoll in zwei Weltkriegen.*

SCHLACHTSCHIFFE - Zum Nachschlagen

29 »Iowa«-Klasse

USA

Obwohl Schlachtschiffe seit dem 2. Weltkrieg einige Male auf den Plan gerufen wurden, galten sie als kaum mehr als mobile Artillerie. Doch in den 70er Jahren führte der Bedarf, der wachsenden sowjetischen Marine etwas entgegenzusetzen, zur Wiedergeburt des Schlachtschiffes, und die »Iowa«-Klasse wurde wieder in Dienst gestellt. Als erstes lief die *New Jersey* wieder aus; sie hatte im März 1983 ihren ersten Einsatz, und zwar als Unterstützung der Marines in Beirut. Alle vier Schiffe dieser Klasse wurden modernisiert. Die elektronische Ausstattung wurde aufgerüstet, neue Waffen montiert und das Schiff insgesamt darauf vorbereitet, mit Kampfverbänden in hochgefährlichen Gebieten zu operieren und den Amphibienstreitkräften der USA Feuerunterstützung

Die USS New Jersey *hatte bereits in drei Kriegen gedient, bevor sie 1980 wieder zurückgeholt wurde, um das Herzstück der neuen Surface Action Groups der US Navy zu bilden.*

zu geben. Umfassendere Modifikationen wurden aus Kostengründen fallengelassen, doch die Iowa und die Missouri spielten eine bedeutende Rolle als Plattformen zum Abschuss von Tomahawks und als Feuerunterstützungsschiffe.

Beschreibung
»Iowa«-Klasse

Verdrängung: 51000 Tonnen Standard und 57450 Tonnen voll beladen
Abmessungen: Länge 270,4 m; größte Breite 33 m; Tiefgang 11,6 m
Maschinen: gesteuerte Dampfturbinen mit 212000 PS, vier Schrauben
Geschwindigkeit: 33 Knoten
Fluggerät: zwei oder vier Hubschrauber

Bewaffnung: acht vierfache Abschussvorrichtungen für Tomahawk-Marschflugkörper; vier vierfache Harpoon Antischiffsraketenwerfer; drei dreifache 400-mm-Kanonen; sechs 127-mm-Zwillingsgeschütze; vier Phalanx 20-mm-Nahkampfwaffensysteme
Besatzung: 1537

BEWAFFNUNG UND AUSSTATTUNG

> **Die Ansicht des Profis:**
>
> ### Das Schlachtschiff
>
> »Die USS *New Jersey* lag vor der Küste des Libanon, um den Marines zu helfen, um die Feuerkraft der Zerstörer aufzubessern und auch, um die Zerstörer zu schützen. Das Schlachtschiff musste klar von der Küste aus zu sehen sein. Die Präsenz-Mission: es war wichtig, dass wir groß und böse aussahen, und je näher wir der Küste kamen, umso größer und böser sahen wir aus. Doch als der Kapitän über die Lautsprecheranlage sagte: 'Die *New Jersey* hat Feuerbefehl. Begeben Sie sich auf Ihre Gefechtsstationen!', da applaudierte die Mannschaft. Endlich würden sie das tun, was ein Schlachtschiff eben am besten kann.«
>
> Fähnrich, USS *New Jersey*

Die USS Iowa feuert eine Salve mit zwei Kanonen. Die erstmals 1943 in Dienst gestellten »Iowas« zählen zu den schnellsten Schiffen der US Flotte. Die Iowa wurde 1984 eilig wieder dienstbereit gemacht, um die New Jersey im Libanon abzulösen.

Korea fanden auch sie bald ihren Weg in die Mottenkiste. Kurzzeitig kehrte die USS *New Jersey* zurück an die Front vor Vietnam, doch ein Großteil ihres Potentials wurde vergeudet, und sie gehörte zu den ersten, die gehen mussten, als Präsident Nixon die US-Streitkräfte aus Südostasien abzuziehen begann.

In den 80er Jahren erhielt das Schlachtschiff infolge zweier völlig unabhängiger Ereignisse eine neue Chance. Die US Navy stellte die vier »Iowas« in neuer, aufgerüsteter Form wieder in Dienst, und die sowjetische Marine ließ das erste ihrer nukleargetriebenen »Schlachtkreuzer« der »Kirov«-Klasse vom Stapel.

Einige meinten, die Wiedergeburt der »Iowas« zeuge vom Sieg der Nostalgie über die Vernunft. Anderen waren jedoch der Ansicht, dass das Potential eines Schlachtschiffes in der modernen Welt so groß war, dass es wieder zu den mächtigsten Schiffen gehören würde, die auf den Ozeanen kreuzen, vor allem in einer Zeit, in der die Reagan-Administration eine 600 Schiffe starke Marine anstrebte. Während die neun 400-mm-Kanonen ohne Zweifel von großem Wert sind, war es doch das Fassungsvermögen des großen Rumpfes für moderne Waffen, das am attraktivsten erschien. Und als jede »Iowa« bei ihrer Reaktivierung um die Kosten einer neuen Fregatte mit Verbesserungen ausgestattet wurde, war das ein guter Handel.

Boden-Boden-Raketen

Jede »Iowa« behielt ihre Hauptkanonenbatterien und einige der 127-mm-Kanonen. Weitere Boden-Boden-Waffen, die hinzugefügt wurden, waren 32 Tomahawk-Marschflugkörper in gepanzerten Abschussvorrichtungen und 16 Harpoon-Antischiffsraketen.

Auch ohne die Raketen wären moderne Oberflächengegner für eine »Iowa« leichte Beute, wenn sie einmal in Kanonenreichweite ist. Sie ist schneller als die Mehrzahl der modernen Kriegsschiffe und befördert über 1200 400-mm-Geschosse, im Vergleich zu den vier oder acht Raketen, die von modernen Kreuzern und Zerstörern mitgeführt werden. Selbst wenn ein Schiff der »Iowa«-Klasse getroffen würde, würde ihre dicke Panzerung den Einschlag eines

---

30 »Kidd«-Klasse — USA

Die US Navy ersetzte viele ihrer veralteten Zerstörer aus dem 2. Weltkrieg, die auch im Vietnamkrieg gedient hatten, durch die großen, auf Unterwasserabwehr spezialisierten Zerstörer der »Spruance«-Klasse. Sie wurden zu dieser Zeit als zu groß und zu spärlich ausgestattet kritisiert, doch die »Spruances« erwiesen sich als anpassungsfähig und konnten mit vielen neuen Waffensystemen bestückt werden. 1974 bestellte der Schah von Persien (Iran) sechs, für Boden-Luft-Kampf ausgerüstete Versionen des »Spruance«-Designs. Doch nach der islamischen Revolution 1979 wurden vier davon gestrichen, und jene vier, die soeben gebaut wurden, wurden als »Kidd«-Klasse von der US Navy übernommen. Diese Mehrzweckschiffe sind stärker als gewöhnliche Zerstörer und haben bedeutende Fähigkeiten zur Luft-, Oberflächen- und Unterwasserabwehr. Die »Kidds«, inoffiziell »Ayatollah«-Klasse genannt, sind außerordentlich gut geeignet, Teil einer Oberflächeneinsatzgruppe zu bilden.

Die USS Callaghan begann ihr Leben als Mehrzweckzerstörer Daryush, der von der iranischen Marine bestellt worden war. Sie gehört zu den am schwersten bewaffneten Zerstörer der US Navy.

Beschreibung

»Kidd«-Klasse
Verdrängung: 6210 Tonnen Standard und 9200 Tonnen voll beladen
Abmessungen: Länge 171,6 m; größte Breite 16,8 m; Tiefgang 9,1 m
Maschinen: vier Gasturbinen mit 80000 PS, zwei Schrauben
Geschwindigkeit: 32 Knoten
Fluggerät: zwei Hubschrauber
Bewaffnung: zwei vierfache Harpoon Antischiffsraketenwerfer; zwei 127-mm-Flug- und Bodenabwehrkanonen; zwei Mk 26 Zwillingsraketenwerfer mit 50 Standard Boden-Luft-Raketen und 16 ASROC Antiunterseebootraketen; zwei Phalanx 20-mm-Nahkampfwaffensysteme; zwei dreifache Torpedorohre
Besatzung: 338 bis 346

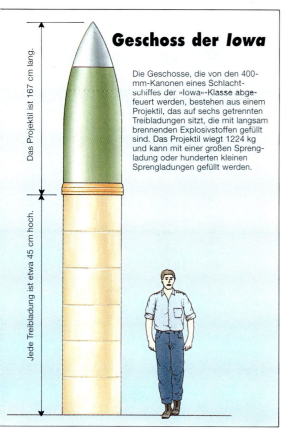

Geschoss der Iowa

Die Geschosse, die von den 400-mm-Kanonen eines Schlachtschiffes der »Iowa«-Klasse abgefeuert werden, bestehen aus einem Projektil, das auf sechs getrennten Treibladungen sitzt, die mit langsam brennenden Explosivstoffen gefüllt sind. Das Projektil wiegt 1224 kg und kann mit einer großen Sprengladung oder hunderten kleinen Sprengladungen gefüllt werden.

Das Projektil ist 167 cm lang.
Jede Treibladung ist etwa 45 cm hoch.

Küstenbombardement war schon immer eine Aufgabe für Schlachtschiffe, und die amphibischen Operationen im 2. Weltkrieg machten sie noch wichtiger. Ein altes Schlachtschiff der US Navy beschießt hier eine japanisch besetzte Insel, bevor die Marines an Land gehen.

Raketensprengkopfes wie nichts wegstecken, während eine Salve von 400-mm-Geschossen moderne, ungepanzerte Kriegschiffe in Stücke reißen würde.

»Iowas« führten Oberflächeneinsatzgruppen an, die Schiff-gegen-Schiff-Konflikte auf hoher See austrugen. Zu den weiteren Aufgaben eines Schlachtschiffes zählt, Trägerkampfverbänden ein neues Ausmaß an Vielseitigkeit zu verleihen, amphibische Landungen durch Bombardierungen zu unterstützen und in Friedenszeiten höchst eindrucksvoll »Flagge zu zeigen«.
Bei ihrem ersten Einsatz zeigte die USS *New Jersey* bereits, welch flexible Truppenverschie-

---

31 »Kirov«-Klasse

FRÜHERE UdSSR

Die *Kirov* ist das größte seit dem 2. Weltkrieg gebaute Kriegsschiff, das kein Flugzeugträger ist. Ihr Konzept ist sehr ähnlich wie das fehlgeschlagene Konzept der amerikanischen Angriffskreuzer der 70er Jahre. Die »Kirov«-Klasse ist groß genug, um eine Reihe verschiedener Funktionen zu erfüllen, vom Dienst als Flaggschiff über die Tarnung von Flugzeugträgern in hochgefährlichen Gebieten bis zu unabhängigen Operationen als Anführerin einer Oberflächeneinsatzgruppe. Die *Kirov* wurde als Schlachtkreuzer bezeichnet, und diese Beschreibung passt ganz gut, wenn man ihre Geschwindigkeit, Größe und Feuerkraft in Betracht zieht.

Beschreibung
»Kirov«-Klasse

Die mächtige Kirov ist in der Größe mit den Schlachtkreuzern des 1. Weltkriegs vergleichbar; sie ist weniger gepanzert, hat aber mit ihrem Atomantrieb eine enorm vergrößerte Reichweite.

Verdrängung: 22000 Tonnen Standard und 28000 Tonnen voll beladen
Abmessungen: Länge 248 m; größte Breite 28 m; Tiefgang 8,8 m
Maschinen: kombinierter Nuklear/Heißdampfspeicherantrieb mit 150000 PS, zwei Wellen
Geschwindigkeit: 35 Knoten
Fluggerät: 3 bis 5 Kamov »Hormone« Antiunterwasser- und Raketenlenkhubschrauber
Bewaffnung: 20 vertikale Abschussvorrichtungen für SS-N-19 Boden-Boden-Raketen; zwei 100-mm-Kanonen (die *Frunze*, das zweite Schiff dieser Klasse, hat einen 130-mm-Zwillingsgeschützturm); 12 vertikale Abschussvorrichtungen für 96 Raketen; zwei Zwillingsraketenwerfer für SA-N-4 »Gecko«-Boden-Luft-Raketen mit 36 Raketen (die *Frunze* hat zusätzlich 16 SA-N-9 Punktabwehrraketensysteme mit 128 Raketen); acht 30-mm-Nahkampfwaffen ADG6-30; ein SS-N-14 »Silex«-Unterwasserabwehrraketenwerfer mit 16 Raketen (nicht auf der *Frunze*); ein zwölfläufiger ASW-Raketenwerfer; zwei sechsläufige ASW-Raketenwerfer (nicht auf der *Frunze*); zwei fünffache 533-mm-Torpedorohre
Besatzung: 900

---

32 »Slava«-Klasse

FRÜHERE UdSSR

Die Kreuzer der »**Slava**«-Klasse, ein Mittelding zwischen der massiven »Kirov«-Klasse und den Zerstörern der »Sovremenny«-Klasse, sind eine mächtige Verstärkung für die sowjetische Flotte. Die »Slavas« werden in derselben Werft gebaut, die auch die großen Antiunterwasserschiffe der »Kara«-Klasse baute, und verwenden eine vergrößerte Version des »Kara«-Rumpfes. Anders als die »Karas« haben die »Slavas« aber nur begrenzte Schlagkraft gegen Unterseeboote. Die erstmals 1983 in Dienst gestellte Slava soll, genauso wie die »Sovremenny«-Klasse, wichtige Meeresgebiete, wie das zwischen Grönland, Island und Großbritannien, befahren. Die mächtige Antischiffsbewaffnung zentriert sich rund um die SS-N-12 »Sandbox«-Rakete mit einer Reichweite von 550 Kilometern, die entweder einen nuklearen oder einen 1000-kg-Sprengkopf trägt. Bei einer solchen Bewaffnung ist anzunehmen, dass die »Slavas« zum Angriff auf Kampfverbände eingesetzt werden sollen.

Beschreibung
»Slava«-Klasse

Die Slava ist der erste einer neuen Generation von Kreuzern, die für Oberflächeneinsatz optimiert sind; ihr Profil wird von den großen Rohren dominiert, die sie für ihre SS-N-12 »Sandbox« Langstreckenantischiffsraketen benötigen.

Verdrängung: 10500 Tonnen Standard und 12500 Tonnen voll beladen
Abmessungen: Länge 187 m; größte Breite 20 m; Tiefgang 7,6 m
Maschinen: vier Gasturbinen mit 120000 PS, zwei Schrauben
Geschwindigkeit: 35 Knoten
Fluggerät: ein Raketenlenkhubschrauber
Bewaffnung: 12 SS-N-12 »Sandbox« Antischiffsraketen; eine 130-mm-Kanone; 8 vertikale Abschussvorrichtungen für SA-N-6 Boden-Luft-Raketen mit 64 Raketen; zwei Zwillingsraketenwerfer für SA-N-4 »Gecko«-Boden-Luft-Raketen mit 40 Raketen; sechs 30-mm-Nahkampfwaffen ADG6-30; zwei zwölfläufige RBU 6000-Unterwasserabwehrraketenwerfer; zwei vierfache 533-mm-Torpedorohre
Besatzung: etwa 600

Die Frunze ist das zweite Schiff der »Kirov«-Klasse; sie unterscheidet sich in mehreren kleinen Details von der Nummer Eins. Doch eines ist gleich: der Großteil der Waffen des großen Kreuzers ist in vertikalen Abschussvorrichtungen unter Deck versteckt.

bung mit ihr möglich ist. Das Schlachtschiff kreuzte als Warnung für das marxistische Regime in Nicaragua gerade vor der mittelamerikanischen Küste, als es den Befehl erhielt, den belagerten US-Marines von den Multinationalen Friedenstruppen im Libanon zur Hilfe zu eilen. Mit Hochgeschwindigkeit fuhr es durch den Panamakanal, überquerte den Atlantik, durchfuhr die Länge des Mittelmeeres und stationierte sich vor Beirut. Ende 1983 kamen ihre Kanonen erstmals wieder seit Vietnam im Kampf zum Einsatz.

Die sowjetische *Kirov* ist aus ganz anderem Holz. Von der westlichen Presse oft Schlachtkreuzer genannt, trägt sie die russische Bezeichnung »Raketnyy kreyser« oder Raketenkreuzer. Wie die meisten russischen Schiffe passt die Rolle der *Kirov* nicht exakt in westliche Praxis und Bezeichnungssysteme.

Im Unterschied zu den »Iowas« sind die *Kirov* und ihre Schwestern mit einer großen Bandbreite an Unterwasser- und Luftabwehrwaffen bestückt, zusätzlich zu ihren Antischiffsraketen. Laut sowjetischer Lehrmeinung sind sämtliche Oberflächenschiffe der Operation von Unterseebooten untergeordnet, und tatsächlich ist die *Kirov* gut dafür gerüstet, eine Gruppe von Oberflächenschiffen anzuführen, die zur Unterstützung von eigenen U-Booten und zur Jagd auf feindliche U-Boote dient. Doch diese mächtigen Schiffe sind gleichermaßen für aggressivere Aufgaben gerüstet, etwa, den Kern einer Ober-

---

33 »Sovremenny«-Klasse

FRÜHERE UdSSR

Die »Sovremenny«-Klasse war im sowjetischen Konzept der Oberflächeneinsatzgruppe das dritte Standbein. Wie die Kirov und die Slava sind diese großen Zerstörer für Oberflächeneinsatz optimiert und wurden in großer Stückzahl gebaut.

In den 80er Jahren begann die sowjetische Oberflächenflotte damit, die NATO eher vor Probleme zu stellen als auf westliche Entwicklungen zu reagieren. Eine der neuen Kampfschiffklassen, die die Situation auf den Meeren veränderte, war die »Sovremenny«-Klasse. Das waren die ersten sowjetischen Zerstörer, die nach dem 2. Weltkrieg speziell zum Einsatz an der Oberfläche konzipiert worden waren. Die Sovremenny und ihre Schwestern sind große, robuste Schiffe, die für Operationen in den stürmischen Gewässern des Nordatlantiks gut gerüstet sind. Die mächtige Raketenbewaffnung wird durch den einzelnen mitgeführten Hubschrauber noch wirkungsvoller, der nicht zum Einsatz gegen U-Boote gedacht ist - der Kamov »Hormone-B« soll vorrangig für die Langstreckenantischiffsraketen des Zerstörers Ziele hinter dem Horizont identifizieren. Sie ist auch mit starken vollautomatischen Geschützen in Zwillingstürmen bestückt.

Beschreibung
»Sovremenny«-Klasse
Verdrängung: 6200 Tonnen Standard und 7800 Tonnen voll beladen
Abmessungen: Länge 155,6 m; größte Breite 17,3 m; Tiefgang 6,5 m
Maschinen: Dampfturbinen mit Turbodruck, mit 100000 PS, zwei Schrauben
Geschwindigkeit: 36 Knoten
Fluggerät: ein Raketenlenkhubschrauber
Bewaffnung: zwei vierfache SS-N-22 Antischiffsraketenwerfer; zwei 130-mm-Zwillingskanonen; zwei SA-N-7 Raketenwerfer für Boden-Luft-Raketen mit 48 Raketen; vier 30-mm-Nahkampfwaffen; zwei RBU 1000-Unterwasserabwehrraketenwerfer; zwei 533-mm-Zwillingstorpedorohre; 30 bis 50 Minen
Besatzung: 350

---

34 »Niteroi«-Klasse

 BRASILIEN

Die meisten Seemächte können sich keine großen Kriegsschiffe leisten und begnügen sich mit kleineren Schiffen. Typisch dafür ist die brasilianische Niteroi: im Grunde ein ASW-Entwurf, aber mit Mehrzweckbewaffnung.

Die meisten Seemächte können es sich nicht leisten, große, hoch entwickelte Schiffe wie die der Supermächte zu bauen oder zu erhalten. Für gewöhnlich sind die größten Schiffe, die gehalten werden, Fregatten, und sie müssen oft verschiedenste Aufgaben übernehmen, einschließlich Einsätzen an der Wasseroberfläche. Die brasilianische Marine setzte einige Fregatten der »Niteroi«-Klasse für Unterwasserabwehr ein, doch zwei Schiffe dieser Klasse wurden als Mehrzweckschiffe fertiggestellt. Sie basieren auf dem britischen Vosper-Thornycroft Mk 10-Design. Man erwartet von den »Niterois«, dass sie außerordentlich ökonomisch arbeiten und keine große Mannschaft benötigen: ein weiterer Faktor, der für kleine Marinen wichtig ist. Klein, aber modern in der Konzeption, wurden sie mit Einsatzinformationssystemen ausgestattet, die ihnen ermöglichen, Unterwasser- und Oberflächenangriffe mit anderen Einheiten der brasilianischen Marine zu koordinieren.

Beschreibung
»Niteroi«-Klasse
Verdrängung: 3200 Tonnen Standard und 3800 Tonnen voll beladen
Abmessungen: Länge 129,2 m; größte Breite 13,5 m; Tiefgang 5,5 m
Maschinen: CODOG (kombinierte Diesel- oder Gasturbinen) mit 15760 PS (Dieselmotoren) oder 56000 PS (Gasturbinen), zwei Schrauben
Geschwindigkeit: 22 Knoten (Dieselmotoren) oder 30,5 Knoten (Gasturbinen)
Fluggerät: ein Westland Lynx Hubschrauber
Bewaffnung: vier einfache Exocet Antischiffsraketen; zwei 115-mm-Kanonen; drei 40-mm-Luftabwehrkanonen; ein Unterwasserabwehrraketenwerfer mit 54 Raketen; zwei dreifache Rohre für Leichtgewichttorpedo; bis zu

Es kostet mehr als 400 Millionen Dollar, um eine »Iowa« auf den Standard der 90er zu bringen.

flächeneinsatzgruppe zu bilden. Leider erwies sich der kombinierte Nuklear/Dampfantrieb als sehr teuer. Deshalb kann sich die russische Marine den Betrieb dieser beeindruckenden Schiffe nicht mehr leisten.

Jüngste Kürzungen des US Verteidigungsbudgets haben die Zukunft des Schlachtschiffes in Frage gestellt. Zwei der vier »Iowas« sollen in den frühen 90ern auf Trockendock gelegt werden. Die anderen beiden werden wahrscheinlich noch einige Zeit lang Kern von Oberflächeneinsatzgruppen bleiben. In der Zwischenzeit schreitet die Expansion und Modernisierung der sowjetischen Marine rasch voran. Wenn die Flugzeugträger der neuen »Tbilisi«-Klasse in Dienst gestellt werden, wird sich möglicherweise zeigen, dass es eine übereilte Maßnahme war, die Hälfte der Schlachtschiffflotte der US Navy in Pension zu schicken.

Der Aufstieg

Im Segel-Zeitalter wuchsen Schlachtschiffe nur in geringem Ausmaß, doch die Erfindung der Stahlkonstruktion und der Dampfmaschinen veränderte alles. Im 20. Jahrhundert ging die Entwicklung explosionsartig weiter. In weniger als 50 Jahren wuchsen Schlachtschiffe auf die doppelte Länge (wie diese Abbildungen zeigen), die doppelte Geschwindigkeit und die vierfache Tonnage, und erhöhten ihre Kampfstärke ins Unermessliche.

Die großen offenen Flächen auf dem Deck der Kirov täuschen darüber hinweg, dass sie eines der am schwersten bewaffneten Schiffe ist, die seit dem Krieg gebaut wurden. Es ist wahr, dass sie nur 20 SS-N-20 Antischiffsraketen mitführt, verglichen mit 1000 400-mm-Geschossen an Bord eines Schlachtschiffes, doch jede dieser Raketen kann einen Flugzeugträger lahm legen.

1916
USS *Pennsylvania*

Die 356-mm-Kanonen der USS Pennsylvania waren kleiner als die von zeitgenössischen deutschen und britischen Schlachtschiffen, doch indem sie dreifache Gefechtstürme verwendete, konnte sie mehr davon unterbringen. Die Pennsylvania wurde beim japanischen Überfall auf Pearl Habor 1941 schwer beschädigt, doch sie wurde instandgesetzt und diente noch in den späten Kriegsjahren. Sie endete als Atombombenziel auf dem Bikini Atoll.

1927
HMS *Nelson*

Die beiden Schlachtschiffe der »Nelson«-Klasse waren die ersten, die nach den Bestimmungen des Washingtoner Abkommens, das die Verdrängung auf 35000 Tonnen und das Kaliber auf 400 mm beschränkte, fertiggestellt wurden. Damit blieb wenig Spielraum für leistungsfähigere Motoren, deshalb waren die neuen Schlachtschiffe langsam. Doch auch so leisteten sie im 2. Weltkrieg hervorragende Dienste, wobei sich die Rodney für die deutsche Bismarck als mehr als ebenbürtig erwies.

Oben: Schlachtschiffe waren in den Jahren nach dem 1. Weltkrieg nicht die schnellsten Gefährte. Die 45000-PS-Motoren der *Nelson* brachten sie an guten Tagen bis auf 23,5 Knoten.

1941
HMS *Bismarck*

Die Bismarck war das erste große Schlachtschiff, das für die deutsche Kriegsmarine nach der Machtergreifung Hitlers gebaut wurde. Ihr Design folgte dem der »Baden«-Klasse aus dem 1. Weltkrieg, doch mit beträchtlich mehr Kraft. Obwohl sie angeblich innerhalb der vom Washingtoner Abkommen bestimmten Grenzen von 35000 Tonnen erbaut wurde, hatte sie in Wahrheit über 50000 Tonnen Verdrängung bei voller Beladung. Die erste (und letzte) Fahrt der Bismarck begann im Mai 1941, als sie im Verband mit dem schweren Kreuzer Prinz Eugen versuchte, in den Atlantik durchzubrechen, wo sie den für Großbritannien so wichtigen Convoys schwere Verluste zufügen konnte. Nach einer epischen Jagd, bei der die volle Streitmacht der Royal Navy eingesetzt wurde, versenkte die Bismarck den Schlachtkreuzer Hood, bevor sie selbst von den Geschützen der Schlachtschiffe HMS Rodney und King George V auf Grund geschickt wurde.

Unten: Die *Bismarck* basierte auf einem Schlachtschiffdesign aus dem 1. Weltkrieg. Sie war jedoch viel größer und besaß weitaus mehr Kraft, mit der sie das 50000-Tonnen-Schiff auf fast 30 Knoten beschleunigen konnte.

r Schlachtschiffe

1892
HMS Royal Sovereign

In den 90er Jahren des 19. Jahrhunderts war man der Meinung, dass die Royal Navy stärker sein müsste, als die beiden nachfolgenden Flotten zusammen. Daher wurde erstmals eine Vielzahl von Schlachtschiffen gebaut, um homogene Geschwader zu bilden. Die acht »Royal Souvereigns« standen in krassem Gegensatz zur französischen Praxis, wo Schiffe individuell gebaut wurden.

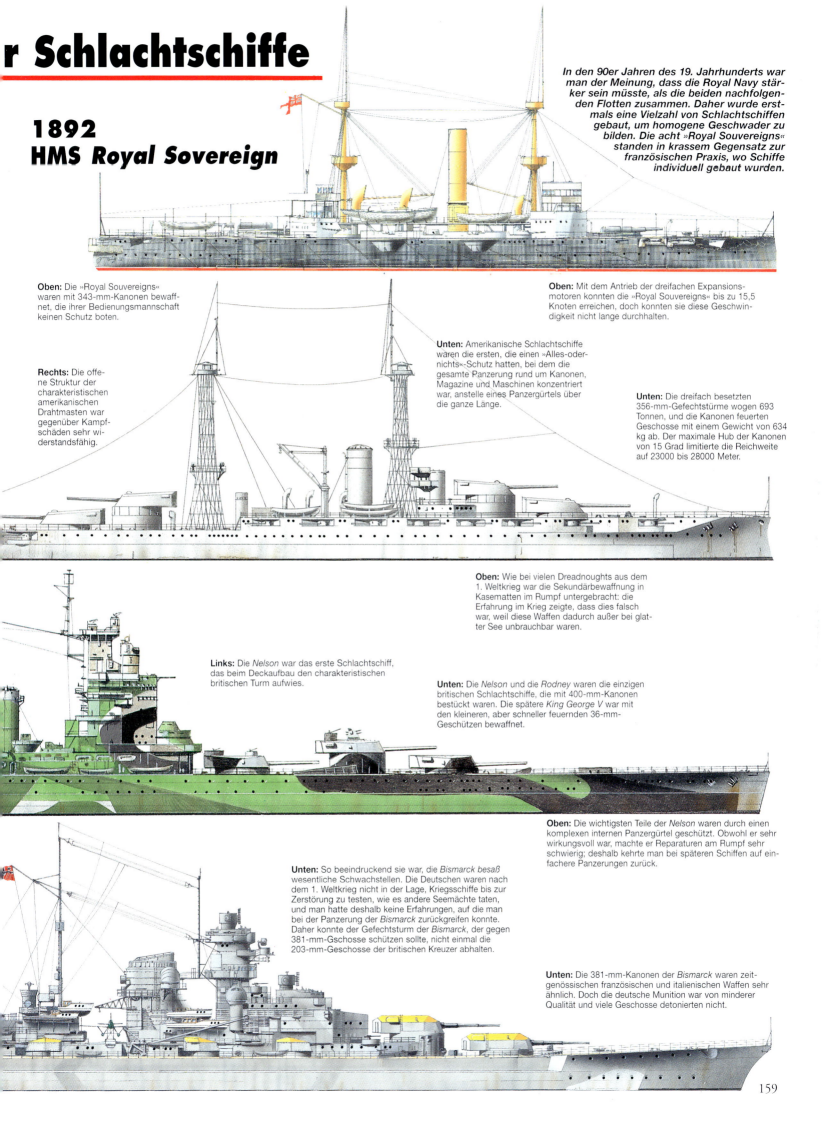

Oben: Die »Royal Souvereigns« waren mit 343-mm-Kanonen bewaffnet, die ihrer Bedienungsmannschaft keinen Schutz boten.

Rechts: Die offene Struktur der charakteristischen amerikanischen Drahtmasten war gegenüber Kampfschäden sehr widerstandsfähig.

Oben: Mit dem Antrieb der dreifachen Expansionsmotoren konnten die »Royal Souvereigns« bis zu 15,5 Knoten erreichen, doch konnten sie diese Geschwindigkeit nicht lange durchhalten.

Unten: Amerikanische Schlachtschiffe waren die ersten, die einen »Alles-oder-nichts«-Schutz hatten, bei dem die gesamte Panzerung rund um Kanonen, Magazine und Maschinen konzentriert war, anstelle eines Panzergürtels über die ganze Länge.

Unten: Die dreifach besetzten 356-mm-Gefechtstürme wogen 693 Tonnen, und die Kanonen feuerten Geschosse mit einem Gewicht von 634 kg ab. Der maximale Hub der Kanonen von 15 Grad limitierte die Reichweite auf 23000 bis 28000 Meter.

Oben: Wie bei vielen Dreadnoughts aus dem 1. Weltkrieg war die Sekundärbewaffnung in Kasematten im Rumpf untergebracht: die Erfahrung im Krieg zeigte, dass dies falsch war, weil diese Waffen dadurch außer bei glatter See unbrauchbar waren.

Links: Die Nelson war das erste Schlachtschiff, das beim Deckaufbau den charakteristischen britischen Turm aufwies.

Unten: Die Nelson und die Rodney waren die einzigen britischen Schlachtschiffe, die mit 400-mm-Kanonen bestückt waren. Die spätere King George V war mit den kleineren, aber schneller feuernden 36-mm-Geschützen bewaffnet.

Oben: Die wichtigsten Teile der Nelson waren durch einen komplexen internen Panzergürtel geschützt. Obwohl er sehr wirkungsvoll war, machte er Reparaturen am Rumpf sehr schwierig; deshalb kehrte man bei späteren Schiffen auf einfachere Panzerungen zurück.

Unten: So beeindruckend sie war, die Bismarck besaß wesentliche Schwachstellen. Die Deutschen waren nach dem 1. Weltkrieg nicht in der Lage, Kriegsschiffe bis zur Zerstörung zu testen, wie es andere Seemächte taten, und man hatte deshalb keine Erfahrungen, auf die man bei der Panzerung der Bismarck zurückgreifen konnte. Daher konnte der Gefechtsturm der Bismarck, der gegen 381-mm-Gschosse schützen sollte, nicht einmal die 203-mm-Geschosse der britischen Kreuzer abhalten.

Unten: Die 381-mm-Kanonen der Bismarck waren zeitgenössischen französischen und italienischen Waffen sehr ähnlich. Doch die deutsche Munition war von minderer Qualität und viele Geschosse detonierten nicht.

EINSÄTZE UND STATIONIERUNG

KANONEN DER IOWA

Bei Schlachtschiffen geht es nur um Kanonen. Nicht um ein oder zwei mittlere Kanonen, die man in den heutigen, raketengläubigen Zeiten für ausreichend hält, sondern um neun massive 400-mm-Geschütze, die zur stärksten Artillerie aller Zeiten zählen.

Oben: Die USS Iowa wurde erstmals 1943 in Dienst gestellt, und das bei ihrer Wiederinbetriebnahme 1984 neu angefertigte Emblem zeigt diese Zahl neben den Hoheitszeichen des Staates Iowa.

Rechts: Die USS Iowa beim Testen ihrer Kanonen auf dem Übungsgelände bei den Vieques Inseln in der Karibik 1984. Sie gibt eine volle Breitseite mit 15 Kanonen: das riesige Mündungsfeuer der neun 400-mm-Kanonen verhüllt die kleineren Feuer der sechs Steuerbordkanonen in den fünf Gefechtstürmen.

USS Iowa (BB61), US Navy

Obwohl man sie lange Zeit für Relikte aus vergangenen Zeitaltern hielt, wurden die vier Schlachtschiffe der »Iowa«-Klasse zu den mächtigsten Oberflächenkämpfern der Meere. Jede wurde für die Kosten einer kleinen Fregatte wieder in Dienst gestellt, und sie versorgten die US Navy mit enormer Schlagkraft. 1991 spielten zwei davon eine große Rolle bei der Vertreibung der Irakis aus Kuwait.

Hubschrauberdeck
Die Katapulte und Krane, die zum Betrieb der Aufklärungsflugzeuge der Iowa dienten, wurden längst durch einen rutschfesten Belag auf dem Teakholzdeck des Schlachtschiffes ersetzt, um Hubschraubereinsätze zu erleichtern. Die Iowa kann bis zu drei Antiunterwasser- oder Gebrauchshelikopter offen auf dem breiten Heck parken, ohne den Landebereich zu blockieren. Sie ist eines der wenigen Schiffe, außer Trägern und Angriffsschiffen, die für große Hubschrauber wie den Sikorsky CH-53 genügend Platz haben.

Mk 37 Feuerleitsystem
Dies ist ein duales System, das der Sekundärbewaffnung mit 127-mm-Kanonen Informationen sowohl über Luft- als auch Bodenziele liefern soll. Radar und optische Systeme ermöglichen es ihm, mit 400 Knoten oder schneller fliegende Ziele zu verfolgen. Das reicht für Überschallziele nicht aus, für die sich das Schlachtschiff auf seine Geleitschiffe verlassen muss. Die »Iowas« sind mit vier Mk 37 ausgestattet, jeweils eines vor und hinter dem Deckaufbau und zu beiden Seiten des Kamins.

Mk 38 Feuerleitsystem
Dies ist ein Feuerleitsystem aus dem 2. Weltkrieg, das das Feuer der Hauptkanonen steuert. An Bord gibt es zwei davon, wobei das zweite auf dem Dach des Deckaufbaus angebracht ist. Es besteht aus einem rotierenden Turm mit stereoskopischer Langstreckenortung und Radar; es soll den Kanonen Zielkoordinaten und -entfernung liefern.

RGM-84 Harpoon
Die beiden vierfachen Raketenwerfer zu beiden Seiten des hinteren Schornsteins beherbergen Harpoon Antischiffsraketen. Die Harpoon ist die wichtigste taktische Antischiffswaffe der US Navy. Man findet sie sowohl auf nuklearen Jagd-U-Booten als auch auf Schnellbooten, und mindestens 16 Seemächte besitzen welche. Die Harpoon streicht knapp unter Schallgeschwindigkeit über das Meer. Sie ist sehr wendig, kann mit agilen Zielen, wie Raketenschnellboote, umgehen und hat eine Reichweite von über 100 km.

BGM-109 Tomahawk
Die Langstreckenschlagkraft der USS Iowa stammt von der General Dynamics BGM-109 Tomahawk Rakete. Die Iowa führt 32 dieser Marschflugkörper in acht gepanzerten Abschussvorrichtungen zwischen den Schornsteinen und dem hinteren Ende des Deckaufbaus mit. Die zwei mitgeführten Versionen sind die SLCM Antischiffsrakete mit einer Reichweite von 450 km und die TLAM taktische Langangriffsrakete mit einer Reichweite von 2500 km. Beide tragen Hochexplosivsprengköpfe, doch die TLAM kann auch nuklear bestückt werden.

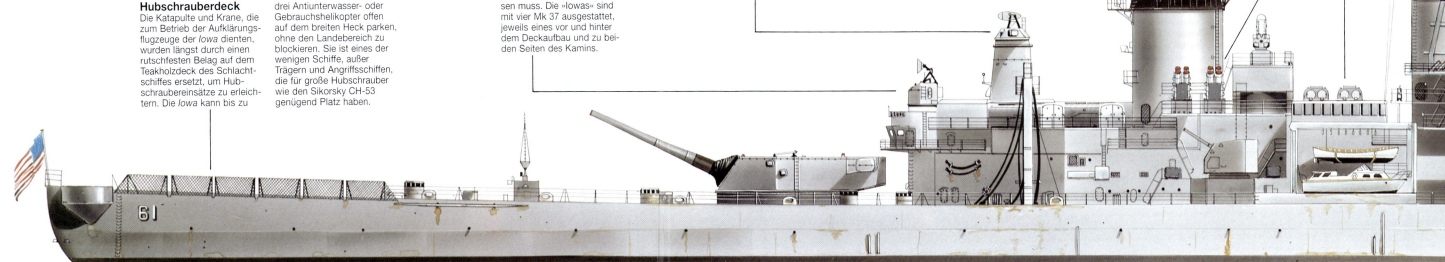

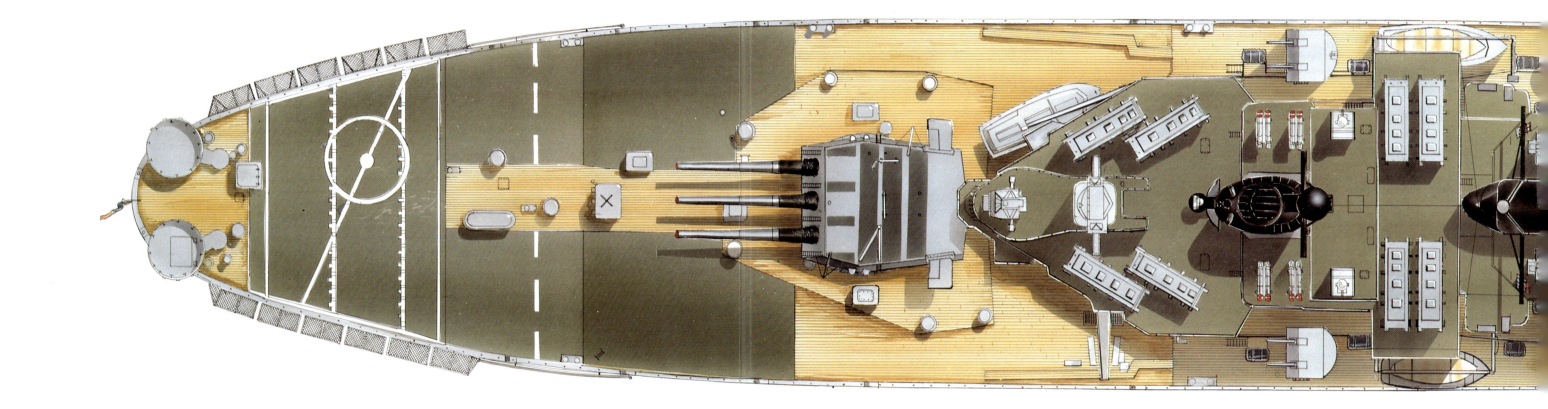

Im Gefechtsturm

Die 400-mm-Kanone und der dreifache Gefechtsturm Mk 7, die für die »Iowa«-Klasse entworfen wurden, waren ein Produkt des Washingtoner Abkommens, eines Vertrages, der sich mit der Größe und Stärke von Schlachtschiffen in der Zwischenkriegszeit befasste. Die neuen Kanonen und Türme waren die größten, die auf ein Schiff mit 45000 Tonnen Standardverdrängung - das Limit des Abkommens - montiert werden konnten. Die Wände sind sehr stark, als Panzer gegen feindlichen Beschuss ebenso wie zum Schutz des Schiffes vor versehentlichen Explosionen.

5 Feuern
Die Geschosse werden durch eine Explosion, die 17 Tonnen Druck in der Ladevorrichtung erzeugt, aus dem Kanonenrohr geschleudert. Beim Verlassen des Rohres schießt ein Geschoss von einer Tonne mit 825 m/sec durch die Luft. Die Rohre müssen nach 300 Schuss erneuert werden.

Unten: Die höheren Ränge in einem der 127-mm-Gefechtstürme posieren neben den Ladevorrichtungen ihrer Luft-Luft- und Oberflächenabwehrkanonen.

Fataler Unfall

19. April 1989. Die USS Iowa erprobt vor der Küste Puerto Ricos ihre Kanonen. Eine heftige Explosion im Gefechtsturm Nummer 2 treibt Rauch und Schmutz aus dem Kanonenrohr. Offensichtlich hat es ein größeres Unglück gegeben, und trotz der tapferen Feuerbekämpfung und entschlossener Rettungsversuche überlebte keiner der 47 Mann starken Kanonenbesatzung.

4 Laden
Die Projektile werden in der Ladevorrichtung mit sechs Pulverbehältern vereinigt. Reduzierte Ladungen kommen in Behälter mit der gleichen Höhe, aber mit geringerem Durchmesser. Leichtere Ladungen üben beim Abfeuern im Rohr weniger Druck aus, wodurch die Abnützung der Kanonen verringert und die Lebenszeit verlängert wird.

3 Handhabung
Pulver und Projektile kommen in zwei verschiedenen Lastenaufzügen in den Turm. Der Pulveraufzug macht keinen Halt. Die Türen oben und unten im Turm können nicht gleichzeitig geöffnet werden, damit es im Fall einer Explosion keinen Kontakt zwischen Turm und Pulverlager gibt.

2 Projektile
Die Projektile für die 400-mm-Kanonen werden hinter dicker Panzerung auf zwei Ebenen des Turmes gelagert. Derzeit verwenden die Schlachtschiffe die Bestände aus dem 2. Weltkrieg und aus dem Koreakrieg, von denen die meisten hochexplosive Sprengladungen sind.

1 Pulver
Der explosivste Teil der Munition eines Schlachtschiffes ist das Pulver, das verwendet wird, um das Projektil über weite Distanzen zu schießen. Das Pulver wird aus Sicherheitsgründen in Baumwoll- und Seidensäcken in Magazinen weit unterhalb der Wasserlinie gelagert und wird bei Bedarf direkt in den Turm befördert.

Unten: Jeder Pulvercontainer enthält drei 45-kg-Packungen hochexplosiver Treibladungen. Zum Zeitpunkt des Unfalls befanden sich mindestens 18 solcher Packungen im Gefechtsturm Nummer 2 der USS Iowa.

Unten links: Als Folge der schweren Explosion im Gefechtsturm an Bord der USS Iowa leitet US Navy Captain Larry Seaquist eine Besprechung mit Journalisten im Pentagon, bei der er die Funktionsweise und Sicherheitsmerkmale des dreifachen 400-mm-Gefechtsturmes Mk 7 der »Iowa«-Klasse erklärt.

Oben: Die Gefechtstürme sind die am stärksten geschützten Bereiche auf einem Schiff, was angesichts ihrer hochexplosiven Ladung nicht überrascht. Die Stärke der Panzerung reicht von 184 mm am Dach bis zu 445 mm an der Vorderseite und seitlich der Kanonenrohre.

Links: Der Moment der Explosion an Bord der USS Iowa. Die schwere Panzerung des Gefechtsturmes reicht aus, um die Brandkatastrophe nach der Detonation nicht nach außen übergreifen zu lassen, sodass das restliche Schiff kaum beschädigt ist.

Rechts: Feuerwehrleute bespritzen das glühend heiße Metall des Gefechtsturmes. Die Auswirkungen der Explosion blieben im Inneren des Turmes, was das Schiff rettete, jedoch der Kanonenbesatzung keine Überlebenschance ließ.

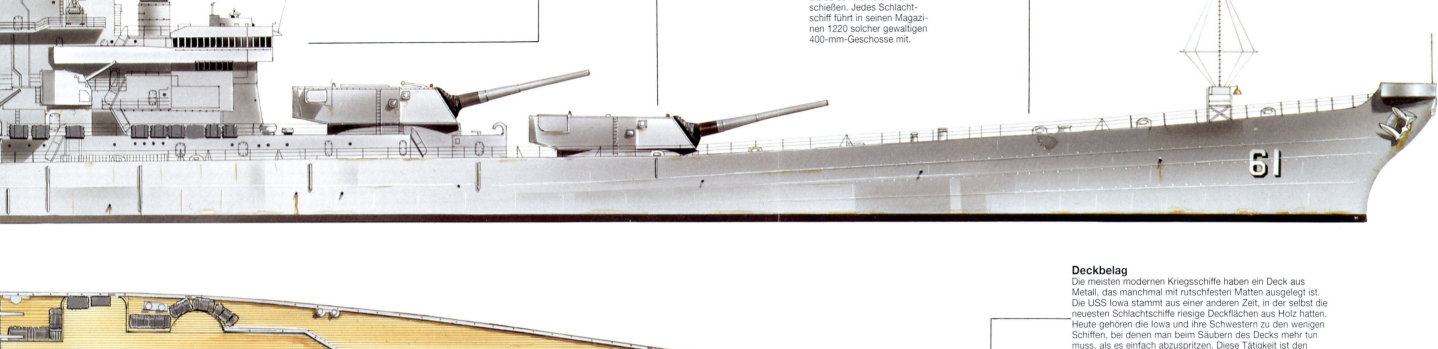

SPS-49 Radar
Zur Modernisierung der Schlachtschiffe der »Iowa«-Klasse gehörte auch der Einbau des SPS-49 Radars an der Mastspitze. Dieses Luftortungssystem hat eine Reichweite von mehreren hundert Kilometern. Die hoch entwickelte Elektronik kann tief fliegende Ziele orten, sobald sie über den Horizont steigen; wegen seiner komplexen ECCM-Systeme kann das SPS-49 kaum gestört oder abgelenkt werden. Es ist das Hauptortungssystem für Träger und Schlachtschiffe, sowie viele Kreuzer, Zerstörer und Fregatten der US Navy.

Phalanx
Ende des 2. Weltkrieges hatte die USS Iowa 76 40-mm- und 52 20-mm-Luftabwehrkanonen, hauptsächlich gegen die Bedrohung durch Kamikazes. Heute besitzt die Iowa nur noch vier Phalanx 20-mm-Kanonen. Sie sind die letzte Verteidigung gegen Raketen, die durch den Luftabwehrschirm der Geleitschiffe geschlüpft sind. Amerikanische Seeleute nennen sie »R2D2«, weil sie dem kleinen Roboter aus »Star Wars« ähneln. Jede Phalanx Kanone kann 3000 20-mm-Geschosse pro Minute abfeuern.

Brücke
Das geräumige Aussehen der Brücke eines Schlachtschiffes der »Iowa«-Klasse täuscht. In Wahrheit ist sie wenig mehr als ein ringförmiger Balkon rund um den schwer gepanzerten Kommandoturm. Dieser besitzt 450 mm starke, gepanzerte Wände, die ursprünglich die Männer in einem Kampf zwischen zwei Schlachtschiffen schützen sollten. Auch wenn er heute nicht mehr nötig ist, ist der Kommandoturm integrierter Bestandteil der Struktur des Schlachtschiffes und kann nicht entfernt werden.

Mark 7 - dreifacher 400-mm-Gefechtsturm
Jeder der Mk 7-Gefechtstürme, die im 2. Weltkrieg eigens für die damals neue »Iowa«-Klasse entwickelt wurden, wiegt 1700 Tonnen. Die 400-mm-Kanonen können bis 45 Grad angehoben werden und Projektile, die mehr als eine Tonne wiegen, bis zu 38 Kilometer weit schießen. Jedes Schlachtschiff führt in seinen Magazinen 1220 solcher gewaltigen 400-mm-Geschosse mit.

Panzerung
Die »Iowas« sind die am schwersten gepanzerten Kriegsschiffe, die jemals für die US Navy gebaut wurden. Sie wurden konzipiert, um den zwei-Tonnen-Geschossen der 460-mm-Kanonen des japanischen Schlachtschiffes Yamato zu widerstehen. Die wichtigsten Teile sind durch 305 mm starke Stahlpanzerung geschützt. Das bedeutet, dass der 500 kg-Sprengkopf einer modernen Antischiffsrakete sich anstrengen müsste, um mehr als eine Delle in einer »Iowa« zu erzeugen.

Deckbelag
Die meisten modernen Kriegsschiffe haben ein Deck aus Metall, das manchmal mit rutschfesten Matten ausgelegt ist. Die USS Iowa stammt aus einer anderen Zeit, in der selbst die neuesten Schlachtschiffe riesige Deckflächen aus Holz hatten. Heute gehören die Iowa und ihre Schwestern zu den wenigen Schiffen, bei denen man beim Säubern des Decks mehr tun muss, als es einfach abzuspritzen. Diese Tätigkeit ist den Seeleuten früherer Generationen wohlvertraut und beinhaltet eine Menge harter Arbeit mit Scheuerbürsten und -steinen.

TAKTIK

KAMPF AUF SEE

Links: Die USS New Jersey kreuzt vor der Küste von Mittelamerika. Das Schlachtschiff bildet den Kern einer Oberflächeneinsatzgruppe, die die überlasteten Trägerkampfverbände unterstützen und die Truppenverschiebungskapazitäten der USA auf den Weltmeeren vergrößern sollte.

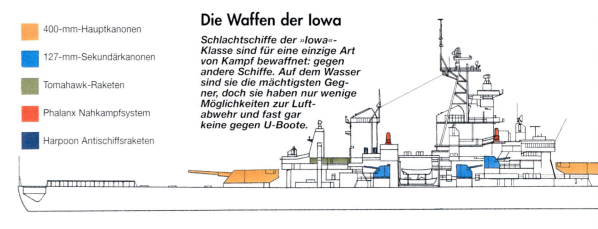

- 400-mm-Hauptkanonen
- 127-mm-Sekundärkanonen
- Tomahawk-Raketen
- Phalanx Nahkampfsystem
- Harpoon Antischiffsraketen

Die Waffen der Iowa

Schlachtschiffe der »Iowa«-Klasse sind für eine einzige Art von Kampf bewaffnet: gegen andere Schiffe. Auf dem Wasser sind sie die mächtigsten Gegner, doch sie haben nur wenige Möglichkeiten zur Luftabwehr und fast gar keine gegen U-Boote.

2 Luftabwehr

Das Schlachtschiff besitzt fast keine Luftabwehr. Diese liegt in der Verantwortung der spezialisierten Radar- und Kontrollsysteme von Geleitschiffen wie dem Kreuzer der »AEGIS«-Klasse, der *Yorktown*. Neben ihren eigenen Raketen kann die *Yorktown* die anderer Schiffe in der Gruppe benützen, um mit Bedrohungen aus der Luft fertigzuwerden. Als letzten Ausweg besitzt das Schlachtschiff vier Phalanx 20-mm-Nahkampfwaffensysteme. Das sind radargesteuerte Kanonen vom Typ Gatling, die einen Strahl von Geschossen ausspucken. In einem Sekundenbruchteil werden die ausgeschossenen Projektile und das nahende Ziel gleichzeitig erfasst, angeglichen und die Bedrohung zerstört.

Unten: USS Yorktown, ein Kreuzer der AEGIS-Klasse, feuert eine Standard SM-2 Boden-Luft-Rakete ab.

Rechts: Ein Phalanx Nahkampfwaffensystem schießt 20-mm-Geschosse auf eine nahende Tiefflugrakete.

1 Kontrolle

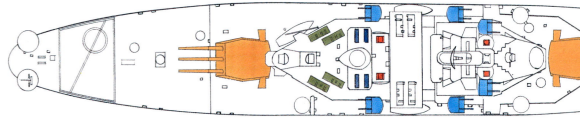

Die Oberflächeneinsatzgruppe wurde vor allem ins Leben gerufen, um die schwer beanspruchten Trägerkampfverbände der US Navy zu verstärken. Diese Gruppe umfasst für gewöhnlich das Schlachtschiff, einen oder zwei Luftabwehrkreuzer, einen oder zwei Zerstörer, einige Fregatten und ein großes Versorgungsschiff. Jedes Element dieser Gruppe hat seine Funktion, und das geeignetste Schiff übernimmt die taktische Kontrolle der Gruppe. Das Schlachtschiff selbst besitzt nur geringe Luftabwehrkapazitäten, deswegen obliegt diese Aufgabe einem für dafür konzipierten Geleitkreuzer. Ebenso fällt die Unterwasserabwehr in die Zuständigkeit eines der Geleitzerstörer, der für diese Art der Kriegsführung speziell vorbereitet ist. Kommt es zu Kampfhandlungen auf dem Wasser, werden alle Aktivitäten der Gruppe vom Kampfinformationszentrum des Schlachtschiffes (siehe links) aus kontrolliert. Die meisten größeren Schiffe in der Gruppe haben Tomahawk-Raketen, also könnte die Gruppe im Kampf ein Konzept namens Verstreute Offensive verfolgen. Dabei feuern die Schiffe aus Kampfradien von mehreren hundert Kilometern von weit voneinander entfernten Positionen aus Raketen ab, um ein Ziel aus mehreren Richtungen gleichzeitig anzugreifen. Dasselbe gilt für Harpoon-Raketen und kürzere Reichweiten.

Links: Ein Matrose der US Navy zeichnet taktische Informationen im Kampfinformationszentrum eines »Iowa«-Schlachtschiffes. Sie sind so ausgerüstet, dass sie von hier aus die gesamte Antischiffsbewaffnung eines Kampfverbandes kontrollieren können.

Sie werden fast nur für offensive Einsätze gebraucht, deshalb sind die Waffen eines Schlachtschiffes in Distanzen von unter einem Kilometer bis über 4000 Kilometer wirksam. Jede hat ihre Stärken und Schwächen, und die Wahl der richtigen Waffe in jeder Situation ist taktisch äußerst wichtig.

4 Kanonen

Rechts: Blick eines Marines auf eine feindliche Geschützstellung bei Beirut 1984. Diesmal müssen die Fanatiker einstecken, als die USS New Jersey sie unter Beschuss nimmt.

Als die »Iowa«-Klasse in den 30er Jahren entworfen wurde, galten Kanonen als entscheidender Faktor bei Seekämpfen. Im 2. Weltkrieg wurde das Schlachtschiff zu einem Luftabwehrgeleitschiff für Flugzeugträger oder zum Spezialist für Küstenbombardement. Obwohl das Schlachtschiff von heute selbst Luftabwehrgeleit braucht, ist seine Haupt- und Sekundärbewaffnung auf Küstenbombardierung ausgelegt, wie oben in Beirut zu sehen ist. Doch 400-mm-Kanonen blieben Furcht erregende Waffen im Seekampf. Sie waren ursprünglich die weitest reichenden Waffen auf einem Oberflächenkampfschiff, doch im heutigen Raketenzeitalter gelten Kanonen als Kurzstreckenwaffen. Die 1200 Projektile in den Magazinen eines Schlachtschiffes der »Iowa«-Klasse können die dünnhäutigen, ungepanzerten Schiffe einer feindlichen Flotte wieder und wieder vernichten, ohne dass man Nachschub bräuchte. Was die »Iowas« letztendlich außer Dienst zwang, war der Mangel an Fachpersonal. Zwei wurden in Reserve behalten, doch die Missouri ist ein Kriegsdenkmal in Pearl Harbor, und es gibt ähnliche Pläne für die New Jersey.

Links: 400-mm-Mündungsfeuer erhellt einen der sechs 127-mm-Gefechtstürme. Die Sekundärbewaffnung einer »Iowa« entspricht den Kanonen sechs moderner Kriegsschiffe.

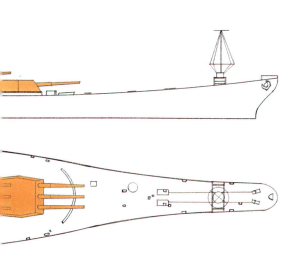

3 Harpoon

Die RGM-84 Harpoon wird bei Zusammenstößen mit mittlerer Reichweite bis zu 100 km benützt, oder gegen schnelle Bodenziele. Das Schlachtschiff besitzt 16 Harpoons und kontrolliert die 40 oder 50 Raketen der Begleitschiffe. Der größte Schaden wird von den 227-kg-Sprengköpfen der Harpoons angerichtet, doch die nicht benützten Treibladungen schießen beim Aufprall der Rakete davon und richten weitere Schäden an. Wieviele Raketen abgeschossen werden, hängt vom Ziel ab. Eine Rakete kann ein kleines Ziel, etwa ein Raketenschnellboot, zerstören oder einen Zerstörer oder eine Fregatte lahmlegen. Für Kreuzer braucht man drei oder vier Treffer, während große Schiffe, wie Flugzeugträger, von vier oder fünf Raketen getroffen werden müssen, damit sie ausgeschaltet sind.

Eine Harpoon-Rakete kurz vor dem Aufschlag in einer Fregatte, wo ihr Sprengkopf ein großes Loch in den Rumpf des Zielschiffes reißen wird.

5 Tomahawk

Langstreckeneinsätze erfordern die Tomahawk. Die Antischiffsversion dieses Marschflugkörpers hat einen 450 kg schweren konventionellen Sprengkopf, der von der überholten Bullpop-Rakete adaptiert worden ist. Die Tomahawk wird ungefähr in Richtung des Zieles abgefeuert, das von einer dritten Quelle, etwa einem seegestützten Aufklärungsflugzeug oder einem Satelliten, angezeigt wurde. Wenn sie im Zielgebiet anlangt, steigt die Tomahawk auf Suchhöhe und scant mit ihrem eigenen Bordradar oder mit anderen Leitsystemen, etwa Infrarotabbildung. Wenn das Ziel geortet ist, kann die Tomahawk so programmiert werden, dass sie es umrundet und sich aus einer anderen Richtung nähert. Für Langstreckenangriffe gegen das Festland sind auch nukleare Sprengköpfe verfügbar.

Eine von einem Schlachtschiff abgefeuerte Tomahawk startet zu einem direkten Treffer auf ein 640 Kilometer entferntes Ziel (kleines Bild).

IM KAMPF
KAMPF der Titanen

Das Schlachtschiff erreichte den Höhepunkt seiner Macht und seines Ruhms im 2. Weltkrieg, doch der Flugzeugträger schickte sich bereits an, diese Titanen auf den Weltmeeren zu ersetzen. Trotzdem war der Schwanengesang des Schlachtschiffes spektakulär.

Oben: Bei Kriegsbeginn hätte kaum jemand geglaubt, dass das Flugzeug den Niedergang des Schlachtschiffes heraufbeschwören würde.

AUGENZEUGE

»Mein Kreuzer wurde von 13 Bomben und sieben Torpedos getroffen. Wo ich hinsah, sah ich Zerstörer sinken oder in Flammen stehen. Nur zwei schienen unbeschädigt geblieben zu sein, und sie kreuzten zum Schutz um die *Yamato* herum. Als ich auf den Kamm einer Welle getragen wurde, sah ich die *Yamato* in sechs Meilen Entfernung. Sie wurde von Flugzeugen wie von Mücken umschwärmt, aber sie bewegte sich vorwärts: ein wunderschöner Anblick. Doch innerhalb von zehn Minuten musste ich verzweifelt beobachten, wie das »unsinkbare« Schlachtschiff kenterte und in den Fluten des Ozeans versank.«

Kapitän Tameichi Hara, IJN-Kreuzer *Yahagi*

Oben: Die Rauchglocke über dem ostchinesischen Meer markiert das Grab des Superschlachtschiffes der Kaiserlichen Japanischen Marine, der *Yamato*. Sie war das stärkste Schlachtschiff, das jemals gebaut wurde, und dennoch konnte sie die hunderten trägergestützten Flugzeuge der Amerikaner nicht abwehren, die ihren Untergang besiegelten.

Die Yamato war ein 70000-Tonnen-Monster, bewaffnet mit neun 460-mm-Kanonen, die bis zu 48 km weit schießen konnten, und geschützt durch Panzerplatten mit einer Stärke von 410 bis 650 mm.

Das japanische Schlachtschiff dampfte in Richtung der riesigen alliierten Flotte vor Okinawa. Es war eine Reise ohne Wiederkehr; die Leute an Bord wussten, dass sie wahrscheinlich sterben würden. Doch wenn sie es bis zu den Amerikanern schaffen würden, würden ihre 460-mm-Kanonen schrecklich wüten. Die *Yamato* war das ultimative Schlachtschiff mit der schwerste Breitseite aller Zeiten. Den Untergang brachte ihr jedoch ein kleines Schwimmerflugzeug. Es lokali-

Kriegsschiffe, darunter zwei Schlachtschiffe. 1500 französische Seeleute kamen ums Leben. In anderen Teilen des Mittelmeeres gewann die britische Flotte durch aggressives Agieren Oberhand über die Italiener. Vor Kalabrien konnte das Kriegsschiff *Warspite* auf dem italienischen Flaggschiff *Giulio Cesare* aus über 23 Kilometern Entfernung einen Treffer landen, was sämtliche aggressive Pläne des italienischen Admirals beendete. Deutschland war gegen die Reize des Schlachtschiffes genausowenig immun wie andere. Deutsche Schlachtschiffe wie die *Bismarck* sollten den für die Briten lebenswichtigen Seehandel unterbinden, obwohl Unterseeboote diese Aufgabe bereits billiger und effektiver erfüllten.

Aufgelaufen

Auf ihrer Jungfernfahrt im Mai 1941 wurden die *Bismarck* und ihr Geleitschiff, der schwere Kreuzer *Prinz Eugen,* in der Nähe von Island von britischen Schlachtschiffen, darunter der Schlachtkreuzer *Hood* und das nagelneue Schlachtschiff *Prince of Wales*, gestellt. Im Morgengrauen erwies sich die leichte Panzerung der *Hood* als sehr anfällig, und sie explodierte. Mit geringen Schäden setzte die *Bismarck* ihre Fahrt fort, wobei sie gelegentlich einen Langstreckenfeuerwechsel mit der schwerer beschädigten *Prince of Wales* hatte. Die *Bismarck* und die *Prinz Eugen* trennten sich und entkamen ihren Verfolgern in Richtung Brest, doch eine massive Suchfliegerstaffel der Royal Navy machte sie wieder aus. Die *Bismarck* wurde durch einen Torpedotreffer verlangsamt, schließlich in die Enge getrieben und von den Schlachtschiffen *King George V* und *Rodney* auf Grund befördert. Sieben Monate später fielen die Schlachtschiffe der US Pazifikflotte in Pearl Harbor der anschaulichen Demonstration der Japaner, dass sich die Kampfkraft zur See weiterentwickelt hatte, zum Opfer. Hunderte japanische Flugzeuge, die plötzlich auftauchten, ließen acht Schlachtschiffe in Flammen aufgehen, wobei die *Arizona* und die *Oklahoma* völlig zerstört wurden. Der Überfall bewies, dass die Herrschaft der Flugzeugträger begann. Viele wichtige Kämpfe im Pazifik wurden ausgetragen, ohne das die Hauptkombattanten einander sahen, denn ihre Flugzeuge hatten hunderte Meilen Reichweite.

Die italienische Kriegsflotte feuert vor dem Krieg übungsweise Breitseiten. Die Italiener hatten mächtige, gut bewaffnete Schiffe und hätten für die Briten eine Bedrohung darstellen können, doch die italienische Marine konnte mit der Royal Navy niemals mithalten.

sierte die *Yamato* um 11.30 Uhr; um 12.20 Uhr erspähten die Krähennester des Schlachtschiffes Horden von US Flugzeugträgern. Die erste Bombe traf die *Yamato* um 12.40 Uhr; innerhalb von Minuten wurde sie von mindestens zwölf Torpedos getroffen. Schwere Brände brachen aus und sie bekam Schlagseite; eine Stunde später explodierte sie und nahm den Großteil der Mannschaft mit sich. Es war der 7. April 1945, und die Herrschaft des Schlachtschiffes war ein für allemal vorüber.

Zu Beginn des 2. Weltkrieges galt das Schlachtschiff noch als ultimativer Ausdruck von Kampfkraft auf See, sogar bei den Seemächten, die Trägerstreitkräfte entwickelt hatten. Nach dem Fall Frankreichs floh die französische Flotte nach Nordafrika. Doch die Aussicht, dass die Deutschen der französischen Marine habhaft werden könnten, war für die Briten inakzeptabel. Deshalb attackierte die Royal Navy die Ankerplätze ihres früheren Verbündeten und versenkte viele französische

Seltsamerweise glaubte die Kaiserliche Japanische Marine, obwohl sie den Wert seegestützter Luftstreitkräfte bewiesen hatte, nach wie vor an das Schlachtschiff. Sogar die große Flugzeugträgerschlacht bei Midway war zu dem Hauptzweck initiiert worden, um die US-Flotte in Reichweite der Kanonen der Schlachtschiffe von Admiral Yamamoto zu ziehen.

Als die Amerikaner 1942 begannen, gegen die Japaner zurückzuschlagen, wurden die Gewässer vor den Salomon Inseln Schauplatz von Seekämpfen, die zu den heftigsten der Geschichte gehörten. Zerstörer, Kreuzer und Flugzeugträger spielten auch ihre Rolle, doch es war eine der seltenen Gelegenheiten, wo amerikanische und japanische Schlachtschiffe den Kampf direkt austrugen.

Die Schlachtschiffe *Hiei* und *Kirishima* bombardierten die US Marines auf Guadalcanal, als sie in der Nacht vom 12. auf den 13. November über eine US-Kreuzereinheit stolperten. Die Amerikaner erlitten große Verluste, doch die *Hiei* wurde so schwer beschädigt, dass sie sich zurückziehen musste. Zwei Nächte später versuchte es die *Kirishima* nochmals, doch diesmal waren zwei US-Schlachtschiffe zur Stelle. Die *Kirishima* gewann rasch die Oberhand über die USS *South Dakota*, deren Kampfkraft durch Fehler in der Elektrik der Gefechtstürme arg geschwächt war; doch in dem Durcheinander übersahen die Japaner, dass sich die USS *Washington* bis auf 7300 Meter genähert hatte. Als diese aus kürzester Entfernung 400-mm-Salven abgab, war es um die *Kirishima* geschehen. Der brennende Koloss musste am nächsten Tag abgezogen werden.

In Europa hatten sich die Kampfhandlungen zu den arktischen Convoys verlagert, die Vorräte von den westlichen Alliierten in die Sowjetunion brachten. Die größte Gefahr waren U-Boote und Flugzeuge, doch die Royal Navy glaubte fest, dass das deutsche Schlachtschiff *Tirpitz* und der Schlachtkreuzer *Scharnhorst* die Convoys von ihrem Versteck in Norwegen aus angreifen würden. Im Dezember 1943 versuchte es die *Scharnhorst*.

Unwillkommener Schock

Das Wetter war so schlecht, dass ihre Geleitzerstörer umkehren mussten, und der erste Versuch des Schlachtkreuzers, durch den Abwehrschirm der britischen Kreuzer zu den Handelsschiffen zu gelangen, schlug fehl. Als die *Scharnhorst* zu einem zweiten Versuch wendete, fuhr sie direkt in die Einheiten der Home Fleet, die auf Distanz als schweres Geleit für den Convoy fungierten. Die Leuchtgeschosse am Himmel müssen für die Besatzung der *Scharnhorst* eine große Überraschung gewesen sein, doch das entfernte Aufblitzen von Kanonenfeuer und die Ankunft der HMS *Duke of York* war sicher ein noch größerer Schock. Die *Scharnhorst* wurde durch die gewaltige Übermacht versenkt, nur sehr wenige Überlebende aus dem eiskalten Wasser gefischt. Durch die bereits früher erfolgte Kapitulation der italienischen Flotte war nun die *Tirpitz* das einzige große Schiff, das die Alliierten in europäischen Gewässern bedrohte. Doch die *Tirpitz* fuhr niemals auf Beutezug aus; sie wurde zunächst durch Klein-U-Boote beschädigt und dann durch die RAF versenkt.

Obwohl sie die Vorherrschaft auf den Meeren verloren hatten, waren Schlachtschiffe sehr nützliche Waffen. Bei der Eroberung der Inseln im Pazifik beschossen sie vor den Landungen die japanische Abwehr mit ihrer gewaltigen Feuerkraft und unterstützten die Marines, wenn sie an Land waren. In der Normandie hinderten sie die Deutschen daran, Truppen gegen die Brückenköpfe in den ersten Tagen zusammenzuziehen, als die alliierte Invasion noch ins Meer hätte zurückgespült werden können. Zur gleichen Zeit fielen die Amerikaner auf der anderen Seite der Welt auf den Marianen ein. Dort formierten Schlachtschiffe eine Front aus Flakfeuer zwischen den angreifenden japanischen Trägerflugzeugen und den Trägerstreitkräften

Rechts: Die britische »King George V«-Klasse erwies sich als sehr effektiv, wobei die King George V selbst daran beteiligt war, der Karriere der Bismarck ein Ende zu setzen, und die Duke of York die Scharnhorst versenkte.

Links: Die HMS Nelson feuert eine Salve ab. Ihre Breitseite war die stärkste in der Geschichte der Royal Navy, und erwies sich als mächtige Waffe für Küstenbombardements.

Unten: Riesigen Fontänen von Einschlägen der Kanonen der HMS Rodney lassen das mächtige deutsche Kriegsschiff Bismarck kurz vor ihrer Versenkung zwergenhaft erscheinen.

Die Schlachtschiffe der Pazifikflotte der US Navy wurden in Pearl Harbor überrascht. Die USS Pennsylvania wurde im Trockendock arg beschädigt (großes Bild). Die meisten anderen Schlachtschiffe lagen vor Ford Island vor Anker (ganz links, aus der Sicht eines japanischen Flugzeugs). Innerhalb von Minuten sank der Stolz der US Navy auf den Grund von Pearl Harbor, einschließlich der Schlachtschiffe Tennessee und West Virginia (links).

AUGENZEUGE

»Ich saß am Frühstückstisch in der Offiziersmesse, als der Alarm auf allen Schiffe ausgerufen wurde. »Luftangriff, Pearl Harbor. Das ist keine Übung!« Es wurde zum Antreten geblasen und die Feuerwehrleute und Sanitäter wurden fortgerufen. Als ich hinausstürzte, wurden alle auf ihre Posten beordert. Als ich die Leiter an der Steuerbordseite hinauf zum Achterdeck kletterte, hörte ich, wie das Gerücht weitergegeben wurde, dass 'die Japsen angreifen'. In dem Moment, als ich das Achterdeck erreichte, spürte ich, wie das Schiff getroffen wurde.«

Lieutenant C. V. Ricketts, USS *West Virginia*

IM KAMPF

Das alte Schlachtschiff New Mexiko überzieht kurz vor der Invasion von Saipan die japanischen Stellungen auf den Marianen Inseln mit Feuer aus ihren 356-mm-Kanonen. Bombardierung vor einer Invasion wurde zu einer Hauptaufgabe von Schlachtschiffen, und Veteranen konnten das sehr gut.

AUGENZEUGE

»Die Japaner verfolgen uns. Unsere Flugzeuge werden zuerst die feindlichen Flugzeugträger ausschalten, dann werden sie die feindlichen Schlachtschiffe und Kreuzer angreifen. Die Schlachtschiffe in Admiral Lees Gefechtslinie werden ihre Luftabwehraufgaben aufgeben und sollen die feindliche Flotte zerstören. Gegnerische Schiffe, die sich zurückziehen wollen, müssen schärfstens verfolgt werden, um die Vernichtung dieser Flotte vollständig zu machen.«

Admiral Raymond Spruance, Commander, Fifth Fleet, Saipan

der US Navy, und hatten so Anteil an der »Großen Truthahnjagd«, die der japanischen maritimen Luftmacht ein Ende bereitete.

Vier Monate später waren Schlachtschiffe in die größte Seeschlacht aller Zeiten verwickelt. Im Golf von Leyte wollten die Japaner die amphibische Invasion der Amerikaner auf den Philippinen zerstören. Dazu wurde ein komplexer Plan ausgeheckt, um die US Träger fortzulocken und die Invasionsflotte von mehreren Seiten anzugreifen. Eine Einheit, zu der die größten jemals gebauten Schlachtschiffe, *Yamato* und *Musashi*, gehörten, wurde von US Flugzeugträgern und U-Booten im Sibuya Meer abgefangen. Die *Musashi* wurde versenkt, der Rest zog sich zurück. Eine Einheit, die Schlachtschiffe *Fuso* und *Yamashiro*, traf bei dem Versuch, in der Straße von Surigao durchzubrechen, auf Zerstörer, die die *Fuso* torpedierten, und auf eine Front alter amerikanischer Schlachtschiffe. Beim letzten Kampf zwischen Schlachtschiffen wurde die *Yamashiro* durch den konzentrierten Beschuss der USS *Tennessee, West Virginia, Mississippi, Maryland, California* und *Pennsylvania* versenkt, wobei alle bis auf die *California* geborgene und reparierte Veteranen von Pearl Harbor waren.

In der Zwischenzeit hatte die japanische Einheit aus dem Sibuya Meer die Straße von San Bernardino bei Nacht durchfahren und erreichte die Invasionsflotte am Morgen. Die großen Flugzeugträger waren gemeinsam mit den modernen Schlachtschiffen nach Norden gelockt worden. Die alten Schlachtschiffe waren in der Straße von Surigao. Alles, was noch zwischen den Japanern und den Invasionstruppen stand, war eine kleine Einheit von Geleitträgern und leicht bewaffneten Geleitzerstörern.

Zögernde Japaner

Zum ersten Mal waren die Amerikaner der Gnade der schweren Geschütze von *Yamato, Nagato, Kongo* und *Haruna* ausgeliefert. Doch die tapfere Verteidigung der Geleitgruppe und das Zögern Admiral Kuritas retteten die Invasion. Die Japaner zogen sich zurück, nachdem sie den Geleitschiffen schwere Schäden zugefügt hatten, und die amphibischen Einheiten blieben unangetastet. Japan hatte seine letzte Chance vertan, den Krieg zu beeinflussen. Abgesehen von der letzten Schicksalsfahrt der *Yamato* war der Krieg für die großen Schiffe der Kaiserlichen Japanischen Marine und für das Schlachtschiff als Gestalter der Seestrategie vorüber.

Rechts: Die USS *West Virginia* eröffnet das Feuer auf das japanische Schlachtschiff *Yamashiro* in der Straße von Surigao. Drei Jahre, nachdem sie in Pearl Harbor kaum mehr als Wracks gewesen waren, waren die alten Kriegsveteranen der US Navy in den letzten Schlachtschiff-gegen-Schlachtschiff-Kämpfen der Geschichte siegreich.

Die USS *California* gibt das Kompliment an die Japaner zurück und feuert nur drei Jahre, nachdem sie aus dem Schlamm von Pearl Harbor gehoben worden war, Salven gegen die Okinawa.

Die HMS Manchester, ein Zerstörer der »Type 42«-Klasse der Royal Navy. Dieses gut ausgestattete Schiff ist mit Raketen, Kanonen, Torpedos und Ablenkungsmaßnahmen bewaffnet.